U0341812

# 冶金熔渣结构及物性

张国华　周国治　著

北　京

冶金工业出版社

2021

## 内 容 简 介

本书详细介绍了冶金熔渣结构及部分物性的实验测量和理论模拟结果，全书共分 10 章，主要内容包括：冶金熔体物性及研究方法；新一代几何模型积分的克服及其在多元系中的应用；局部互溶区的计算模型；熔渣黏度预测模型；均相熔渣黏度测量；非均相熔渣黏度测量；熔渣电导率及其预测模型；熔渣电导率测量；黏度电导率关系；含铁渣氧化还原关系。

本书可供冶金行业的研究人员和工程技术人员阅读，也可供高等院校冶金专业师生参考。

**图书在版编目 (CIP) 数据**

冶金熔渣结构及物性/张国华，周国治著 . —北京：
冶金工业出版社，2021. 10
ISBN 978-7-5024-8913-7

Ⅰ.①冶… Ⅱ.①张… ②周… Ⅲ.①冶金—熔渣
Ⅳ.①TF111. 17

中国版本图书馆 CIP 数据核字（2021）第 179883 号

出 版 人 苏长永
地　　址　北京市东城区嵩祝院北巷 39 号　邮编　100009　电话　(010)64027926
网　　址　www.cnmip.com.cn　电子信箱　yjcbs@cnmip.com.cn
责任编辑　刘林烨　美术编辑　吕欣童　版式设计　禹　蕊
责任校对　范天娇　责任印制　禹　蕊
ISBN 978-7-5024-8913-7
冶金工业出版社出版发行；各地新华书店经销；三河市双峰印刷装订有限公司印刷
2021 年 10 月第 1 版，2021 年 10 月第 1 次印刷
710mm×1000mm 1/16；17 印张；329 千字；259 页
**92.00 元**
冶金工业出版社　投稿电话　(010)64027932　投稿信箱　tougao@cnmip.com.cn
冶金工业出版社营销中心　电话　(010)64044283　传真　(010)64027893
冶金工业出版社天猫旗舰店　yjgycbs.tmall.com
（本书如有印装质量问题，本社营销中心负责退换）

# 前　言

　　氧化物熔体在诸多研究领域都有大量的涉及，比如冶金领域的冶金渣、地球化学领域的岩浆、玻璃制造领域的玻璃熔体等。不同领域的氧化物熔体有其共性，比如主要组元均由 CaO、MgO、$Al_2O_3$、$SiO_2$、$FeO_x$ 等氧化物组成；也有不同之处，比如成分（如碱度）不同，以及由于成分不同导致的熔体结构、熔点、流动性等各种物性的不同。在冶炼领域，由于需要满足渣-金有效分离，渣对金属熔体的除杂及防止金属熔体的氧化等功能，对冶金熔渣的成分及物理化学性质具有特殊要求，比如一般冶金渣的碱度要高于岩浆和玻璃熔体。

　　国家的工业化进程需要大量的钢铁以及其他金属材料（2020 年中国粗钢产量 10.65 亿吨，占世界产量比例 56.7%，位列全球第一），熔渣的物理化学性质（如黏度、电导率、表面张力和密度等）对于工艺流程的优化、冶金新工艺的开发和产品质量的控制至关重要。由于涉及大量的性质，而每一种性质的变化规律又极其复杂，针对每一种物性的详细研究都用一种专著来阐述也未见得充分。因此，本书针对少量物性得到的研究结论，期望能够对读者起到抛砖引玉的作用。

　　熔体的物性是熔体内部结构的外在表现形式，所以研究熔体结构对于阐明熔体物性的变化规律具有重要作用。目前，国内外的科研工作者主要使用拉曼光谱，核磁共振光谱、红外分析、分子动力学模拟等手段研究熔体结构。鉴于高温原位观察的难度较高以及信噪比较低，目前一般都是通过淬火高温熔体，并在室温研究得到玻璃体的结构，并近似认为其等同于高温结构。而光谱研究目前一个很大的问题在于定性或半定量解释足够，而定量解释不足。这是因为得到的玻璃体的谱线需要用大量结构单元去拟合，这涉及含有多个未知参数的非线性拟合，拟合的随意性很大。同时，拟合后得到的数据也仅仅是各结构单元的面积百分比，面积百分比转化为摩尔分数仍然需要各结构单元的散射因子数据，而目前尚没有准确的散射因子数据。因此，本书没有涉及任何通过光谱的手段研究结构的内容，而仅仅通过一些合理的推测以及一定的经验模型研究熔体结构。

　　本书主要通过两种方法获得熔体的性质：一种是实验测量；另一种是理论模型预测。由于涉及大量的体系以及实验测量的难度和精度等问题，理论预测的方法越来越受到重视。本书主要介绍了用于计算熔体物性的几何模型，以及部分考虑熔体结构的半经验模型。由于模型理论深度仍显不足，且用于模型拟合的实验数据收集不够（每年仍有大量新的实验数据发表），导致模型的计算精度仍有很大提升空间。如有人能基于本模型框架及更充分的实验数据，对模型参数进行更精确的拟合，将不胜荣幸。

　　本书主要是在张国华和周国治多年研究成果的基础上撰写，同时感谢侯勇、甄玉兰、刘俊昊、王红阳、吴柯汉、汪宇、周英聪、王敬飞、邓孝纯和陈奔在本书的撰写过程中付出辛勤劳动，在此表示衷心的感谢。

　　由于作者水平所限，书中不妥之处，恳请广大读者批评指正。

作　者

2021 年 3 月

# 目　录

# 1 冶金熔体物性及研究方法

## 1.1 冶金熔体物理化学性质及其主要研究方法

### 1.1.1 冶金熔体物理化学性质的重要性

在钢铁和很多有色金属的火法冶金过程中都需要涉及大量的熔渣，比如：高炉炼铁过程的高炉渣，氧气转炉炼钢过程的转炉渣，二次精炼过程的精炼渣和连铸保护渣、铜渣、镍渣等。熔渣是以氧化物为主要成分的多组分熔体，其对金属的提炼和精炼过程起着很重要的作用。熔渣可能来自矿石中的脉石、粗金属精炼过程中形成的氧化物、被侵蚀的炉衬耐火材料以及冶炼过程中加入的熔剂和调渣剂，其起着吸收冶炼过程产生的杂质以及脉石成分、使金属和杂质分离、防止金属氧化以及保温、调节金属的合金成分、电阻发热（电渣重熔过程）以及润滑（连铸过程）等至关重要的作用。此外，渣还可作为某些稀贵金属初步富集的场所，比如铁水提钒过程便是先把钒氧化，使其进入渣中，实现钒的初步富集，然后对含钒渣进行提钒。

熔渣在冶炼过程中的性能由渣的物理化学性质决定。以火法冶金为例，熔渣各组元的活度影响着元素分离的限度及反应的可能性；熔渣的电导率直接关系到电炉施加电场时电流的大小及熔体的加热；黏度与熔渣中决定冶金反应快慢的传质过程密切相关，同时关系到渣-金分离的好坏，是提高金属收得率的重要因素；密度影响熔渣和液态金属的相对位置与相对运动速度，密度大的熔渣容易滞留于金属内部形成夹杂物；表面张力及与液态金属之间的界面张力对冶金过程动力学及液态金属中的熔渣和夹杂物的排除有重要的影响；硫容量和磷容量等性质对于金属熔体中杂质元素硫和磷的脱除至关重要。

综上所述，熔渣物性对于冶金生产过程非常重要。因此，研究熔体的性质以优化冶炼流程成为冶金工作者们的一个重要任务。熔体的性质大致可分为两大类，即化学性质和物理性质。前者包括活度、活度系数、摩尔体积、热容、硫容量以及磷容量等，主要指物质在发生化学变化时表现出来的性质；后者主要包括黏度、电导率、表面张力、扩散系数、密度等，主要指物质不通过化学变化就能表现出来的性质。决定冶金过程热力学的主要是化学性质，而决定冶金过程动力学的传输性质（如黏度、电导率等）则属于物理性质。在满足一定的热力学条件的情况下，动力学过程对冶金的生产至关重要。冶金历史上的每一次大的变革都与动力学条件的改善有关：北宋时期木风箱鼓风代替了皮囊鼓风，极大地促进了炼铁技术的进步；氧气转炉炼钢方法的实现更是带来了炼钢技术的革新。而无论是物理性质还是化学性质，均由熔体微观结构决定。因此，基于熔渣结构的物性研究将成为未来重要的研究途径。

### 1.1.2  冶金熔体物性的研究方法

目前主要通过两种方法获取熔渣的物理化学性质数据，即实验测量和理论模型预测。通过实验测量固然可以得到较为准确的数据，可是由于涉及大量的体系，工作量十分庞大，且熔渣一般具有很高的熔点，也会给液相线温度以上的高温测量带来很多操作上的困难，比如熔渣对坩埚的侵蚀、$CaF_2$、$Na_2O$ 等组分的挥发导致的测量过程中熔渣成分的变化、含变价元素氧化物 $FeO_x$ 等的熔渣对气氛的特殊要求等。此外，实验测量也仅仅能够得到一系列离散成分点在特殊温度下的性质，不可能获得任意成分在任意温度下的性质。在一个大气压下，熔渣的物理化学性质主要由成分和温度决定，如果能够获得性质与温度和成分的关系，则可以根据成分和温度直接计算熔渣的黏度。因此，通过模型的方法、利用已知的性质数据、建立性质与成分和温度之间联系的理论模型，从而从理论上计算性质无疑是一种更好的方法。

当前的模型主要分为三大类，即物理模型、数值模型以及介于两者之间的半经验模型。物理模型是从物质结构出发，根据量子力学和统计力学的原理去推算熔体的物理化学性质。物理模型的优点是物理图像清晰，缺点是应用范围窄、外延性小且准确度较差。这种模型目前主要应用于对晶体化学性质的预测上，目前由于人们对熔体结构的认识不足，该方法在熔体上很少应用。数值模型则是将理论和具体数据相结合，推导出应用范围较广的计算公式，它虽然不如物理模型那样含义明确，但是计算结果较为准确，目前在冶金熔体的相图计算和热力学数据的估算中应用较广。半经验模型一方面考虑熔体的结构，同时在具体的模型处理上采用一定的经验方法，往往具有较高的计算精度，这种模型在结构随成分变化较大的硅铝酸盐熔渣中使用较多。下面对常用的数值模型（几何模型以及质量三角形模型）和硅铝酸盐熔体中的半经验模型做简要的介绍。

## 1.2  冶金熔体的几何模型

### 1.2.1  传统几何模型

在数值模型中，应用最广泛的是几何模型，这是一类由二元系性质计算多元系性质的模型，它方法简单，运用比较广泛。几何模型最早用于熔体热力学性质的预测上，是由 Hildbrand[1] 于 1920 年提出的正规溶液模型发展而来。正规溶液假定所有的原子在三维晶格中做完全无规则排列，且只考虑最近邻原子之间的作用力。根据正规溶液模型，二元熔渣的过剩吉布斯自由能可以表示为：

$$\Delta G_{ij}^E = \alpha_{ij} X_{i(ij)} X_{j(ij)} \tag{1-1}$$

式中　　$\Delta G_{ij}^E$——$i$-$j$ 二元系的过剩吉布斯自由能；

　　　　$\alpha_{ij}$——与 $i$-$j$ 二元系相关的常数；

　　　　$X_{i(ij)}$——二元系中组元 $i$ 的摩尔分数。

很容易证明，对于满足正规溶液模型的三元系，其过剩吉布斯自由能为：

$$\Delta G_{123}^E = \alpha_{12} x_1 x_2 + \alpha_{23} x_2 x_3 + \alpha_{31} x_3 x_1 \tag{1-2}$$

式中　　$x_i$——三元系中组元 $i$ 的摩尔分数。

如果把式(1-2)换一种写法，即：

$$\Delta G_{123}^E = W_{12} \Delta G_{12}^E + W_{23} \Delta G_{23}^E + W_{31} \Delta G_{31}^E \tag{1-3}$$

其中，

$$W_{12} = \frac{x_1 x_2}{X_{1(12)} X_{2(12)}}, \quad W_{23} = \frac{x_2 x_3}{X_{2(23)} X_{3(23)}}, \quad W_{31} = \frac{x_3 x_1}{X_{3(31)} X_{1(31)}} \tag{1-4}$$

由式(1-3)可知，可以利用三元系中二元边界的信息来计算三元成分点的性质。当所计算的三元系满足或近似满足正规溶液模型时，式(1-3)是成立的，其二元成分点的过剩吉布斯自由能可由式(1-1)计算。但是，实际上绝大多数的体系并不满足正规溶液模型，在这种情况下，人们发现可以通过选择合适的二元成分点，并以其他方式计算二元成分点的性质以使式(1-3)仍然近似地适用于三元成分点性质的预测。基于此，人们提出了各种不同的几何模型，并把模型的应用由计算热力学性质拓展到计算熔体的物理性质，比如黏度[2,3]、表面张力[4,5]以及摩尔体积[5,6]等。这些模型的主要区别在于二元成分点的选择方式不同，根据二元成分点的不同选择方式，Hillert[7]把这些模型分为两大类，即对称几何模型和非对称几何模型。其中对称几何模型主要有 Kohler[8] 模型、Chou[9] 模型、Muggianu[10] 模型等；非对称几何模型主要有 Toop[11] 模型以及 Hillert[7] 模型等。一般情况下，对于真实溶液，二元成分点的性质可以用 Redlich-Kister（R-K）多项式[12]表示，即：

$$P_{ij} = X_{i(ij)} X_{j(ij)} \sum_{n=0}^{n'} A_{ij}^n \left[ X_{i(ij)} - X_{j(ij)} \right]^n \tag{1-5}$$

## 1.2.2　新一代几何模型

传统几何模型在选择二元成分点时，不同的模型有不同的选择方式，且这些选择方式与三元系本身的性质无关，因此导致传统几何模型出现难以克服的缺点。从理论上讲，对称模型不能用于极限情况，在一个三元系中，假设组元 2 和组元 3 完全相同，则该三元系应还原成为一个二元系，但对称模型并不能满足这一点。而非对称几何模型由于涉及非对称组元，三个组元在三个顶点上的分配也是一个问题，在使用前需要人为指定非对称组元。尤其是在多元系中应用时，排列方式更多，更难以决定选用何种方式。例如，对于三元系有 3 种排列方式；对于四元系有 12 种排列方式；对于五元系有 30 种排列方式；对于六元系有 60 种排列方式等。总之，随着组元的增加，非对称几何模型的使用变得越来越复杂。此外，对于一个特定的体系，到底使用对称几何模型还是非对称几何模型也需要人为判断，这些人为的干预严重影响模型的使用。从理论上讲，将体系严格地分为对称和非对称类型也是不恰当的，在现实世界中不应该存在这样的一条界线把不同的体系截然分开。

　　考虑到模型中二元系成分点的选取应该与三元体系本身的性质相关，Chou[13-16]在新一代几何模型中引入了相似系数的概念，通过相似系数，模型可自动地进行二元成分点的选择，从而成功地克服了传统几何模型的缺陷。二元成分点的计算公式为：

$$X_{i(ij)} = x_i + x_k \xi_{i(ij)}^k \tag{1-6}$$

式中　$\xi_{i(ij)}^k$——相似系数，用于表征组元 $k$ 与 $i-j$ 二元系中 $i$ 的相似程度。$\xi_{i(ij)}^k$ 和 $\eta(ij, ik)$ 可分别表示为：

$$\xi_{i(ij)}^k = \frac{\eta(ij, ik)}{\eta(ij, ik) + \eta(ji, jk)} \tag{1-7a}$$

$$\eta(ij, ik) = \int_0^1 (P_{ij} - P_{ik})^2 dX_i \tag{1-7b}$$

　　$\eta(ij, ik)$——两个二元系的偏差函数。

　　与对称模型相比，当两个组元相同时，新几何模型可以还原为低元系。与非对称几何模型相比，新几何模型不需要人为的干预，从而为计算过程完全实现计算机化奠定了基础。

　　根据式(1-3)~式(1-6) 可得到用新几何模型由二元系预测三元系 $i-j-k$ 性质的方程，即：

$$\Delta P_{ijk} = x_i x_j \sum_{n=0}^{n'} A_{ij}^n [x_i - x_j + (2\xi_{i(ij)}^k - 1)x_k]^n + x_j x_k \sum_{n=0}^{n'} A_{jk}^n [x_j - x_k +$$

$$(2\xi_{j(jk)}^i - 1)x_i]^n + x_k x_i \sum_{n=0}^{n'} A_{ki}^n [x_k - x_i + (2\xi_{k(ki)}^j - 1)x_j]^n \tag{1-8}$$

　　新一代几何模型在相图计算[17,18]、热力学性质的计算[19-21]以及熔体的黏度[2,3]和表面张力[17,22]等物理性质的计算方面都收到了不错的效果。尽管如此，新一代几何模型无法适用于某温度下存在局部互溶的体系，比如火法冶金过程中（钢铁冶金以及有色金属冶金等）使用的硅铝酸盐熔渣体系。这种体系的液相线与二元边界在冶炼温度下往往不能完全重合，从而也就不可能获得全浓度范围内二元系的性质，新一代几何模型也就无法应用。针对这样的体系，Chou[23]提出了质量三角形模型。

### 1.2.3 质量三角形模型

如图 1-1 所示，根据 $A$、$B$ 和 $C$ 的性质计算 $O$ 点的性质如下：

$$P_O = W_A P_A + W_B P_B + W_C P_C \tag{1-9}$$

式中　$P_i$——点 $i$ 的性质；

　　　$W_i$——权重因子，定义如下：

$$W_A = \frac{S_{\triangle OBC}}{S_{\triangle ABC}} = \frac{\begin{vmatrix} x_1^O & x_1^B & x_1^C \\ x_2^O & x_2^B & x_2^C \\ x_3^O & x_3^B & x_3^C \end{vmatrix}}{\begin{vmatrix} x_1^A & x_1^B & x_1^C \\ x_2^A & x_2^B & x_2^C \\ x_3^A & x_3^B & x_3^C \end{vmatrix}} \tag{1-10}$$

$$W_B = \frac{S_{\triangle AOC}}{S_{\triangle ABC}} = \frac{\begin{vmatrix} x_1^A & x_1^O & x_1^C \\ x_2^A & x_2^O & x_2^C \\ x_3^A & x_3^O & x_3^C \end{vmatrix}}{\begin{vmatrix} x_1^A & x_1^B & x_1^C \\ x_2^A & x_2^B & x_2^C \\ x_3^A & x_3^B & x_3^C \end{vmatrix}} \tag{1-11}$$

$$W_C = \frac{S_{\triangle ABO}}{S_{\triangle ABC}} = \frac{\begin{vmatrix} x_1^A & x_1^B & x_1^O \\ x_2^A & x_2^B & x_2^O \\ x_3^A & x_3^B & x_3^O \end{vmatrix}}{\begin{vmatrix} x_1^A & x_1^B & x_1^C \\ x_2^A & x_2^B & x_2^C \\ x_3^A & x_3^B & x_3^C \end{vmatrix}} \tag{1-12}$$

如果知道 $B$ 和 $C$ 两个点的性质，则 $BC$ 连线上的点 $O'$ 也可计算，其计算公式为：

$$P_{O'} = W_B P_B + W_C P_C \tag{1-13}$$

$$W_B = \frac{x_1^{O'} - x_1^C}{x_1^B - x_1^C} \tag{1-14}$$

$$W_C = \frac{x_1^{O'} - x_1^B}{x_1^C - x_1^B} \tag{1-15}$$

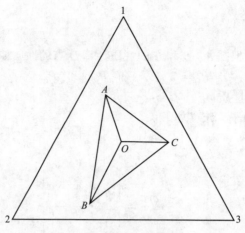

图 1-1　质量三角形模型

质量三角形模型继承了几何模型中加权和的概念，在权重因子的定义中引入面积比，并表示成行列式的简单形式，这样便于计算。王丽君[4,5,24]用质量三角形模型对熔渣的黏度、密度、电导率和表面张力进行了计算，并与实验测量值进行了比较，理论值与实验测量结果符合得很好。但是质量三角形模型的应用是根据边界上点的性质预测边界内部点的性质，如果待计算成分点出现在边界之外，须考虑如何计算；质量三角形模型用于物料平衡计算时严格成立，须考虑如何从理论上证明其用于性质计算的合理性，模型如何拓展到高于三元的多元系等问题。

由于不涉及具体的熔体结构，几何模型在计算时难免会引入较大的误差，尤其是在一些性质随成分有较大变化的成分点附近。对于质量三角形模型来说，当已知三个点选定以后，则三个点围定的三角形内部的所有点的性质都可以用这三个点的性质计算。根据式(1-10)~式(1-12)可知，当未知点在三角形内时，三个权重因子都是大于 0 小于 1 的常数，且三个权重因子加和为 1。故而 $\triangle ABC$ 内部所有点的性质都大于 $A$、$B$ 和 $C$ 三点性质中的最小值，小于最大值，也就是说 $\triangle ABC$ 内部不会出现极值点，这显然不符合事实。另外对于质量三角形模型，当选择的点确定以后，相应的权重因子也确定，并且在计算各种性质时都使用相同的权重。这些问题在结构随成分变化复杂的硅铝酸盐体系中更为突出。鉴于硅铝酸盐电导率和黏度对结构的敏感性，以及其在火法冶金过程中的重要性，下面对硅铝酸盐熔体的结构以及与电导率和黏度相关的模型做详细介绍。

## 1.3　冶金熔渣的结构

### 1.3.1　氧化物的酸碱性及判据

实际生产中常见的氧化物主要有 CaO、MgO、$Al_2O_3$、$SiO_2$、FeO、MnO、

$Na_2O$、$K_2O$ 等。不同类型的氧化物对熔渣结构的影响不同，一般根据氧化物的性质可以将其分成三类：

（1）碱性氧化物，比如 $CaO$、$MgO$、$Na_2O$、$K_2O$ 等。

（2）酸性氧化物，比如 $SiO_2$、$P_2O_5$ 等。

（3）两性氧化物，比如 $Al_2O_3$、$Fe_2O_3$、$Cr_2O_3$ 等。

当然，上述只是定性地对氧化物酸碱性进行的划分。在对氧化物性质的判断上，人们一直在寻找合适的可以定量化的判据。常用的一些判据包括：

（1）键强度。Sun[25]研究不同氧化物在玻璃形成中的作用时指出，可以用 M—O 单键的强度来判断氧化物的酸碱性。键强度可以根据氧化物的离解能，即氧化物晶体离解为气态原子时所需要的能量，与金属离子的氧配位数计算得到。

（2）离子静电场强度。Dietzel[26]最早提出用阳离子静电场强度来衡量氧化物的玻璃形成能力和对玻璃性质的影响。Waseda[27]采用金属离子-氧离子键作用参数 $I$ 来表征不同氧化物对熔体结构的影响，$I$ 的计算公式为：

$$I = \frac{2z}{(r_{M^{z+}} + r_{O^{2-}})^2} \tag{1-16}$$

式中　$z$——金属离子的电荷数；

　　$r_{M^{z+}}$——金属离子半径；

　　$r_{O^{2-}}$——氧离子半径。

根据不同氧化物的不同 $I$ 值，对氧化物进行了分类：$I>1.7$ 的氧化物其阳离子和氧离子具有很强的交互作用，这类氧化物具有很强的玻璃形成能力，从而有较大的酸性，能形成类似于 $SiO_4^{4-}$ 四面体的空间网络结构，称为网络形成氧化物；$I<0.7$ 的碱性氧化物能够破坏网络结构，称为网络破坏氧化物；$I$ 值在 0.7 与 1.7 之间的称为两性氧化物。

（3）电负性。Stanworth[28]首先将电负性的概念用于判断氧化物的玻璃形成能力。金属原子电负性大于 1.7 的氧化物是好的玻璃形成体，而玻璃改性体的氧化物其金属原子的电负性较小。根据 Pauling[29]的定义，金属-氧键的离子键摩尔分数的计算公式为：

$$P_{ionic} = 1 - \exp\left[-\frac{(x_O - x_M)^2}{4}\right] \tag{1-17}$$

式中　$x_M$——金属原子电负性；

　　$x_O$——氧原子的电负性（$x_O>x_M$）。

根据式(1-17)可知，金属原子的电负性越大，M—O 键的离子键百分比越小。而金属原子电负性越小的氧化物，其 M—O 键的离子键百分比越大，这决定了它们处于熔融态时可以离解为简单离子，从而具有较强的碱性。

（4）光学碱度。光学碱度是由 Duffy[30-32]在研究玻璃化学时提出来的，后来由 Sommerville 引入冶金领域，并利用光学碱度对熔渣的硫容量、碳容量、磷容量等性质[33-35]进行了计算。光学碱度是通过在氧化物中加入某种显示剂，然后用光学的方法测定氧化物释放电子的能力来确定其光学碱度。通常采用含有 $d^{10}s^2$ 电子结构层的 $Pb^{2+}$ 的氧化物为显示剂，这种氧化物中的 $Pb^{2+}$ 受到光的照射以后，吸收相当于从 6s 轨道跃迁到 6p 轨道的能量 $E = h\nu$，这种电子的跃迁能量可以在紫外线吸收光谱显示的波峰测出。当把这种物质加入待测量的氧化物中时，氧化物中的 $O^{2-}$ 离子的核外电子受 $Pb^{2+}$ 的影响，会释放电子给 $Pb^{2+}$，使 $Pb^{2+}$ 的电子跃迁比其在纯 PbO 中少吸收能量，从而使频率 $\nu$ 发生变化。不同的氧化物中的氧离子具有不同的电子释放能力，从而使频率发生不同的变化。一般情况下，以 CaO 作为标准物质来标定其他氧化物的光学碱度。

氧离子的电子释放能力与留在氧离子上的平均负电荷有关，而氧离子上的平均负电荷与氧离子周围阳离子的极化作用成反比。$Si^{4+}$ 和 $P^{5+}$ 阳离子的电荷数高、离子半径小，其周围的氧离子高度极化；而金属离子 $Ca^{2+}$、$Mg^{2+}$、$Na^+$ 等周围的氧离子极化则很小。因此，在碱性氧化物中，氧离子极化较小，从而残留的负电荷比较多，由离子探针所测量的电子贡献能力较大，所以光学碱度值较高；而在酸性熔渣中正好相反。因此，氧化物的光学碱度也可以作为氧化物酸碱性的一个指标。

### 1.3.2　氧化物熔渣的结构

酸性氧化物可以形成三维网络结构，使得熔渣的流动性变差，故而也被称为网络形成氧化物。比如 $Si^{4+}$ 离子在熔渣中以 $SiO_4^{4-}$ 四面体的形式存在，不同的四面体之间以桥氧 Si—O—Si 相连，从而形成三维的空间网络结构。按照 Fincham[36] 的划分，硅酸盐熔渣中的氧离子可分为三种类型，即桥氧、非桥氧和自由氧，并且三种氧在熔渣中存在以下平衡关系：

$$2O^- \Longleftrightarrow O^{2-} + O^0 \tag{1-18}$$

式中　$O^-$——非桥氧；

　　　$O^0$——桥氧；

　　　$O^{2-}$——自由氧。

其中，非桥氧一端与 $Si^{4+}$ 离子相连，另一端与碱性氧化物的金属离子相连；桥氧与两个 $Si^{4+}$ 离子相连；自由氧不与硅离子相连。熔渣中的桥氧越多，熔渣的聚合度也就越高。碱性氧化物 $M_xO$ 可以通过释放氧离子与 $Si^{4+}$ 离子结合，形成非桥氧，使得网络结构被打断，也被称为网络破坏氧化物。

两性氧化物（如 $Al_2O_3$）既可以显酸性，也可以显碱性。在碱度较高的情况下它能以 $AlO_4^{5-}$ 四面体的形式融入 $SiO_2$ 的空间网络，在碱度较低的情况下表现为碱性氧化物而破坏网络结构。在充当酸性氧化物时，由于 $Al^{3+}$ 离子的电荷为+3，

融入 $SiO_2$ 网络时需要金属离子参与电荷补偿，参与电荷补偿的主要是碱性氧化物的金属阳离子，这部分碱性氧化物不再充当网络破坏者，其存在使得更多的 $Al_2O_3$ 以酸性氧化物的形式融入 $SiO_2$ 的结构，因而也使得熔渣的聚合度增加。以 $M_xO$-$SiO_2$-$Al_2O_3$ 体系为例，一般来讲，当摩尔比 $R = M_xO/Al_2O_3 < 1$ 时，得到金属阳离子电荷补偿的 $Al^{3+}$ 离子以 $AlO_4^{5-}$ 四面体的形式存在，在这种情况下，熔渣的聚合度随着 $R$ 的增加而增加。当 $R > 1$ 时，所有 $Al^{3+}$ 离子均以 $AlO_4^{5-}$ 四面体的形式存在，这时继续增加 $R$，多余的 $M_xO$ 将会充当网络破坏者的角色，熔渣的聚合度随着 $R$ 的增加而减少。综上所述，熔渣聚合度应该在 $R = 1$ 时取得最大值，这时所有的氧均以桥氧的形式存在。但是研究表明，大部分熔渣并不严格满足这个情况。$CaAl_2Si_2O_8$ 熔渣中[37]存在 5% 左右的非桥氧；$MgO$-$Al_2O_3$-$SiO_2$ 熔渣黏度的测量结果表明 $Mg^{2+}$ 对 $Al^{3+}$ 离子进行电荷补偿的能力较弱[38]；Toplis[39] 通过测量 $Na_2O$-$Al_2O_3$-$SiO_2$ 体系的黏度发现，黏度并不在 $R = 1$ 时取得最大值；Toplis 认为以 $AlO_4^{5-}$ 形式存在的 $Al^{3+}$ 离子和未被电荷补偿的 $Al^{3+}$ 离子之间存在着一个平衡，并且平衡常数不为 0，即：

$$NaAlO_2 \rightleftharpoons AlO_{1.5} + NaO_{0.5} \tag{1-19}$$

得到电荷补偿的 $Al^{3+}$ 离子以 $AlO_4^{5-}$ 四面体的形式存在，未得到电荷补偿的 $Al^{3+}$ 离子的存在形态目前还存在着很多争议。其主要有两种看法，一种是配位模型，即融入 $SiO_2$ 框架中的 $Al^{3+}$ 离子以四配位的 $AlO_4^{5-}$ 形式存在，而未融入的 $Al^{3+}$ 离子以五配位或六配位的形式存在[40-44]。但是 Lacy[45] 指出如此的结构在能量上是不稳定的，并且高配位的 $Al^{3+}$ 离子不能解释 $Na_2O$-$SiO_2$-$Al_2O_3$ 熔渣黏度最大值出现在 $R < 1$ 侧的现象[39]。Lacy 最早提出了以三聚体形式存在的 $Al^{3+}$ 离子[45]，即 3 个四面体结构共享一个氧，或三个 $AlO_4^{5-}$，或两个 $AlO_4^{5-}$ 一个 $SiO_4^{4-}$，或一个 $AlO_4^{5-}$ 两个 $SiO_4^{4-}$。这种聚合体被发现存在于不含 $SiO_2$ 的钙铝酸盐晶体[46]及高温熔渣[47]中。Zirl[48] 通过分子动力学模拟 $CaO$-$Al_2O_3$-$SiO_2$ 体系，支持了三聚体的存在。Toplis[39] 结合黏度的测量数据指出，在 $Na_2O$-$SiO_2$-$Al_2O_3$ 熔渣中，当 $SiO_2$ 摩尔分数大于 50% 时，未被补偿的 $Al^{3+}$ 离子主要以含有一个 $AlO_4^{5-}$ 的三聚体的形式存在，然而在 $CaO$-$Al_2O_3$-$SiO_2$ 熔渣中，其他形式的三聚体可能起主要作用。

由于本章主要针对熔渣黏度、电导率、硫容量等物性进行阐述，所以下面对文献中主要的模型进行总结。

## 1.4 电导率模型和熔渣黏度研究现状

### 1.4.1 电导率模型研究现状

冶金生产以及冶金理论研究的很多领域，常常需要知道冶金熔渣的电导率。

电冶金过程中很大一部分的能量是消耗在电解质本身的电阻损耗上，因此若能选用具有合适电导率的渣系以减少电阻损耗，则可以节省电能、降低成本。电渣重熔是一种生产纯净钢的工艺，它是利用电流通过炉渣产生的热使母材熔化。炉渣电导率的大小以及其随温度和组成的变化是电渣重熔过程能否顺利进行的关键。炉渣电导率还对电渣炉的生产率以及钢材的质量、成本等指标有很大影响。另外，熔渣的电导率对于熔渣结构的理论研究也有很大作用。过去一直存在关于分子理论和离子理论的争论，而炉渣的导电性正是分子理论所不能解决的。

熔渣的电导率包括电子电导和离子电导。电子电导常常是由熔渣中的过渡金属氧化物（如铁氧化物）引起。除过渡金属氧化物以外的其他氧化物通常只对离子电导有贡献。一般来说，碱性氧化物在熔融态时应具有较大的电导率，且碱性越高，电导率越大。这是因为碱性氧化物中 M—O 键的离子键百分比较大，在熔融态时容易释放出简单离子。Diaz[49]曾测定了熔点附近（高于熔点）纯氧化物的电导率，顺序为 $SiO_2$（$10^{-5}\Omega^{-1}\cdot cm^{-1}$）$< Al_2O_3$（$15\Omega^{-1}\cdot cm^{-1}$）$< MgO$（$35\Omega^{-1}\cdot cm^{-1}$）$< CaO$（$40\Omega^{-1}\cdot cm^{-1}$）。纯 $SiO_2$ 为网络形成氧化物，离子在该熔渣中迁移的阻力很大，并且熔渣中可以自由移动的离子数目也很少，故而其电导率很低。Diaz 同时在铁坩埚内测定了 1370℃（1643K）时纯 FeO 熔渣的电导率，具有较大的数值，即 $122\Omega^{-1}\cdot cm^{-1}$。Inouye[50]的测量结果表明，液态 FeO 与固态 FeO 具有相同数量级的电导率，因为固态 FeO 是半导体，Inouye 认为液态 FeO 也有着同样的导电机理。对于多元熔渣的电导，Bockris[51,52]曾对 MO-$SiO_2$ 二元渣系的电导做过系统地研究。Simnad[53]通过研究电解 FeO-$SiO_2$ 时的电流效率发现，$SiO_2$ 含量（质量分数）大于34%时，可忽略 FeO-$SiO_2$ 熔渣的电子电导。Segers 和 Fontana[54,55]研究发现，MgO 替代 CaO 对熔渣的电导率并不会造成很大的影响，而 $Al_2O_3$ 替代 $SiO_2$ 则使得熔渣电导率下降。

有关电导率的研究基本上都停留在实验测量上，理论研究较少。Jiao[56]在前人工作的基础上，对一定温度下熔渣的电导率与成分的关系提出了一个简单模型。

对于 CaO-MgO-MnO-$SiO_2$ 体系，Jiao 假设：

（1）渣处于完全熔融状态。

（2）硅酸盐熔渣的电导是由 $Ca^{2+}$、$Mg^{2+}$ 和 $Mn^{2+}$ 等离子的迁移引起，忽略其他金属离子（如 $Si^{4+}$、$Al^{3+}$）和阴离子对电导的影响。

（3）$SiO_2$ 含量足够高，可以使熔渣离子化，即 $Ca^{2+}$、$Mg^{2+}$ 和 $Mn^{2+}$ 离子以自由离子的形式存在。

（4）忽略各个金属离子之间的交互作用。

基于上述假设，Jiao 给出了 1500℃（1773K）时该体系电导率与成分的关系，即：

$$\kappa = -3.34 + 6.41x_{CaO} + 6.75x_{MgO} + 8.06x_{MnO} \tag{1-20}$$

对于 CaO-MgO-FeO-SiO$_2$ 体系，Jiao 假设：

（1）渣处于完全熔融状态。

（2）电导率和成分满足指数关系。

（3）CaO 和 MgO 对电导率的作用相同。

（4）SiO$_2$ 和 Al$_2$O$_3$ 对电导的贡献可以忽略。

基于上述假设，1500℃（1773K）时该体系电导率随成分变化的关系为：

$$\ln\kappa = -4.45 + 9.15x_{FeO} + 5.34(x_{CaO} + x_{MgO}) \tag{1-21}$$

1400℃（1673K）时，该体系电导率随成分变化的关系为：

$$\ln\kappa = -5.21 + 9.92x_{FeO} + 5.94(x_{CaO} + x_{MgO}) \tag{1-22}$$

### 1.4.2　熔渣黏度研究现状

黏度是熔渣重要的物理化学性质。一份关于炉渣性质对工业重要性的国际调查问卷表明，黏度是最受关注的性质之一[57]。熔渣黏度决定熔渣中传质速度的快慢，影响渣-金分离的效果，是决定金属收得率的重要因素。黏度还直接影响到高炉的顺行、泡沫渣的形成、铸坯的润滑以及熔渣对炉壁的侵蚀。同时，由于黏度对炉渣的结构很敏感，黏度的变化在某种程度上能够反映结构的变化，因此黏度也可作为研究炉渣结构的途径之一。所以，对炉渣黏度行为的精确掌握对于实际生产和理论研究都具有很重要的意义。

考虑到研究熔渣结构和黏度在实际生产中的重要性，目前已经积累了大量黏度方面的数据，也发展了很多的模型用来表征黏度与成分和温度的关系。Arrhenius[58]发现很多性质与温度之间的关系都可以用指数的关系表示，即：

$$\eta = A\exp\left(\frac{E}{RT}\right) \tag{1-23}$$

式中　　$\eta$——黏度；

　　　　$E$——活化能；

　　　　$R$——气体常数；

　　　　$T$——绝对温度。

后来研究者根据基本的物理原理又推导出很多模型，其中最著名的是基于绝对反应速率理论的 Eyring 模型[59]、基于空穴理论的 Bockris-Reddy 模型[60] 和 Weymann-Frenkel 模型[61]。其模型方程分别为：

$$\eta = \frac{hN\rho}{M}\exp\left(\frac{E}{RT}\right) \tag{1-24}$$

式中　　$h$——Planck 常数；

　　　　$N$——Avogadro 常数；

ρ——密度；

M——分子量。

$$\eta = \frac{2}{3}n_h r_h (2\pi mkT)^{\frac{1}{2}} \exp\left(\frac{E}{RT}\right) \qquad (1-25)$$

式中　$n_h$——单位体积的空穴数；

　　　$r_h$——空穴的平均半径；

　　　$m$——离子的质量；

　　　$k$——Boltzmann 常数。

$$\eta = \left(\frac{RT}{E_W}\right)^{\frac{1}{2}} \frac{(2mkT)^{\frac{1}{2}}}{v^{\frac{2}{3}}P_V} \exp\left(\frac{E_W}{kT}\right) \qquad (1-26)$$

式中　$m$——结构单元的质量；

　　　$v$——结构单元的体积；

　　　$E_W$——活化能；

　　　$P_V$——概率。

式(1-24) ~式(1-26) 在直接用于描述硅铝酸盐熔渣的黏度行为时并不能取得很好的效果，但是方程给出的黏度和温度的关系却为发展黏度模型提供了很好的思路。式(1-24) ~式(1-26) 可以统一为：

$$\eta = AT^n \exp\left(\frac{B}{T}\right) \qquad (1-27)$$

当 $n=0$ 时，为 Arrhenius 方程和 Eyring 方程；当 $n=1/2$ 时，为 Bockris-Reddy 方程；当 $n=1$ 时，为 Weymann-Frenkel 方程。基于对如何在黏度模型中融入成分因素这个问题的不同考虑，研究者们给出了不同的模型。下面简要地介绍一些主要的黏度模型。

### 1.4.2.1　Urbain 模型[62]

Urbain 基于 Weymann-Frenkel 方程，发展了相应的黏度模型，并结合理论推导给出了指前因子 A 和参数 B 之间的关系。其模型方程为：

$$\eta = AT \exp\left(\frac{1000B}{T}\right) \qquad (1-28)$$

$$-\ln A = mB + n \qquad (1-29)$$

结合大量的统计数据，Urbain 得出的 m 和 n 的平均值为 0.293 和 11.571。模型中参数 B 的计算公式为：

$$B = B_0 + B_1 x + B_2 x^2 + B_3 x^3 \qquad (1-30)$$

$$B_i = a_i + b_i \alpha + c_i \alpha^2 \qquad (1-31)$$

式中　$i$——$i = 0, 1, 2, 3$；

$x$——$x_{TO_2}$，网络形成氧化物的摩尔分数；

$\alpha$——$MO/(MO+Al_2O_3)$，碱性氧化物摩尔分数与碱性氧化物和 $Al_2O_3$ 摩尔分数和的比值。

把该模型用于 $TO_2$-$M_xO$ 二元系和 $TO_2$-$Al_2O_3$-$M_xO$ 三元系可以优化出相应的参数值。Urbian 提供的用于 $MO$-$Al_2O_3$-$SiO_2$（M = Ca、Mg、Mn）三元系的参数见表 1-1。当模型应用于多元系时，通过分别计算不同碱性氧化物对应的 $B_i$ 值，$B$ 值的计算公式为：

$$B = \frac{\sum x_{M_xO} B_{M_xO}}{\sum x_{M_xO}} \tag{1-32}$$

**表 1-1　Urbain 模型中三元体系参数**

| $i$ | $a_i$ | $b_i$ | | | $c_i$ | | |
|---|---|---|---|---|---|---|---|
| | | Mg | Ca | Mn | Mg | Ca | Mn |
| 0 | 13.2 | 15.9 | 41.5 | 20.0 | −18.6 | −45 | −25.6 |
| 1 | 30.5 | −54.1 | −117.2 | 26 | 33 | 130 | −56 |
| 2 | −40.4 | 138 | 232.1 | −110.3 | −112 | −298.6 | 186.2 |
| 3 | 60.8 | −99.8 | −156.4 | 64.3 | 97.6 | 213.6 | −104.6 |

### 1.4.2.2　修正的 Urbain 模型[63]

Kondratiev 基于不同体系的指前因子 $A$ 和活化能项 $B$ 的关系并不能用同一个线性关系表示的事实，把 Urbain 模型修正如下。参数 $m$ 表示为成分的函数，其计算公式为：

$$m = \sum m_i x_i \tag{1-33}$$

式中　$m_i$——纯氧化物的参数值；

$x_i$——摩尔分数。

式(1-29) 中的 $n$ 值取 9.322，修改后的模型用于 $CaO$-$FeO$-$Al_2O_3$-$SiO_2$ 四元系，收到不错的效果，修改后的参数见表 1-2。

**表 1-2　修正的 Urbain 模型参数**

| $i$ | $a_i$ | $b_i$ | | $c_i$ | | $m_i$ | |
|---|---|---|---|---|---|---|---|
| | | Fe | Ca | Fe | Ca | | |
| 0 | 13.31 | 34.3 | 5.5 | −45.63 | −4.68 | Fe | 0.665 |
| 1 | 36.98 | −143.64 | 96.2 | 129.96 | −81.6 | Ca | 0.587 |

| $i$ | $a_i$ | $b_i$ | | $c_i$ | | $m_i$ | |
| --- | --- | --- | --- | --- | --- | --- | --- |
| | | Fe | Ca | Fe | Ca | | |
| 2 | −177.7 | 368.94 | 117.94 | −210.28 | −109.8 | Al | 0.370 |
| 3 | 190.03 | −254.85 | −219.56 | 121.2 | 196 | Si | 0.212 |

#### 1.4.2.3　Riboud 模型[64]

Riboud 基于 Weymann-Frenkel 液体动力学理论，通过大量的黏度数据拟合，提出一个纯经验的模型。常见的氧化物被分成五类，各自摩尔分数的计算公式为：

$$\begin{cases} x_{SiO_2} = x_{SiO_2} + x_{PO_{2.5}} + x_{TiO_2} + x_{ZrO_2} \\ x_{CaO} = x_{CaO} + x_{MgO} + x_{FeO_{1.5}} + x_{MnO} + x_{BO_{1.5}} \\ x_{Al_2O_3} \\ x_{CaF_2} \\ x_{Na_2O} = x_{Na_2O} + x_{K_2O} \end{cases} \tag{1-34}$$

Riboud 模型的计算公式为：

$$\mu = AT\exp\left(\frac{B}{T}\right) \tag{1-35}$$

$$A = \exp(-17.51 + 1.73x_{CaO} + 5.82x_{CaF_2} + 7.02x_{Na_2O} - 33.76x_{Al_2O_3}) \tag{1-36}$$

$$B = 31140 - 23896x_{CaO} - 46356x_{CaF_2} - 39159x_{Na_2O} + 68833x_{Al_2O_3} \tag{1-37}$$

#### 1.4.2.4　Iida 模型[65,66]

Iida 基于 Arrhenius 方程，通过碱度指数 $B_i^*$ 联系熔渣的结构，提出新的黏度模型。其计算公式为：

$$\mu = A\mu_0\exp\left(\frac{E}{B_i^*}\right) \tag{1-38}$$

$$A = 1.745 - 1.962 \times 10^{-3}T + 7.000 \times 10^{-7}T^2 \tag{1-39}$$

$$E = 11.11 - 3.65 \times 10^{-3}T \tag{1-40}$$

$$\mu_0 = \sum_{i=1}^{n} \mu_{0i}x_i \tag{1-41}$$

$$\mu_{0i} = 1.8 \times 10^{-7} \frac{[M_i(T_m)_i]^{\frac{1}{2}}\exp\left(\dfrac{H_i}{RT}\right)}{(V_m)_i^{\frac{2}{3}}\exp\left[\dfrac{H_i}{R(T_m)_i}\right]} \tag{1-42}$$

$$H_i = 5.1(T_m)^{\frac{1}{i}} \qquad (1-43)$$

式中　$\mu$——熔渣黏度；

$\mu_{0i}$——纯氧化物黏度；

$x_i$——$i$ 组元的摩尔分数；

$M_i$——$i$ 组元的分子量；

$(V_m)_i$——$i$ 组元在熔点 $T_m$ 的摩尔体积；

$B_i^*$——修正的碱度指数。

参数 $A$、$E$ 和温度 $T$ 的关系通过对高温标准渣系的黏度数据拟合得到。$B_i^*$ 的计算公式为：

$$B_i^* = \frac{\sum (a_i W_i)_B + a_{Fe_2O_3}^* W_{Fe_2O_3}}{\sum (a_i W_i)_A + a_{Al_2O_3}^* W_{Al_2O_3} + a_{TiO_2}^* W_{TiO_2}} \qquad (1-44)$$

式中　$a_i$——组元 $i$ 的特征参数；

$W_i$——组元 $i$ 的含量（质量分数）。

在式(1-44) 中，$A$ 和 $B$ 分别表示酸性氧化物和碱性氧化物（或氟化物）。由于两性氧化物 $Al_2O_3$ 在不同的条件下能显示不同的酸碱性，故而碱度指数 $a_{Al_2O_3}^*$ 被表示成组分和温度的函数。Iida 根据 34 组不同组成的 $CaO$-$MgO$-$Al_2O_3$-$SiO_2$ 渣的黏度数据，求得了 $a_{Al_2O_3}^*$ 的表达式，其计算公式为：

$$a_{Al_2O_3}^* = aB_i + bW_{Al_2O_3} + c \qquad (1-45)$$

其中，

$$a = 1.20 \times 10^{-5} T^2 - 4.3552 \times 10^{-2} T + 41.16 \qquad (1-46)$$

$$b = 1.40 \times 10^{-7} T^2 - 3.4944 \times 10^{-4} T + 0.2062 \qquad (1-47)$$

$$c = -8.00 \times 10^{-6} T^2 + 2.5568 \times 10^{-2} T - 22.16 \qquad (1-48)$$

Iida 模型的参数见表 1-3。

表 1-3　Iida 模型参数

| 组成 | | $\mu_{0i}/mPa \cdot s$ | | | | $a_i$ |
|---|---|---|---|---|---|---|
| | | 1400℃ | 1450℃ | 1500℃ | 1530℃ | |
| 酸性氧化物 | $SiO_2$ | 3.76 | 3.43 | 3.11 | 2.92 | 1.48 |
| | $B_2O_3$ | 0.31 | 0.3 | 0.29 | 0.29 | 1.12 |
| | $P_2O_5$ | 0.3 | 0.3 | 0.29 | 0.28 | 1.23 |
| 两性氧化物 | $Al_2O_3$ | 7.95 | 7.12 | 6.36 | 5.89 | 0.1 |
| | $Fe_2O_3$ | 0.81 | 0.78 | 0.75 | 0.73 | 0.08 |
| | $TiO_2$ | 6.59 | 5.93 | 5.34 | 5.02 | 0.36 |

续表1-3

| 组成 | | $\mu_{0i}$/mPa·s | | | | $a_i$ |
|---|---|---|---|---|---|---|
| | | 1400℃ | 1450℃ | 1500℃ | 1530℃ | |
| 碱性氧化物和氟化物 | CaO | 23.82 | 20.67 | 17.83 | 16.15 | 1.53 |
| | MgO | 39.66 | 34.01 | 28.96 | 26.03 | 1.51 |
| | $K_2O$ | 0.47 | 0.45 | 0.43 | 0.42 | 1.37 |
| | $Na_2O$ | 0.83 | 0.79 | 0.75 | 0.72 | 1.94 |
| | $Li_2O$ | 3.24 | 2.96 | 2.69 | 2.52 | 3.55 |
| | MnO | 7.35 | 6.81 | 6.23 | 5.79 | 1.03 |
| | FeO | 3.59 | 3.43 | 3.07 | 3.02 | 0.96 |
| | $Cr_2O_3$ | 18.14 | 15.92 | 14.07 | 13.11 | 0.13 |
| | $CaF_2$ | 2.18 | 2.02 | 1.87 | 1.78 | 1.53 |

### 1.4.2.5　光学碱度模型[67-69]

Mills[67]采用了修正光学碱度 $\Lambda^{corr}$ 的方法计算 Arrhenius 方程 $\eta = Ae^{(B/T)}$ 中的参数 $A$ 和 $B$，这个模型一般也称为 NPL 模型。在 NPL 模型中，对不含 $Al_2O_3$ 的体系，$\Lambda^{corr}$ 根据理论光学碱度的方法计算[70]，其计算公式为：

$$\Lambda = \frac{x_1 n_1 \Lambda_1 + x_2 n_2 \Lambda_2 + x_3 n_3 \Lambda_3 + \cdots}{x_1 n_1 + x_2 n_2 + x_3 n_3 + \cdots} \tag{1-49}$$

对于含 $Al_2O_3$ 的体系，考虑到 $Al_2O_3$ 的电荷补偿效应，参与补偿的碱性氧化物的影响在计算 $\Lambda^{corr}$ 时予以扣除。以 $CaO$-$Al_2O_3$-$SiO_2$ 三元系为例，$CaO$ 摩尔分数大于 $Al_2O_3$ 摩尔分数时，计算 $\Lambda^{corr}$ 的公式为：

$$\Lambda^{corr} = \frac{\Lambda_{CaO}(x_{CaO} - x_{Al_2O_3}) + 3\Lambda_{Al_2O_3}x_{Al_2O_3} + 2\Lambda_{SiO_2}x_{SiO_2}}{x_{CaO} - x_{Al_2O_3} + 3x_{Al_2O_3} + 2x_{SiO_2}} \tag{1-50}$$

不同氧化物的光学碱度值见表1-4。

**表1-4　不同氧化物的光学碱度值**

| 光学碱度值 | | | | | | | | | | |
|---|---|---|---|---|---|---|---|---|---|---|
| $K_2O$ | $Na_2O$ | BaO | SrO | $Li_2O$ | CaO | MgO | $Al_2O_3$ | $SiO_2$ | FeO | MnO | $CaF_2$ |
| 1.4 | 1.15 | 1.15 | 1.1 | 1.0 | 1.0 | 0.78 | 0.60 | 0.48 | 1.0 | 1.0 | 1.2 |

Mills 建议参与电荷补偿的碱性氧化物的优先顺序按光学碱度的大小排列。NPL 模型为：

$$A = \exp\left(\frac{1}{0.15 - 0.44\Lambda^{corr}}\right) \tag{1-51}$$

$$B = \exp\left(-1.77 + \frac{2.88\Lambda^{\text{corr}}}{T}\right) \tag{1-52}$$

Ray[68]基于 Weymann 方程，并考虑了指前因子和活化能之间的线性关系，提出了新的黏度预测方程。模型中光学碱度的计算公式为：

$$\ln\left(\frac{\eta}{T}\right) = \ln A + 1000\frac{B}{T} \tag{1-53}$$

$$-\ln A = 0.2056B + 12.492 \tag{1-54}$$

$$B = 297.14\Lambda^2 - 466.69\Lambda + 196.22 \tag{1-55}$$

Shankar[69]提出了一个新的碱度定义，即：

$$\Lambda_{\text{new}} = \frac{\dfrac{\sum x_{B,i} n_{B,i} \Lambda_{B,i}}{\sum x_{B,i} n_{B,i}}}{\dfrac{\sum x_{A,i} n_{A,i} \Lambda_{A,i}}{\sum x_{A,i} n_{A,i}}} \tag{1-56}$$

其中，分子为碱性氧化物的光学碱度，分母为酸性氧化物的光学碱度。在碱性氧化物和氧化铝的摩尔分数比值 $R>1$ 时，氧化铝按酸性氧化物处理。

#### 1.4.2.6  Nakamoto 模型[71-73]

Nakamoto[71]基于硅铝酸盐熔渣的黏性流动机理，提出了一种断点（Cutting-off points）迁移机制，在外力作用下，黏性流动通过这些断点的迁移而进行。断点主要包括非桥氧和自由氧，并且假设两者在黏性流动中的行为一致。模型中各种氧的摩尔分数用 Gaye 的单胞模型（Cell Model）[74]计算。基于无规行走理论（Random Walk Theory），推导出黏度的计算公式为：

$$\eta = A\exp\left(-\frac{E_V}{RT}\right) \tag{1-57}$$

$$E_V = \frac{E}{1 + \alpha \left(N_{O^-} + N_{O^{2-}}\right)^{\frac{1}{2}}} \tag{1-58}$$

式中　　$\alpha$——表征断点附近金属离子-氧离子键变形能力强弱的参数；
$N_{O^-}$，$N_{O^{2-}}$——非桥氧和自由氧的摩尔分数。

把式（1-57）和式（1-58）应用于纯 $SiO_2$ 体系得到参数 $A$ 和 $E$ 的值分别为 $4.8 \times 10^{-8}$ Pa·s 和 $5.21 \times 10^5$ J/(mol·K)。单胞模型不能用于计算含 $Na_2O$、$K_2O$ 等碱金属氧化物的渣系。

Susa 等[75]在预测硅铝酸盐玻璃的折射率时假设玻璃中只有三种类型的化学键：与 $SiO_4^{4-}$ 四面体相连的桥氧 Si-BO；与得到电荷补偿的 $AlO_4^{5-}$ 四面体相连的桥氧 Al-BO；与 Si 相连的非桥氧 Si-NBO。从渣的化学成分可以求出三种类型氧离子的比例。Nakamoto[72]根据 Susa 近似，提出了新的可用于计算含碱金属氧化物渣系黏度的模型。式(1-58) 可被替代为：

$$E_V = \cfrac{E}{1 + \sqrt{\sum\limits_i \alpha N_{(NBO+BO)_i} + \sum\limits_j \alpha_{j\ in\ Al} N_{(Al-BO)_j}}} \tag{1-59}$$

由式(1-59) 可知，该模型的参数见表 1-5。

表 1-5　Nakamoto 模型参数

| $(M_x O_y)_i$ | $\alpha_i$ | $j$ | $\alpha_{j\ in\ Al}$ |
|---|---|---|---|
| CaO | 4.00 | $Ca^{2+}$ | 1.46 |
| MgO | 3.43 | $Mg^{2+}$ | 1.56 |
| FeO · | 6.05 | $Fe^{2+}$ | 3.15 |
| $K_2O$ | 6.25 | $K^+$ | -0.69 |
| $Na_2O$ | 7.35 | $Na^+$ | 0.27 |
| $Al_2O_3$ | 1.14 | — | — |

除了以上模型，Du[76-79]根据 Eyring 理论，提出了黏度的热力学模型，此模型不考虑类似 $SiO_4^{4-}$ 四面体等复杂的络合离子，认为熔渣是由简单离子构成，通过引入简单离子之间的相互作用参数来表示真实溶液的性质；Zhang[80-82]根据单胞模型 (Cell model)[76]计算了熔渣中三种形态氧离子的摩尔分数，把黏度活化能项表示成三种氧离子摩尔分数的多项式函数；Shu[83,84]结合硅铝酸盐的结构特征，按照分段函数的方法发展了相应的黏度模型；Kondratiev[85-88]基于 Eyring 方程提出似化学黏度模型，不过模型需要拟合的参数很多。但是这些模型应用的范围有限，只能应用于特定的渣系[89]，无法预测含 $CaF_2$、$TiO_2$、$Fe_2O_3$ 和 $P_2O_5$ 等组分的渣的黏度，而这些成分又是实际冶炼渣系中的常见组分。

## 本章小结

本章主要对冶金熔渣的几何模型和熔渣结构以及黏度、电导率等物理化学性质的研究现状进行了概括和讨论。

几何模型在计算的时候不涉及具体的熔渣结构，计算时难免会引入较大的误差，特别是在结构随成分变化复杂的硅铝酸盐体系中问题更为突出。对熔渣黏度和电导率等物理化学性质进行分析时需要考虑熔渣结构的影响。

# 参 考 文 献

[ 1 ] Hildbrand J H. The calculation of excess Gibbs energy[ J ]. Journal of America Chemical Society, 1929,51 ( 1 ) :66-70.

[ 2 ] Wang X D,Li W C. Models to estimate viscosities of ternary metallic melts and their comparisons [ J ]. Science in China ( Chemistry) ,2003,46 ( 3 ) :280-289.

[ 3 ] Zhong X M,Liu Y H,Chou K C,et al. Estimating ternary viscosity using the thermodynamic geo-metric model[ J ]. Journal of Phase Equilibria,2003,24 ( 1 ) :7-11.

[ 4 ] Wang L J,Chou K C,Seetharaman S. A comparison of traditional geometrical models and mass tri-angle model in calculating the surface tensions of ternary sulphide melts[ J ]. Calphad,2008,32 ( 1 ) :49-55.

[ 5 ] Wang L J,Chou K C,Seetharaman S. A new method for evaluating some thermophysical properties for ternary system[ J ]. High Temperature Materials and Processes,2008,27 ( 2 ) :119-126.

[ 6 ] Zhang G H,Chou K C. Estimating the excess molar volume using the new generation geometric model [ J ]. Fluid Phase Equilibria,2009,286 ( 1 ) :28-32.

[ 7 ] Hillert M. Empirical methods of predicting and representing thermodynamic properties of ternary solution phases[ J ]. Calphad,1980,4 ( 1 ) :1-12.

[ 8 ] Kohler F. Estimation of the thermodynamic data for a ternary system from the corresponding binary systems[ J ]. Monatsheftefuer Chemie,1960,91(5) :738-741.

[ 9 ] Chou K C. The application of $R$ function to predicting ternary thermodynamic properties[ J ]. Calph-ad,1987,11(2) :143-148.

[ 10 ] Muggianu Y M,Gambino M,Bros J P. Enthalpies of formation of liquid bismuth-gallium-tin alloys at 723K. Choice of an analytical representation of integral and partial thermodynamic functions of mixing[ J ]. Journal de Chimie Physique et de Physico-Chimie Biologique,1975,72 ( 1 ) :83-88.

[ 11 ] Toop G W. Predicting ternary activities using binary data[ J ]. Transactions of the Metallurgical Society of AIME,1965,233:850-855.

[ 12 ] Redlich O,Kister O T. Algebraic representation of thermodynamic properties and the classification of solutions[ J ]. Industrial & Engineering Chemistry,1948,40 ( 2 ) :348.

[ 13 ] Chou K C. A general solution model for predicting ternary thermodynamic properties [ J ]. Calphad,1995,19(3) :315-325.

[ 14 ] Chou K C. New generation solution geometrical model and its further development [ J ]. Acta MetallurgicaSinica,1997,33(2) :126-132.

[ 15 ] Chou K C,Li W C,Li F S,et al. Formalism of new ternary model expressed in terms of binary regular-solution type parameters[ J ]. Calphad,1996,20(4) :395-406.

[ 16 ] Chou K C,Wei S K. New generation solution model for predicting thermodynamic properties of a multicomponent system from binaries[ J ]. Metallurgical and Materials Transactions B,1997,28 ( 3 ) :439-445.

[ 17 ] Prasad L C,Mikula A. Surface segregation and surface tension in Al-Sn-Zn liquid alloys [ J ]. Physica B,2006,373(1) :142-149.

[ 18 ] Jin X J, Dunne D, Allen S M, et al. Thermodynamic consideration of the effect of alloying elements on martensitic transformation in Fe-Mn-Si based alloys[ J ]. Journal de Physique IV, 2003, 112 (1): 369-372.

[ 19 ] Trumic B, Zivkovic D, Zivkovic Z, et al. Comparative thermodynamic analysis of the $PbAu_{0.7}Sn_{0.3}$ section in the Pb-Au-Sn ternary system[ J ]. Thermochimica Acta, 2005, 435(1): 113-117.

[ 20 ] Katayama I, Fukuda Y, Hattori Y. Measurement of activity of gallium in liquid Ga-Sb-Ge alloys by EMF method with zirconia as solid electrolyte[ J ]. Berichte der Bunsengesellschaft für physikalische Chemie, 1998, 102(9): 1235-1239.

[ 21 ] Zivkovic D, Zivkovic Z, Vucinic B. Comparative thermodynamic analysis of the $Bi-Ga_{0.1}Sb_{0.9}$ section in the Bi-Ga-Sb system[ J ]. Journal of Thermal Analysis and Calorimetry, 2000, 61 (1): 263-271.

[ 22 ] Yan L J, Cao Z M, Xie Y, et al. Surface tension calculation of the $Ni_3S_2$-FeS-$Cu_2S$ mattes [ J ]. Calphad, 2000, 24(4): 449-463.

[ 23 ] Chou K C, Zhong X M, Xu K D. Calculation of physicochemical properties in a ternary system with miscibility gap[ J ]. Metallurgical and Materials Transactions B, 2004, 35(4): 715-720.

[ 24 ] Wang L J. Estimations of electrical conductivities in molten slag systems[ J ]. Steel Research International, 2009, 80(9): 680-685.

[ 25 ] Sun K H. Fundamental condition of glass formation[ J ]. Journal of the American Ceramic Society, 1947, 30(9): 227-281.

[ 26 ] Dietzel Z. The cation field strengths and their relation to devitrifying process to compound formation and to the melting points of silicates[ J ]. Zeitschrift fur Elektrochemie, 1942, 48(1): 9-23.

[ 27 ] Waseda Y, Toguri J M. The Structure and Properties of Oxide Melts[ M ]. Singapore: Word Scientific Publishing Co. Pte. Ltd. , 1998.

[ 28 ] Stanworth J E. On the structure of glass[ J ]. Journal of the Society of Glass Technology, 1948, 32 (146): 154-172.

[ 29 ] Pauling L. The Nature of Chemical Bond[ M ]. Ithaca: NY Cornell University Press, 1960.

[ 30 ] Duffy J A, Ingram M D. The behaviour of basicity indicator ions in relation to the ideal optical basicity of glasses[ J ]. Glass Technology, 1975, 16(6): 119-123.

[ 31 ] Duffy J A, Ingram M D. An interpretation of glass chemistry in terms of the optical basicity concept[ J ]. Journal of Non-Crystalline Solids, 1976, 21(3): 373-340.

[ 32 ] Duffy J A, Ingram M D. Comments on the application of optical basicity to glass[ J ]. Journal of Non-Crystalline Solids, 1992, 144(1): 76-80.

[ 33 ] Sommerville I D, Sosinsky D J. Application of the optical basicity concept to metallurgical slags [ C ]. Proceedings of the 2$^{nd}$ International Symposium on Metallurgical Slags and Fluxes, Warrendale, 1984: 1015-1026.

[ 34 ] Sosinsky D J, Sommerville I D. Composition and temperature dependence of the sulfide capacity of metallurgical slags[ J ]. Metallurgical Transactions B, 1986, 17(2): 331-337.

[ 35 ] Sommerville I D, Masson C R. Group optical basicities of polymerized anions in slags [ J ]. Metallurgical Transactions B, 1992, 23(2): 227-229.

[36] Fincham F,Richardson F D. The behaviour of sulphur in silicate and aluminate melts [J]. Proceedings of the Royal Society of London,1952,223 (1152):40-62.

[37] Stebbins J F,Xu Z. NMR evidence for excess non-bridging oxygen in an aluminosilicate glass[J]. Nature,1997,390(6655):60-62.

[38] Toplis M J,Dingwell D B. Shear viscosities of CaO-$Al_2O_3$-$SiO_2$ and MgO-$Al_2O_3$-$SiO_2$ liquids:Implications for the structural role of aluminium and the degree of polymerisation of synthetic and natural aluminosilicate melts[J]. Geochimica et Cosmochimica Acta,2004,68(24):5169-5188.

[39] Toplis M J,Dingwell D B,Lenci T. Peraluminous viscosity maxima in $Na_2O$-$Al_2O_3$-$SiO_2$ liquids: The role of triclusters in tectosilicate melts [J]. Geochimica et Cosmochimica Acta, 1997, 61 (13):2605-2612.

[40] Mysen B O,Virgo D,Kushiro I. The structural role of aluminum in silicate melts-A Raman spectroscopic study at 1 atmosphere[J]. American Mineralogist,1981,66(7,8):678-701.

[41] Sato R K,McMillan P F,Dennison P,et al. Structural investigation of high alumina glasses in the CaO-$Al_2O_3$-$SiO_2$ system via Raman and magic angle spinning nuclear magnetic resonance spectroscopy[J]. Physics and Chemistry of Glasses,1991,32(4):149-156.

[42] Sato R K,McMillan P F,Dennison P,et al. High-resolution 27Al and 29Si MAS NMR investigation of $SiO_2$-$Al_2O_3$ glasses[J]. Journal of Physical Chemistry,1991,95(11):4483-4489.

[43] Cote B,Massiot D,Poe B,et al. Liquid and glasses structural differences in the CaO-$Al_2O_3$ system,as evidenced by 27Al NMR spectroscopy[J]. Journal de Physique IV,1992,2(2):223-226.

[44] Poe B T,McMillan P F,Cote B,et al. $SiO_2$-$Al_2O_3$ liquids:In-situ study by high-temperature 27Al NMR spectroscopy and molecular dynamics simulation[J]. Journal of Physical Chemistry,1992, 96(21):8220-8224.

[45] Lacy E D. Aluminium in glasses and in melts[J]. Physics and Chemistry of Glasses,1963,4 (6):234-238.

[46] McMillan P,Piriou B. Raman spectroscopy of calcium aluminate glasses and crystals [J]. Journal of Non-Crystalline Solids,1983,55 (2):221-242.

[47] Daniel I,Gillet P,Poe B T,et al. In-situ high-temperature Raman spectroscopic studies of aluminosilicate liquids[J]. Physics and Chemistry of Minerals,1995,22(2):74-86.

[48] Zirl D M,Garofalini S H. Structure of sodium aluminosilicate glasses[J]. Journal of the American Ceramic Society,1990,73(10):2848-2856.

[49] Diaz C. The Thermodynamic Properties of Copper-Slag Systems [M]. New York:International Copper Research Association,1974.

[50] Inouye H, Tomlinson J W, Chipman J. The electrical conductivity of wustite melts [J]. Transactions of the Faraday Society,1953,49:796-801.

[51] Bockris J O M, Kitchener J A, Ignatowicz S A. The electrical conductivity of silicate melts: Systems containing Ca,Mn and Al[J]. Discussions of the Faraday Society,1948,4:265-281.

[52] Bockris J O M,Kitchener J A,Ignatowicz S A. Electric conductance in liquid silicates [J]. Transactions of the Faraday Society,1952,48:75-91.

[53] Simnad M T,Derge G,George I. Ionic nature of liquid iron-silicate slags[J]. Journal of Metals,

1954,6(12):1386-1390.

[54] Fontana A,Segers L,Winand R. Electrochemical measurements in silicate slags containing manganese oxide[J]. Canadian Metallurgical Quarterly,1980,20(2):209-214.

[55] Segers L,Fontana A,Winand R. Electrical conductivity of molten slags of the system $SiO_2$-$Al_2O_3$-MnO-CaO-MgO[J]. Canadian Metallurgical Quarterly,1983,22(4):429-435.

[56] Jiao Q,Themelis N J. Correlations of electrical conductivity to slag composition and temperature [J]. Metallurgical Transactions B,1988,19(1):133-140.

[57] Mills K C,Sridhar S,Seetharaman S,et al. Report on questionnaire of requirements of European industry for physical property measurements,1990.

[58] Arrhenius S. The viscosity of aqueous mixture[J]. Zeitschrift fur Physikalische Chemie,1887,1:285-298.

[59] Glasstone S, Laider K J, Eyring H. The Theory of Rate Processes[M]. New York:McGraw-Hill,1941.

[60] Bockris J O M,Reddy A K N. Modern Electrochemistry[M]. New York:Plenum Press,1970.

[61] Weymann H D. On the hole theory of viscosity,compressibility,and expansivity of liquids [J]. Colloid & Polymer Science,1962,181(2):131-137.

[62] Urbain G. Viscosity estimation of slags[J]. Steel Research International,1987,58(3):111-116.

[63] Kondratiev A,Jak E. Predicting coal ash slag flow characteristics (viscosity model for the $Al_2O_3$-CaO-'FeO'-$SiO_2$ system)[J]. Fuel,2001,80(14):1989-2000.

[64] Riboud P V,Roux Y,Lucas L D,et al. Improvement of continuous casting powders [J]. FachberichteHuettenpraxis Metallweiterverarbeitung,1981,19(10):859-869.

[65] Iida T,Sakai H,Kita H,et al. Equation for estimating viscosities of industrial mold fluxes [J]. High Temperature Materials and Processes,2000,19(3):153-164.

[66] Iida T,Sakal H,Klta Y,et al. An equation for accurate prediction of the viscosities of blast furnace type slags from chemical composition[J]. ISIJ International,2000,40(S):110-114.

[67] Mills K C,Sridhar S. Viscosities of ironmaking and steelmaking slags[J]. Ironmaking & Steelmaking,1999,26(4):262-268.

[68] Ray H S,Pal S. Simple method for theoretical estimation of viscosity of oxide melts using optical basicity[J]. Ironmaking & Steelmaking,2004,31(2):125-130.

[69] Shankar A,Gornerup M,Lahiri A K,et al. Estimation of viscosity for blast furnace type slags [J]. Ironmaking & Steelmaking,2007,34(6):477-481.

[70] Duffy J A,Ingram M D,Sommervill I D. Acid-base properties of molten oxides and metallurgical slags[J]. Journal of the Chemical Society,Faraday Transactions,1978,74(6):1410-1419.

[71] Nakamoto M,Lee J,Tanaka T. A model for estimation of viscosity of molten silicate slag [J]. ISIJ International,2005,45(5):651-656.

[72] Nakamoto M,Miyabayashi Y,Holappa L,et al. A model for estimating viscosities of aluminosilicate melts containing alkali oxides[J]. ISIJ International,2007,47(10):1409-1415.

[73] Miyabayashi Y,Nakamoto M,Tanaka T,et al. A model for estimating the viscosity of molten aluminosilicate containing calcium fluoride[J]. ISIJ International,2009,49(3):343-348.

[74] Gaye H, Welfringer J. Modelling of the thermodynamic properties of complex metallurgical slags [C]. Proceedings of the 2nd International Symposium on Metallurgical Slags and Fluxes, Warrendale, 1984:357-375.

[75] Susa M, Kamijo Y, Kusano K, et al. A predictive equation for the refractive indices of silicate melts containing alkali, alkaline earth and aluminium oxides[J]. Glass Technology—European Journal of Glass Science and Technology, 2005, 46(2):55-61.

[76] Du S C, Bygden J, Seetharaman S. Model for estimation of viscosities of complex metallic and ionic melts[J]. Metallurgical and Materials Transactions B, 1994, 25(4):519-525.

[77] Seetharaman S, Du S C. Estimation of the viscosities of binary metallic melts using Gibbs energies of mixing[J]. Metallurgical and Materials Transactions B, 1994, 25(4):589-595.

[78] Seetharaman S, Du S C. Viscosities of high temperature systems——A modelling approach [J]. ISIJ International, 1997, 37(2):109-118.

[79] Seetharaman S, Du S C, Zhang J Y. Computer-based study of multicomponent slag viscosities [J]. JOM Journal of the Minerals, Metals and Materials Society, 1999, 51(8):38-40.

[80] Zhang L, Jahanshahi S. Review and modeling of viscosity of silicate melts: Part I. Viscosity of binary and ternary silicates containing CaO, MgO, and MnO[J]. Metallurgical and Materials Transactions B, 1998, 29(1):177-186.

[81] Zhang L, Jahanshahi S. Review and modeling of viscosity of silicate melts: Part II. Viscosity of melts containing iron oxide in the $CaO-MgO-MnO-FeO-Fe_2O_3-SiO_2$ system[J]. Metallurgical and Materials Transactions B, 1998, 29(1):187-195.

[82] Zhang L, Jahanshahi S. Modelling viscosity of alumina-containing silicate melts [J]. Scandinavian Journal of Metallurgy, 2001, 30(6):364-369.

[83] Shu Q F, Zhang J Y. A semi-empirical model for viscosity estimation of molten slags in $CaO-FeO-MgO-MnO-SiO_2$ systems[J]. ISIJ International, 2006, 46(11):1548-1553.

[84] Shu Q F. A viscosity estimation model for molten slags in $Al_2O_3-CaO-MgO-SiO_2$ system [J]. Steel Research International, 2009, 80(2):107-113.

[85] Kondratiev A, Hayes P C, Jak E. Development of a quasi-chemical viscosity model for fully liquid slags in the $Al_2O_3-CaO-'FeO'-MgO-SiO_2$ system. Part I. Description of the model and its application to the MgO, $MgO-SiO_2$, $Al_2O_3-MgO$ and CaO-MgO sub-systems [J]. ISIJ International, 2006, 46(3):359-367.

[86] Kondratiev A, Hayes P C, Jak E. Development of a quasi-chemical viscosity model for fully liquid slags in the $Al_2O_3-CaO-'FeO'-MgO-SiO_2$ system. Part III. summary of the model predictions for the $Al_2O_3-CaO-MgO-SiO_2$ system and its sub-systems [J]. ISIJ International, 2006, 46(3): 375-384.

[87] Kondratiev A, Hayes P C, Jak E. Development of a quasi-chemical viscosity model for fully liquid slags in the $Al_2O_3-CaO-'FeO'-MgO-SiO_2$ system. Part II. A review of the experimental data and the model predictions for the $Al_2O_3-CaO-MgO$, $CaO-MgO-SiO_2$ and $Al_2O_3-MgO-SiO_2$ systems [J]. ISIJ International, 2006, 46(3):368-374.

[88] Kondratiev A, Hayes P C, Jak E. Development of a quasi-chemical viscosity model for fully liquid

slags in the $Al_2O_3$-CaO-'FeO'-MgO-$SiO_2$ system. The experimental data for the 'FeO'-MgO-$SiO_2$, CaO-'FeO'-MgO-$SiO_2$ and $Al_2O_3$-CaO-'FeO'-MgO-$SiO_2$ systems at iron saturation [J]. ISIJ International, 2008, 48(1): 7-16.

[89] Mills K C, Chapman L, Fox A B, et al. 'Riound robin' project on the estimation of slag viscosities [J]. Scandinavian Journal of Metallurgy, 2001, 30(6): 396-403.

# 2  新一代几何模型积分的克服 及其在多元系中的应用

对于一些低温熔体、卤化物、硫化物和合金，在某特定的温度下一般可以实现全浓度范围内的互溶，如果其所有的二元边界的信息已知，可以利用新一代几何模型，根据多元系所包含的二元系的性质对多元系的性质进行预测。根据 2.1 节论述可知，新一代几何模型无论在理论上还是应用上都存在传统几何模型无法比拟的优点。当两个组元性质一样时，它可以自动地还原为低系元；模型的使用不需要人为地选择非对称组元。新一代几何模型中相似系数的设定使得模型可以自动地进行二元成分点的选取。但是由于偏差函数 $\eta(ij, ik)$ [见式（1-7b）] 的计算过程涉及积分，模型的应用以及计算机化变得复杂。如果能够克服积分难题，则会极大地方便模型的应用。另外，几何模型目前主要应用于三元系，其在高于三元的多元系中的计算效果如何，新一代几何模型在多元系的应用中有何优势？这些问题都将在本章中得以解决。

## 2.1  新一代几何模型积分的克服

一般情况下，二元熔渣的某性质与成分的关系可用 R-K 多项式 [见式 (1-5)] 描述，如果能把偏差函数 $\eta(ij, ik)$ 表示成为 R-K 多项式中参数 $A_{ij}^k$ 的代数函数，则当二元边界的数据已知时，通过 R-K 多项式拟合可以得到二元系的参数 $A_{ij}^k$，根据 $\eta(ij, ik)$ 和 $A_{ij}^n$ 的函数关系，可以很容易地计算出 $\eta(ij, ik)$，进而计算出相似系数 $\xi_{i(ij)}^k$ 以及二元成分点。把式 (1-5) 代入偏差函数 $\eta(ij, ik)$ 计算公式 (1-7b) 可得：

$$\eta(ij, ik) = \int_0^1 (P_{ij} - P_{ik})^2 \mathrm{d}X_i$$

$$= \int_0^1 \left[ X_{i(ij)} X_{j(ij)} \sum_{n=0}^{n'} A_{ij}^n (X_{i(ij)} - X_{j(ij)})^n - X_{i(ik)} X_{k(ik)} \sum_{n=0}^{n'} A_{ik}^n (X_{i(ik)} - X_{k(ik)})^n \right]^2 \mathrm{d}X_i$$

$$= \int_0^1 \left[ X_i(1 - X_i) \sum_{n=0}^{n'} A_{ij}^n (2X_i - 1)^n - X_i(1 - X_i) \sum_{n=0}^{n'} A_{ik}^n (2X_i - 1)^n \right]^2 \mathrm{d}X_i$$

$$= \int_0^1 X_1^2 (1 - X_1)^2 \sum_{m=0}^{n'} \sum_{n=0}^{n'} (A_{12}^m - A_{13}^m)(A_{12}^n - A_{13}^n)(2X_1 - 1)^{m+n} \mathrm{d}X_1$$

$$= \sum_{n=0}^{n'} \frac{1}{2(2n+1)(2n+3)(2n+5)} (A_{ij}^n - A_{ik}^n)^2 +$$

$$\sum_{m=0}^{n'} \sum_{n>m}^{n'} \frac{1}{(m+n+1)(m+n+3)(m+n+5)} (A_{ij}^m - A_{ik}^m)(A_{ij}^n - A_{ik}^n)$$

$$(2\text{-}1)$$

在式(2-1) 的第二部分，只有当 $m+n$ 是偶数时，相应项才存在。一般情况下，5 阶的 R-K 多项式（ $n'=5$）足够用来描述二元系性质随成分的变化关系，这种情况下式(2-1)可展开为：

$$\eta(ij,\ ik) = \frac{1}{30}(A_{ij}^0 - A_{ik}^0)^2 + \frac{1}{210}(A_{ij}^1 - A_{ik}^1)^2 + \frac{1}{630}(A_{ij}^2 - A_{ik}^2)^2 +$$

$$\frac{1}{1386}(A_{ij}^3 - A_{ik}^3)^2 + \frac{1}{2574}(A_{ij}^4 - A_{ik}^4)^2 + \frac{1}{4290}(A_{ij}^5 - A_{ik}^5)^2 +$$

$$\frac{1}{105}(A_{ij}^0 - A_{ik}^0)(A_{ij}^2 - A_{ik}^2) + \frac{1}{315}(A_{ij}^0 - A_{ik}^0)(A_{ij}^4 - A_{ik}^4) +$$

$$\frac{1}{315}(A_{ij}^1 - A_{ik}^1)(A_{ij}^3 - A_{ik}^3) + \frac{1}{693}(A_{ij}^1 - A_{ik}^1)(A_{ij}^5 - A_{ik}^5) +$$

$$\frac{1}{693}(A_{ij}^2 - A_{ik}^2)(A_{ij}^4 - A_{ik}^4) + \frac{1}{1287}(A_{ij}^3 - A_{ik}^3)(A_{ij}^5 - A_{ik}^5) \qquad (2\text{-}2)$$

另外，根据 R-K 多项式(1-5)，很容易得出二元系 $i\text{-}j$ 中参数 $A_{ij}^n$ 和 $A_{ji}^n$ 的关系，即：

$$A_{ij}^n = (-1)^n A_{ji}^n \qquad (2\text{-}3)$$

在使用 R-K 多项式描述二元系性质时，不同温度下的 $A_{ij}^n$ 具有不同的数值。结合相似系数的计算公式可知，相似系数也是温度的函数，在不同温度下将会选择不同的二元成分点。而传统的几何模型由于具有特定的选点方式，在不同的温度下，选择的二元成分点相同。从变化的角度看待事物，两个组元之间的相似程度随温度而变化应更为合理。

当 $i\text{-}j\text{-}k$ 三元系中 $j$ 和 $k$ 两个组分相同时，$A_{ij}^n = A_{ik}^n$，$A_{ji}^n = A_{ki}^n$，$A_{jk}^n = A_{kj}^n = 0$。结合相似系数 $\xi_{i(ij)}^k$ 及偏差函数 $\eta(ij,\ ik)$ 的计算公式可知：

$$\xi_{i(ij)}^k = 0，\xi_{j(ij)}^k = 1，\xi_{k(ki)}^j = 1，\xi_{i(ki)}^j = 0，\xi_{j(jk)}^i = \xi_{k(jk)}^i = \frac{1}{2}$$

把相似系数及 R-K 参数代入三元性质的计算式(1-8) 得：

$$\Delta P_{ijk} = x_i x_j \sum_{n=0}^{n'} A_{ij}^n [x_i - x_j + (2\xi_{i(ij)}^k - 1)x_k]^n + x_j x_k \sum_{n=0}^{n'} A_{jk}^n [x_j - x_k + (2\xi_{j(jk)}^i - 1)x_i]^n +$$

$$x_k x_i \sum_{n=0}^{n'} A_{ki}^n [x_k - x_i + (2\xi_{k(ki)}^j - 1)x_j]^n$$

$$= x_i x_j \sum_{n=0}^{n'} A_{ij}^n (x_i - x_j - x_k)^n + x_k x_i \sum_{n=0}^{n'} A_{ki}^n (x_k - x_i + x_j)^n$$

$$= x_i x_j \sum_{n=0}^{n'} (-1)^n A_{ij}^n (x_j + x_k - x_i)^n + x_k x_i \sum_{n=0}^{n'} A_{ki}^n (x_k + x_j - x_i)^n$$

$$= x_i x_j \sum_{n=0}^{n'} A_{ji}^n (x_j + x_k - x_i)^n + x_k x_i \sum_{n=0}^{n'} A_{ki}^n (x_k + x_j - x_i)^n$$

$$= x_i x_j \sum_{n=0}^{n'} A_{ji}^n (x_j + x_k - x_i)^n + x_k x_i \sum_{n=0}^{n'} A_{ji}^n (x_j + x_k - x_i)^n$$

$$= x_i (x_j + x_k) \sum_{n=0}^{n'} A_{ji}^n (x_j + x_k - x_i)^n \tag{2-4}$$

式(2-4) 即为二元系性质的 R-K 多项式表达式，也就是说新一代几何模型在其中两个组元相似的时候可以还原为低元系，这是对称几何模型所不能满足的。

根据相似系数的定义，可以得出 $i$–$j$–$k$ 三元系中的 6 个相似系数之间满足：

$$\xi_{i(ij)}^k + \xi_{j(ij)}^k = 1 \tag{2-5}$$

$$\xi_{i(ij)}^k \xi_{j(jk)}^i \xi_{k(ki)}^j = \xi_{j(ij)}^k \xi_{k(jk)}^i \xi_{i(ki)}^j \tag{2-6}$$

第三组元对某一个特定二元系都存在两个相似系数，两个相似系数之间满足式(2-5)，在模型的应用中，只计算一个相似系数即可。

## 2.2 新一代几何模型在多元系中的应用

从理论上讲，对称几何模型和新一代几何模型都可以很容易地推广到多元系，即：

$$P = \sum_{i=0,\ j>i} W_{ij} P_{ij}(X_{i(ij)},\ X_{j(ij)}) \tag{2-7}$$

$$W_{ij} = \frac{x_i x_j}{X_{i(ij)} X_{j(ij)}} \tag{2-8}$$

对称几何模型在应用时只需要按既定的选点方式把所有包含的二元系加和即可，而新一代几何模型在计算二元成分点时需要把其他所有成分点对二元系中某组元的影响考虑进去，即：

$$X_{i(ij)} = x_i + \sum_{k \neq i,\ j} x_k \xi_{i(ij)}^k \tag{2-9}$$

由于涉及非对称组元的选取，非对称几何模型在应用到多元系时面临着难以克服的困难，组元数越多越明显：三元系有 3 种排列方式，四元系有 12 种排列方式，五元系有 30 种排列方式等。在一些复杂的体系中，非对称几何模型几乎无法应用。下面结合四元系介绍新一代几何模型的应用，并与对称几何模型做比较。在四元系 1-2-3-4 中，根据式(2-7)，熔渣性质的计算公式为：

$$P = W_{12} P_{12} + W_{13} P_{13} + W_{14} P_{14} + W_{23} P_{23} + W_{24} P_{24} + W_{34} P_{34} \tag{2-10}$$

式中，权重 $W_{ij}$ 按式(2-24) 计算。

把二元系性质 $P_{ij}$ 计算的 R-K 式代入式(2-26) 可得：

$$P = x_1 x_2 \sum_{n=0}^{n'} A_{12}^n (2X_{1(12)} - 1)^n + x_1 x_3 \sum_{n=0}^{n'} A_{13}^n (2X_{1(13)} - 1)^n +$$

$$x_1 x_4 \sum_{n=0}^{n'} A_{14}^n (2X_{1(14)} - 1)^n + x_2 x_3 \sum_{n=0}^{n'} A_{23}^n (2X_{2(23)} - 1)^n +$$

$$x_2 x_4 \sum_{n=0}^{n'} A_{24}^n (2X_{2(24)} - 1)^n + x_3 x_4 \sum_{n=0}^{n'} A_{34}^n (2X_{3(34)} - 1)^n \qquad (2\text{-}11)$$

对称几何模型 Kohler 模型[1] 和 Muggianu 模型[2] 的取点方式分别为：

$$X_{i(ij)} = \frac{x_i}{x_i + x_j} \qquad (2\text{-}12)$$

$$X_{i(ij)} = x_i + \frac{1 - x_i - x_j}{2} \qquad (2\text{-}13)$$

把式(2-12) 和式(2-13) 代入式(2-11)，可分别得到 Kohler 和 Muggianu 模型的计算公式，即：

$$P = x_1 x_2 \sum_{n=0}^{n'} A_{12}^n \left( \frac{x_1 - x_2}{x_1 + x_2} \right)^n + x_1 x_3 \sum_{n=0}^{n'} A_{13}^n \left( \frac{x_1 - x_3}{x_1 + x_3} \right)^n +$$

$$x_1 x_4 \sum_{n=0}^{n'} A_{14}^n \left( \frac{x_1 - x_4}{x_1 + x_4} \right)^n + x_2 x_3 \sum_{n=0}^{n'} A_{23}^n \left( \frac{x_2 - x_3}{x_2 + x_3} \right)^n +$$

$$x_2 x_4 \sum_{n=0}^{n'} A_{24}^n \left( \frac{x_2 - x_4}{x_2 + x_4} \right)^n + x_3 x_4 \sum_{n=0}^{n'} A_{34}^n \left( \frac{x_3 - x_4}{x_3 + x_4} \right)^n \qquad (2\text{-}14)$$

$$P = x_1 x_2 \sum_{n=0}^{n'} A_{12}^n (x_1 - x_2)^n + x_1 x_3 \sum_{n=0}^{n'} A_{13}^n (x_1 - x_3)^n +$$

$$x_1 x_4 \sum_{n=0}^{n'} A_{14}^n (x_1 - x_4)^n + x_2 x_3 \sum_{n=0}^{n'} A_{23}^n (x_2 - x_3)^n +$$

$$x_2 x_4 \sum_{n=0}^{n'} A_{24}^n (x_2 - x_4)^n + x_3 x_4 \sum_{n=0}^{n'} A_{34}^n (x_3 - x_4)^n \qquad (2\text{-}15)$$

新一代几何模型只需根据式(2-9) 计算二元成分点，然后按照式(2-11) 计算。在评估几何模型对于四元系的预测效果时，需要四元系所包含的 6 个二元系的数据以及四元系本身的数据，文献中报道的同时满足这些条件的体系极少。下面以有机溶体为例进行计算，Caner[3] 总结了 Propan-2-ol（1）+ methylacetate（2）+ dichloromethane（3）+ n-pentane（4）四元系及其所包含的六个二元系：Propan-2-ol（1）+ methylacetate（2），Propan-2-ol（1）+ dichloromethane（3），Propan-2-ol（1）+ n-pentane（4），methylacetate（2）+ dichloromethane（3），methylacetate（2）+ n-pentane（4），dichloromethane（3）+ n-pentane（4），在

298.15K 时的过剩摩尔体积和过剩黏度数据。本研究将基于这个体系评估不同几何模型的预测能力，这也是首个根据几何模型用二元系性质估算四元系性质的例子。

首先用 R-K 多项式拟合 6 个二元系的数据。本研究采取的 R-K 参数来自文献［3］的拟合结果，$n' = 5$ 足够描述所有二元系性质与成分的变化关系。把这些参数代入式(2-2) 计算各个偏差函数，从而得到各个相似系数的值，见表 2-1。得到相似系数后，即可选择相应的二元成分点进行四元系性质的计算。Kohler 模型、Muggianu 模型以及新一代几何模型的计算结果与实验测量结果的比较如图2-1所示。

表 2-1　四元系相似系数结果

| 相似系数 | $\xi_{1(12)}^{3}$ | $\xi_{1(12)}^{4}$ | $\xi_{1(13)}^{2}$ | $\xi_{1(13)}^{4}$ | $\xi_{1(14)}^{2}$ | $\xi_{1(14)}^{3}$ |
|---|---|---|---|---|---|---|
| $V_m^E$ | 0.351 | 0.542 | 0.58 | 0.516 | 0.184 | 0.202 |
| $\eta^E$ | 0.058 | 0.181 | 0.087 | 0.83 | 0.442 | 0.153 |
| 相似系数 | $\xi_{2(23)}^{1}$ | $\xi_{2(23)}^{4}$ | $\xi_{2(24)}^{1}$ | $\xi_{2(24)}^{3}$ | $\xi_{3(34)}^{1}$ | $\xi_{3(34)}^{2}$ |
| $V_m^E$ | 0.724 | 0.98 | 0.356 | 0.502 | 0.192 | 0.02 |
| $\eta^E$ | 0.609 | 0.562 | 0.782 | 0.986 | 0.667 | 0.982 |

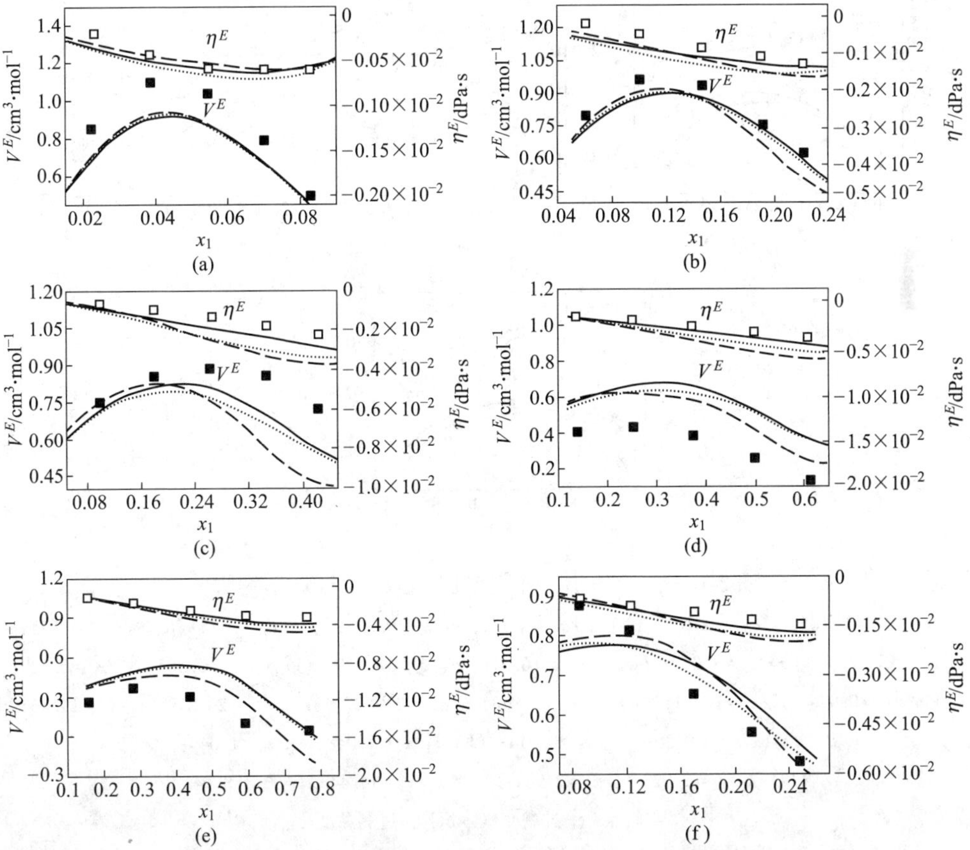

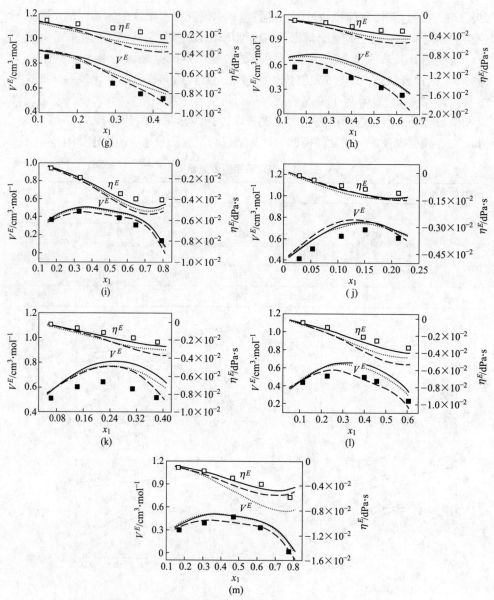

图 2-1　过剩摩尔体积 $V^E$ 和过剩黏度 $\eta^E$ 与 $x_1$ 关系图

(a) $x_1/x_2 = 0.105$, $x_3/x_4 = 0.101$; (b) $x_1/x_2 = 0.351$, $x_3/x_4 = 0.355$; (c) $x_1/x_2 = 0.988$, $x_3/x_4 = 1.011$;

(d) $x_1/x_2 = 2.961$, $x_3/x_4 = 3.079$; (e) $x_1/x_2 = 16.478$, $x_3/x_4 = 18.419$; (f) $x_1/x_3 = 0.385$, $x_2/x_4 = 0.329$;

(g) $x_1/x_3 = 0.976$, $x_2/x_4 = 1.061$; (h) $x_1/x_3 = 2.878$, $x_2/x_4 = 2.982$; (i) $x_1/x_3 = 20.879$, $x_2/x_4 = 19.465$;

(j) $x_1/x_4 = 0.368$, $x_2/x_3 = 0.314$; (k) $x_1/x_4 = 1.048$, $x_2/x_3 = 1.044$;

(l) $x_1/x_4 = 2.92$, $x_2/x_3 = 2.984$; (m) $x_1/x_4 = 14.443$, $x_2/x_3 = 8.948$

实验点：■ 过剩摩尔体积；□ 过剩黏度

模型预测：—新一代几何模型；---Kohler 模型；······Muggianu 模型

以平均偏差 $\Delta$ 定量地比较不同模型的预测效果，其计算公式为：

$$\Delta = \frac{1}{N}\sum_{i=1}^{N} \frac{\left| P_{i,mea} - P_{i,cal} \right|}{P_{i,mea}} \times 100\% \tag{2-16}$$

式中　$P_{i,mea}$ ——实验测量值；

$P_{i,cal}$ ——理论计算值；

$N$ ——数据点个数。

新一代几何模型、Kohler 模型和 Muggianu 模型计算的过剩摩尔体积和过剩黏度的平均偏差 aa 分别是 20%、19% 和 23%，或 18%、27% 和 28%。偏差可能由实验测量误差以及模型计算偏差共同导致，这是因为几何模型没有考虑溶渣结构。虽然在计算过剩摩尔体积时，三个模型的计算结果相差无几，但 Kohler 模型和 Muggianu 模型在理论上是有缺陷的，当两个组元相似时无法还原为低元系。结合图 2-1 以及平均偏差的计算结果，新一代几何模型具有较强的预测能力。

## 本章小结

新一代几何模型在应用时需要多元系所包含的所有二元系在全浓度范围内的实验数据。有机溶体、$MgCl_2$ 基熔盐（电解 $MgCl_2$ 制备 Mg 过程中使用）、氟化物熔盐（电解 $Al_2O_3$ 制备 Al 过程中使用）、铜硫和镍硫（火法冶炼铜和镍造锍过程中的形成）、以及很多合金熔渣都具有较低的熔点，可以在较低的温度下实现全浓度范围内的互溶。故而在这些体系中可以利用新一代几何模型，结合经过实验测量的二元系的数据，对多元系的性质进行预测。

本章主要讨论了传统几何模型以及新一代几何模型的进展和在实际体系中的应用情况，可以得出如下结论：

（1）新一代几何模型可以克服传统几何模型的固有缺点，其包括：对称模型当两个组元相同时不能还原为低元系；非对称模型成分点的排列需要人为干涉。在新一代几何模型中，通过相似系数的引入，模型可以自动地选择二元系成分点。

（2）结合描述二元系性质的 R-K 多项式的系数，本章克服了新一代几何模型中的积分难题，把偏差函数表示成了 R-K 多项式系数的代数函数，极大地方便了模型的使用和计算机编程。

（3）新一代几何模型可以方便地推广到多元系（$n' > 3$）。通过对 Propan-2-ol+methylacetate+dichloromethane+n-pentane 体系过剩摩尔体积和过剩黏度的计算发现，新一代几何模型具有较强的根据二元系性质预测多元系性质的能力。这对低温溶体、熔盐、硫化物和合金熔渣的物理性质的预测提供了一个很好的方法。

## 参 考 文 献

[1] Kohler F. Estimation of the thermodynamic data for a ternary system from the corresponding binary systems[J]. Monatsheftefuer Chemie,1960,91(5):738-741.

[2] Muggianu Y M,Gambino M,Bros J P. Enthalpies of formation of liquid bismuth-gallium-tin alloys at 723K. Choice of an analytical representation of integral and partial thermodynamic functions of mixing[J]. Journal de Chimie Physique et de Physico-Chimie Biologique,1975,72(1):83-88.

[3] Caner E,Pedrosa G C,Katz M. Excess molar volumes,excess viscosities and refractive indices of a quaternary liquid mixture at 298. 15K[J]. Journal of Molecular Liquids,1996,68(2,3):107-125.

# 3 局部互溶区的计算模型

<<<<<<<<<<<<<<<<<<<<<<<<<<<<<<<<<<<<<<<<<<<<<<<<<<<<<<<<<<<<

第 2 章介绍的新一代几何模型主要是根据二元系的性质对多元系的性质进行预测，从而得到结果。多元系需满足在考察温度下全浓度范围内互溶，此时其液相线与二元边界重合，如果具有二元系的性质数据，则可以利用新一代几何模型对多元系的性质进行计算。但是如果存在局部互溶区，这时液相线与二元边界不能完全重合，从而导致无法利用新一代几何模型进行预测。在钢铁冶金以及很多有色金属的火法冶金过程中大量用到的硅铝酸盐渣，由于其熔点很高，往往不能实现全浓度范围内的互溶，尤其是二元边界。比如 $Al_2O_3$-$SiO_2$ 二元系几乎在全浓度范围内都具有高熔点，在通常的冶炼温度下无法互溶，从而也就导致缺乏相应的物理性质的数据。同时，在这种多元系中，往往只有很少的可以利用的数据，考虑到目前对熔渣结构没有充分的了解，所以物理模型以及需要拟合很多参数的半经验模型都无法解决这种情况下的预测问题。本章主要讨论在这种局部互溶的情况下，如何利用少量性质已知的成分点的性质，对其他成分点的性质进行预测的问题。

## 3.1 模型

假设 $m$ 元体系中有 $n$ 个性质已知的点，每个点的坐标描述为成分向量 $X_j$ $(x_{1j}, x_{2j}, \cdots, x_{mj})^T$（$T$ 代表转置向量）。在进一步的理论推导之前，先做如下定义：

（1）成分矩阵 $\widetilde{D}(m, n)$。成分矩阵 $\widetilde{D}(m, n)$ 用来描述所有性质已知的点，其表达式为：

$$\widetilde{D}(m, n) = (X_1, X_2, X_3, \cdots, X_n) = \begin{pmatrix} x_{11} & x_{12} & x_{13} & \cdots & x_{1n} \\ x_{21} & x_{22} & x_{23} & \cdots & x_{2n} \\ x_{31} & x_{32} & x_{33} & \cdots & x_{3n} \\ \vdots & \vdots & \vdots & \vdots & \vdots \\ x_{m1} & x_{m2} & x_{m3} & \cdots & x_{mn} \end{pmatrix} \quad (3\text{-}1)$$

（2）成分体积 $V$。一个 $m$ 元系中 $m$ 个成分点所构成的成分矩阵 $\widetilde{D}(m, m)$ 的行列式称为这些点的成分体积，其表达式为：

$$
V = \left| \widetilde{\boldsymbol{D}}(m,\ m) \right| = \begin{vmatrix} x_{11} & x_{12} & x_{13} & \cdots & x_{1m} \\ x_{21} & x_{22} & x_{23} & \cdots & x_{2m} \\ x_{31} & x_{32} & x_{33} & \cdots & x_{3m} \\ \vdots & \vdots & \vdots & \vdots & \vdots \\ x_{m1} & x_{m2} & x_{m3} & \cdots & x_{mm} \end{vmatrix} \tag{3-2}
$$

（3）亚成分体积 $V_{\mathrm{sub}}^i$。如果成分体积 $V$［见式(3-2)］中某一个点被另外一个特定的点 $O(x_{10},\ x_{20},\ \cdots,\ x_{m0})^T$ 所取代，则定义新得到的成分体积为亚成分体积 $V_{\mathrm{sub}}^O$。以第三个点被替代为例，即：

$$
V_{\mathrm{sub}}^3 = \begin{vmatrix} x_{11} & x_{12} & x_{10} & \cdots & x_{1m} \\ x_{21} & x_{22} & x_{20} & \cdots & x_{2m} \\ x_{31} & x_{32} & x_{30} & \cdots & x_{3m} \\ \vdots & \vdots & \vdots & \vdots & \vdots \\ x_{m1} & x_{m2} & x_{m0} & \cdots & x_{mm} \end{vmatrix} \tag{3-3}
$$

很容易证明各个亚成分体积之间满足如下关系：

$$
\begin{vmatrix} x_{11} & x_{12} & x_{13} & \cdots & x_{1m} \\ x_{21} & x_{22} & x_{23} & \cdots & x_{2m} \\ x_{31} & x_{32} & x_{33} & \cdots & x_{3m} \\ \vdots & \vdots & \vdots & \cdots & \vdots \\ x_{m1} & x_{m2} & x_{m3} & \cdots & x_{mm} \end{vmatrix} = \begin{vmatrix} x_{10} & x_{12} & x_{13} & \cdots & x_{1m} \\ x_{20} & x_{22} & x_{23} & \cdots & x_{2m} \\ x_{30} & x_{32} & x_{33} & \cdots & x_{3m} \\ \vdots & \vdots & \vdots & \cdots & \vdots \\ x_{m0} & x_{m2} & x_{m3} & \cdots & x_{mm} \end{vmatrix} + \begin{vmatrix} x_{11} & x_{10} & x_{13} & \cdots & x_{1m} \\ x_{21} & x_{20} & x_{23} & \cdots & x_{2m} \\ x_{31} & x_{30} & x_{33} & \cdots & x_{3m} \\ \vdots & \vdots & \vdots & \cdots & \vdots \\ x_{m1} & x_{m0} & x_{m3} & \cdots & x_{mm} \end{vmatrix} + \cdots +
$$

$$
\begin{vmatrix} x_{11} & x_{12} & x_{13} & \cdots & x_{10} \\ x_{21} & x_{22} & x_{23} & \cdots & x_{20} \\ x_{31} & x_{32} & x_{33} & \cdots & x_{30} \\ \vdots & \vdots & \vdots & \cdots & \vdots \\ x_{m1} & x_{m2} & x_{m3} & \cdots & x_{m0} \end{vmatrix}
$$

或

$$
V = V_{\mathrm{sub}}^1 + V_{\mathrm{sub}}^2 + \cdots + V_{\mathrm{sub}}^m \tag{3-4}
$$

### 3.1.1　成分点个数大于体系维数

在钢铁和很多有色金属的火法冶金过程中都需要涉及大量的熔渣，比如：高炉炼铁过程的高炉渣，氧气转炉炼钢过程的转炉渣，二次精炼过程的精炼渣和连铸保护渣，铜渣，以及镍渣等。熔渣是以氧化物为主要成分的多组分熔体，其对金属的提炼和精炼过程起着很重要的作用。熔渣可能来自矿石中的脉石、粗金属精炼过程中形成的氧化物、被侵蚀的炉衬耐火材料以及冶炼过程中加入的熔剂和调渣剂，起着吸收冶炼过程产生的杂质和脉石成分，以及使金属和杂质分离、防止金属氧化以及保温、调节金属的合金成分、电阻发热（电渣重熔过程）和润滑（连铸过程）等至关重要的作用。此外，渣还可作为某些稀贵金属初步富集的场所，比如铁水提钒过程便是先把钒氧化，使进入渣中，实现钒的初步富集，然后对含钒渣进行提钒。

从 $n$ 个性质已知的成分点中选择出 $m$ 个成分点，假设 $O$ 点的成分向量 $X_O$ $(x_{10}, x_{20}, \cdots, x_{mO})^T$ 可按某种比例 $\boldsymbol{\alpha}$ $(\alpha_1, \alpha_2, \cdots, \alpha_m)^T$ 由这 $m$ 个成分点构成，则根据物料守恒，满足：

$$X_O = \widetilde{D}(m, m) \cdot \boldsymbol{\alpha} \tag{3-5}$$

或

$$
\begin{aligned}
x_{10} &= \alpha_1 x_{11} + \alpha_2 x_{12} + \cdots + \alpha_m x_{1m} \\
x_{20} &= \alpha_1 x_{21} + \alpha_2 x_{22} + \cdots + \alpha_m x_{2m} \\
x_{30} &= \alpha_1 x_{31} + \alpha_2 x_{32} + \cdots + \alpha_m x_{3m} \\
&\vdots \\
x_{mO} &= \alpha_1 x_{m1} + \alpha_2 x_{m2} + \cdots + \alpha_m x_{mm}
\end{aligned}
\tag{3-6}
$$

根据方程式(3-6)，可解出各个 $\alpha$，即：

$$
\alpha_i = \frac{\begin{vmatrix} x_{11} & x_{12} & x_{13} & \cdots & x_{10} & \cdots & x_{1m} \\ x_{21} & x_{22} & x_{23} & \cdots & x_{20} & \cdots & x_{2m} \\ x_{31} & x_{32} & x_{33} & \cdots & x_{30} & \cdots & x_{3m} \\ \vdots & \vdots & \vdots & & \vdots & & \vdots \\ x_{m1} & x_{m2} & x_{m3} & \cdots & x_{mO} & \cdots & x_{mm} \end{vmatrix}}{\begin{vmatrix} x_{11} & x_{12} & x_{13} & \cdots & x_{1i} & \cdots & x_{1m} \\ x_{21} & x_{22} & x_{23} & \cdots & x_{2i} & \cdots & x_{2m} \\ x_{31} & x_{32} & x_{33} & \cdots & x_{3i} & \cdots & x_{3m} \\ \vdots & \vdots & \vdots & & \vdots & & \vdots \\ x_{m1} & x_{m2} & x_{m3} & \cdots & x_{mi} & \cdots & x_{mm} \end{vmatrix}} = \frac{V_{sub}^i}{V} \tag{3-7}
$$

结合式(3-4)可知：

$$\sum_{i=1}^{m} \alpha_i = 1 \tag{3-8}$$

根据式(3-7)可知，$\alpha_i$ 可由第 $i$ 个点对应的亚成分体积与 $m$ 个已知点构成的成分体积的比值得到，前提是 $m$ 个点的成分体积不为零。$\alpha_i$ 是根据物料平衡计算得到的权重因子，下面讨论如何根据 $\alpha_i$ 计算 $O$ 点的性质。

如果多元系内任一点 $i$ 的性质 $P_i$ 可以描述为成分的线性加和关系，即：

$$P_i = \boldsymbol{k} \cdot \boldsymbol{X_i} = k_1 x_{1i} + k_2 x_{2i} + \cdots + k_m x_{mi} \tag{3-9}$$

式中　　$\boldsymbol{k}$——比例系数向量，$\boldsymbol{k} = (k_1,\ k_2,\ \cdots,\ k_m)$；

　　　　$\boldsymbol{X_i}$——$i$ 点的成分向量。

则 $O$ 点的性质 $P_O$ 的计算公式为：

$$P_O = \boldsymbol{k} \cdot \boldsymbol{X_O} \tag{3-10}$$

结合式(3-5) 和式(3-10)，可得：

$$P_O = \boldsymbol{k} \cdot \boldsymbol{X_O} = \boldsymbol{k} \cdot [\widetilde{\boldsymbol{D}}(m,\ m) \cdot \boldsymbol{\alpha}] = [\boldsymbol{k} \cdot \widetilde{\boldsymbol{D}}(m,\ m)] \cdot \boldsymbol{\alpha} \tag{3-11}$$

根据式(3-9) 可知，$\boldsymbol{k} \cdot \widetilde{\boldsymbol{D}}(m,\ m)$ 即为性质向量 $\boldsymbol{P}(P_1,\ P_2,\ \cdots,\ P_m)$，所以有：

$$P_O = \boldsymbol{P} \cdot \boldsymbol{\alpha} = (P_1,\ P_2,\ \cdots,\ P_m) \cdot (\alpha_1,\ \alpha_2,\ \cdots,\ \alpha_m)^T = \alpha_1 P_1 + \alpha_2 P_2 + \cdots + \alpha_m P_m \tag{3-12}$$

由式(3-12) 可知，当多元系某性质可以表示为成分的线性函数时［见式 (3-9)］，其他成分点的性质可以利用由物料平衡计算得到的权重因子 $\alpha_i$，再根据式(3-12) 进行计算。在较大的成分范围内，虽然某性质与成分的关系一般不能满足线性关系式(3-9)，但是在很小的局部区域中，两者之间仍然可用线性关系近似描述，这如同某曲线上局部的一小段曲线可用线性关系 $P = kx + b$ 近似替代一样。与式(3-9) 不同的是，这时多出一个常数项 $b$ ［见式(3-13)］。Jiao[1] 给出的在碱度较低的硅铝酸盐熔渣中，电导率与碱性氧化物摩尔分数的关系 ［见式 (2-28)］也满足式(3-13)，即：

$$P_i = \boldsymbol{k} \cdot \boldsymbol{X_i} + b = k_1 x_{1i} + k_2 x_{2i} + \cdots + k_m x_{mi} + b \tag{3-13}$$

所以

$$P_O = \boldsymbol{k} \cdot \boldsymbol{X_O} + b = \boldsymbol{k} \cdot [\widetilde{\boldsymbol{D}}(m,\ m) \cdot \boldsymbol{\alpha}] + b = [\boldsymbol{k} \cdot \widetilde{\boldsymbol{D}}(m,\ m)] \cdot \boldsymbol{\alpha} + b \tag{3-14}$$

结合式(3-5) 和式(3-14)，可得：

$$\boldsymbol{k} \cdot \widetilde{\boldsymbol{D}}(m,\ m) = \boldsymbol{P} - b = (P_1 - b,\ P_2 - b,\ \cdots,\ P_m - b) \tag{3-15}$$

由式(3-14) 和式(3-15) 可知：

$$\begin{aligned} P_O &= \alpha_1(P_1 - b) + \alpha_2(P_2 - b) + \cdots + \alpha_m(P_m - b) + b \\ &= \alpha_1 P_1 + \alpha_2 P_2 + \cdots + \alpha_m P_m - b(\alpha_1 + \alpha_2 + \cdots + \alpha_m) + b \end{aligned} \tag{3-16}$$

由式(3-8) 可得 $\alpha_1 + \alpha_2 + \cdots + \alpha_m = 1$，所以

$$P_O = \alpha_1 P_1 + \alpha_2 P_2 + \cdots + \alpha_m P_m \tag{3-17}$$

由上面的讨论可知，利用根据物料平衡计算得到的权重因子 $\alpha_i$ 对其他成分点的性质进行计算时，如果满足以下两个条件，则计算是严格准确的。

(1) 性质与成分之间满足线性关系式(3-9)。

(2) 性质与成分之间满足线性关系式(3-13)。

一般情况下，在全浓度范围内，性质与成分之间很难满足线性关系式(3-9)或式(3-13)，但是在局部区域，性质与成分的关系可用式(3-9) 或式(3-13) 近似代替，这如同在很小的范围内以直线代替曲线、以平面代替曲面的原理一样。区域越小，线性近似的误差越低，从而使用式(3-7) 和式(3-17) 进行计算的精度也就越高。所以，当已知数据的成分点的个数较多时，建议使用距离公式 [见式(3-18)] 选择与待计算成分点最近的 $m$ 个成分点，以保证这个局部区域足够小，从而确保模型计算的精度。当然，首先要保证所选的 $m$ 个点构成的成分体积 $V$ 不为 0，其计算公式为：

$$d_{AO} = \sqrt{\sum_{i=1}^{m} (x_{iA} - x_{iO})^2} \qquad (3-18)$$

在选择了距离待计算成分点最近的 $m$ 个点以后，计算时有时还会出现权重 $\alpha_i$ 为负值的成分点。图 3-1 给出了三元系情况下负权重成分点的示意图。在利用 $A$、$B$ 和 $C$ 三点性质计算 $O$ 点性质时，$C$ 点即为负权重点。出现负权重成分点时，有时会使计算的结果变得很差，尤其是当 $m$ 个点围成的成分体积 $V$ 的值越小时越明显。这是因为成分体积 $V$ 越小，则权重 $\alpha_i = V_{\text{sub}}^i/V$ 为绝对值越大的负值（假设 $i$ 点为负权重成分点），但由于不同的 $\alpha$ 的加和仍然为 1，故而也会存

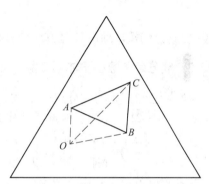

图 3-1　负权重成分点示意图

在很大正值的 $\alpha$ 。利用这些绝对值很大的权重计算 $O$ 点的性质会使实验测量的误差和模型本身的误差被放大，从而使预测的准确度降低。故而如果存在绝对值很大的负权重成分点，建议首先舍弃权重 $\alpha_i$ 为负值的点，然后把权重 $\alpha_i$ 为正值的点的权重重新归一化。但是如果所有权重的绝对值都不大，即使出现权重为负值的点，仍可以按初始权重直接线性加和的方法计算。假如计算时一律采取舍弃负权重成分点，则会使得计算的结果只可能处于已知点之间，不可能计算出大于已知点最大值或小于已知点的最小值的值，这是因为此时所有的权重都是大于 0 小于 1 的数，并且加和为 1。此时模型只有内插的功能，而无外延的功能，这显然失去了预测的意义，并且使计算准确度下降。

为了避免存在数值很大的权重因子时实验测量误差和模型本身的误差被放大(为了避免当数值很大的权重因子存在时，其对实验测量误差和模型本身的误差被放大的现象)，同时保留模型的外延能力，建议在所有权重的绝对值都比较小时，即使存在负权重，仍然以最初计算的权重进行计算；当存在绝对值比较大的权重时，舍弃负权重成分点的贡献，而把其余点的权重进行重新归一化。经验表

明，当存在绝对值大于 1~3 的权重时，采用后者计算比较准确；当所有的权重绝对值都小于 1~3 时，则直接计算比较准确。测量误差越大以及与成分的线性关系越差的性质，在使用模型计算时，这个临界值应当越低，从而尽量降低误差被放大的程度。对于体相性质（如电导率和摩尔体积等），临界值取 3；对于体相性质黏度，由于实验测量误差较大（实验测量误差为±25%[2]），临界值取 2；对于表面性质（如表面张力），由于牵涉到表面活性组元，表面成分与体相成分不同，临界值取 1。假设舍弃负权重成分点以后剩余的点为 $p1$, $p2$, …, $pf$，则相应的计算公式为：

$$P_O = \alpha_{p1}P_{p1} + \alpha_{p2}P_{p2} + \alpha_{p3}P_{p3} + \cdots + \alpha_{pf}P_{pf} \tag{3-19}$$

$$\alpha_{pi} = \frac{V_{sub}^{pi}}{V_{sub}^{p1} + V_{sub}^{p2} + \cdots + V_{sub}^{pf}} \tag{3-20}$$

式中，$V_{sub}^{pi}$ 仍按以前的计算方法计算。

### 3.1.2　成分点个数小于体系维数

如果已知性质的成分点的个数 $n$ 小于多元系的维数 $m$（$n<m$），则在一般情况下，式（3-21）无解。根据线性代数原理，当 $O$ 点与 $n$ 个成分点共同构成的增广矩阵 $\widetilde{D}(m, n+1)$ 的秩与成分矩阵 $\widetilde{D}(m, n)$ 的秩相等，且等于成分点个数 $n$ 时，式（3-21）存在唯一解。以三元体系为例，若已知性质的成分点只有 2 个，如果 $O$ 点刚好处于这两点 $B$ 和 $C$ 连线上，则 $O$ 点的性质便可以根据质量三角形模型进行计算，这就是常用的杠杆原理。其方程式为：

$$\begin{cases} x_{1O} = \alpha_1 x_{11} + \alpha_2 x_{12} + \cdots + \alpha_n x_{1n} \\ x_{2O} = \alpha_1 x_{21} + \alpha_2 x_{22} + \cdots + \alpha_n x_{2n} \\ x_{3O} = \alpha_1 x_{31} + \alpha_2 x_{32} + \cdots + \alpha_n x_{3n} \\ \vdots \\ x_{hO} = \alpha_1 x_{h1} + \alpha_2 x_{h2} + \cdots + \alpha_n x_{nn} \\ x_{(h+1)O} = \alpha_1 x_{(h+1)1} + \alpha_2 x_{(h+1)2} + \cdots + \alpha_n x_{(n+1)n} \\ \vdots \\ x_{mO} = \alpha_1 x_{m1} + \alpha_2 x_{m2} + \cdots + \alpha_n x_{mn} \end{cases} \tag{3-21}$$

## 3.2　模型的应用

### 3.2.1　电导率的计算

Winterhager[3] 测量了 CaO-MgO-Al$_2$O$_3$-SiO$_2$ 四元渣系在 1623K、1673K、1723K、1773K 和 1823K 时的电导率，见表 3-1。现在利用 A 组成分点的数据计算 B 组成分点在不同温度下的电导率值。

**表 3-1 CaO-MgO-Al₂O₃-SiO₂ 体系不同成分点的电导率**

| 成分点 | | 摩尔分数 x | | | | 电导率/ $\Omega^{-1} \cdot cm^{-1}$ | | | | |
| --- | --- | --- | --- | --- | --- | --- | --- | --- | --- | --- |
| | | CaO | MgO | Al₂O₃ | SiO₂ | 1623K | 1673K | 1723K | 1773K | 1823K |
| A组 | A1 | 0.393 | 0.088 | 0.114 | 0.406 | 0.048 | 0.071 | 0.103 | 0.147 | 0.205 |
| | A2 | 0.362 | 0.160 | 0.105 | 0.374 | 0.06 | 0.097 | 0.14 | 0.199 | 0.274 |
| | A3 | 0.356 | 0.142 | 0.028 | 0.474 | 0.083 | 0.116 | 0.159 | 0.216 | 0.287 |
| | A4 | 0.324 | 0.129 | 0.025 | 0.522 | 0.052 | 0.076 | 0.107 | 0.147 | 0.199 |
| | A5 | 0.290 | 0.116 | 0.023 | 0.571 | 0.034 | 0.05 | 0.072 | 0.101 | 0.139 |
| | A6 | 0.257 | 0.107 | 0.020 | 0.616 | 0.022 | 0.032 | 0.046 | 0.065 | 0.091 |
| | A7 | 0.390 | 0.135 | 0.026 | 0.449 | 0.091 | 0.135 | 0.186 | 0.254 | 0.341 |
| | A8 | 0.422 | 0.128 | 0.025 | 0.425 | 0.11 | 0.159 | 0.215 | 0.292 | 0.385 |
| | A9 | 0.337 | 0.188 | 0.026 | 0.449 | 0.097 | 0.141 | 0.192 | 0.257 | 0.335 |
| | A10 | 0.318 | 0.233 | 0.025 | 0.424 | 0.122 | 0.16 | 0.224 | 0.299 | 0.389 |
| B组 | B1 | 0.297 | 0.285 | 0.023 | 0.395 | — | 0.191 | 0.263 | 0.354 | 0.46 |
| | B2 | 0.344 | 0.139 | 0.059 | 0.458 | 0.06 | 0.091 | 0.129 | 0.175 | 0.234 |
| | B3 | 0.334 | 0.133 | 0.088 | 0.446 | 0.052 | 0.079 | 0.11 | 0.151 | 0.204 |

首先，计算 A 组各点与 B 组各点的距离，见表 3-2。根据表 3-2，选出距离每个 B 点最近的四个 A 点：距离 B1 最近的点为 A2、A3、A9 和 A10；距离 B2 最近的点为 A3、A4、A7 和 A9；距离 B3 最近的点为 A2、A3、A7 和 A9。

**表 3-2 A$i$ 点与 B$i$ 点的距离**

| 成分点 | A1 | A2 | A3 | A4 | A5 | A6 | A7 | A8 | A9 | A10 |
| --- | --- | --- | --- | --- | --- | --- | --- | --- | --- | --- |
| B1 | 0.238 | 0.165 | 0.174 | 0.204 | 0.244 | 0.287 | 0.185 | 0.204 | 0.119 | 0.064 |
| B2 | 0.104 | 0.100 | 0.038 | 0.076 | 0.132 | 0.187 | 0.058 | 0.092 | 0.060 | 0.109 |
| B3 | 0.089 | 0.084 | 0.071 | 0.099 | 0.148 | 0.200 | 0.083 | 0.110 | 0.082 | 0.121 |

根据式(3-7)计算每个点对应的权重，见表 3-3。根据表 3-3 可知，A3 对于 B1 是负权重成分点；A4、A7 和 A9 对于 B2 是负权重成分点；A7 和 A9 对于 B3 是负权重成分点。在进行 B 点的性质估计时，分别采取两种方法计算：第一种方式是直接用最初的权重进行计算，不考虑负权重成分点的影响；第二种方式是舍弃负权重成分点的贡献，而把其余的点的权重重新归一化。这两种计算方式分别标记为 E 和 F。表 3-3 中同时也给出了重新归一化后的新权重，按表 3-3 给出的权重因子计算各个 B 点的电导率值，计算结果见表 3-4。表中偏差按

$$\frac{\sigma_{计算} - \sigma_{实测}}{\sigma_{实测}} \times 100\% 计算。$$

表 3-3　CaO-MgO-Al$_2$O$_3$-SiO$_2$ 体系不同成分点的权重因子

| | 选择的点 | A2 | A3 | A9 | A10 |
|---|---|---|---|---|---|
| B1 | E | 0.013 | −1.88 | 2.625 | 0.242 |
| | F | 0.00451 | — | 0.911 | 0.084 |
| | 选择的点 | A3 | A4 | A7 | A9 |
| B2 | E | 14.14 | −4.719 | −6.095 | −2.326 |
| | F | 1 | — | — | — |
| | 选择的点 | A2 | A3 | A7 | A9 |
| B3 | E | 0.732 | 2.072 | −1.147 | −0.657 |
| | F | 0.261 | 0.739 | — | — |

表 3-4　CaO-MgO-Al$_2$O$_3$-SiO$_2$ 体系电导率计算结果

| 成分点 | 温度/K | 测量值 | 电导率/ $\Omega^{-1} \cdot cm^{-1}$ | | | |
|---|---|---|---|---|---|---|
| | | | E 方法 | | F 方法 | |
| | | | 计算值 | 偏差/% | 计算值 | 偏差/% |
| B1 | 1673 | 0.191 | 0.192 | 0.5 | 0.142 | −25.6 |
| | 1723 | 0.263 | 0.261 | −0.8 | 0.194 | −26.2 |
| | 1773 | 0.354 | 0.343 | −3.1 | 0.260 | −26.6 |
| | 1823 | 0.46 | 0.438 | −4.8 | 0.339 | −26.3 |
| B2 | 1623 | 0.06 | 0.148 | 146 | 0.06 | 0 |
| | 1673 | 0.091 | 0.131 | 43.9 | 0.097 | 6.6 |
| | 1723 | 0.129 | 0.163 | 26.4 | 0.14 | 8.5 |
| | 1773 | 0.175 | 0.215 | 22.8 | 0.199 | 13.7 |
| | 1823 | 0.234 | 0.261 | 11.5 | 0.274 | 17.1 |
| B3 | 1623 | 0.052 | 0.048 | −7.7 | 0.077 | 48.1 |
| | 1673 | 0.079 | 0.064 | −19.0 | 0.111 | 40.5 |
| | 1723 | 0.110 | 0.092 | −16.4 | 0.154 | 40.0 |
| | 1773 | 0.151 | 0.133 | −11.9 | 0.212 | 40.4 |
| | 1823 | 0.204 | 0.184 | −9.8 | 0.284 | 39.2 |

　　结合表 3-3 和表 3-4 可以看出，在计算 B2 点的时候出现绝对值比较大的权重因子，这时采用直接计算的方法 E 计算有较大的误差；在计算 B1 点和 B3 点时，所有的权重因子的绝对值都小于 3，采用直接计算的方法 E 比较准确。从表 3-1 中的电导率数据可以看出，B1 点在各温度下的电导率值都大于所选择的四个点 A2、A3、A9 和 A10 的电导率，而 B3 点在所有温度下的电导率值都小于所选择

的点 A2、A3、A7 和 A9 的电导率的值。如果采用权重重新归一化的方法 F 对这两个点进行计算，这种计算方式由于不能得出超出所选择点数值范围的值，故而无法给出令人满意的结果。而如果考虑负权重成分点，则模型具有了外延能力，可以得到满意的计算结果。

### 3.2.2 摩尔体积的计算

Winterhager[3] 测定了 CaO-MgO-Al$_2$O$_3$-SiO$_2$ 四元渣系在 1623K、1673K、1723K、1773K 和 1823K 时的密度值。首先根据式(3-22) 计算熔渣的摩尔体积：

$$V_m = \frac{\sum_i x_i M_i}{\rho} \tag{3-22}$$

式中　$V_m$——摩尔体积，cm$^3$/mol；

　　　$x_i$——摩尔分数；

　　　$M_i$——组元 $i$ 的原子量，g/mol；

　　　$\rho$——熔渣的密度，g/cm$^3$。

计算得到的各成分在不同温度下的摩尔体积见表 3-5。把这些数据随意分成 A、B 两组，利用 A 组的摩尔体积计算 B 组的摩尔体积。首先计算各个 A 点到 B 点的距离，找出距离某个 B 点最近的四个 A 点，然后计算对应每个 B 点的四个 A 点的权重因子，权重因子重新归一化（F 方法）和未重新归一化（E 方法）两种方式的计算结果都在表 3-6 中给出。

表 3-5　CaO-MgO-Al$_2$O$_3$-SiO$_2$ 体系不同成分点的摩尔体积

| 成分点 | | 摩尔分数 $x$ | | | | 摩尔体积/cm$^3 \cdot$ mol$^{-1}$ | | | | |
| --- | --- | --- | --- | --- | --- | --- | --- | --- | --- | --- |
| | | CaO | MgO | Al$_2$O$_3$ | SiO$_2$ | 1623K | 1673K | 1723K | 1773K | 1823K |
| A 组 | A1 | 0.393 | 0.088 | 0.114 | 0.406 | 23.575 | 23.629 | 23.684 | 23.739 | 23.803 |
| | A2 | 0.356 | 0.142 | 0.028 | 0.474 | 21.489 | 21.563 | 21.636 | 21.711 | 21.786 |
| | A3 | 0.390 | 0.135 | 0.026 | 0.449 | 21.146 | 21.225 | 21.313 | 21.393 | 21.482 |
| | A4 | 0.422 | 0.128 | 0.025 | 0.425 | 21.032 | 21.118 | 21.197 | 21.276 | 21.356 |
| | A5 | 0.464 | 0.118 | 0.023 | 0.395 | 20.894 | 20.979 | 21.064 | 21.151 | 21.254 |
| | A6 | 0.324 | 0.129 | 0.025 | 0.522 | 21.812 | 21.870 | 21.929 | 21.988 | 22.047 |
| | A7 | 0.337 | 0.188 | 0.026 | 0.449 | 21.039 | 21.103 | 21.174 | 21.247 | 21.328 |
| | A8 | 0.297 | 0.285 | 0.023 | 0.395 | 20.137 | 20.205 | 20.273 | 20.341 | 20.418 |
| | A9 | 0.334 | 0.133 | 0.088 | 0.446 | 22.544 | 22.612 | 22.681 | 22.750 | 22.820 |
| | A10 | 0.362 | 0.160 | 0.105 | 0.374 | 22.792 | 22.844 | 22.897 | 22.949 | 23.002 |
| | A11 | 0.257 | 0.107 | 0.020 | 0.616 | 22.633 | 22.686 | 22.740 | 22.794 | 22.848 |

| 成分点 | | 摩尔分数 $x$ | | | | 摩尔体积/$cm^3 \cdot mol^{-1}$ | | | | |
|---|---|---|---|---|---|---|---|---|---|---|
| | | CaO | MgO | $Al_2O_3$ | $SiO_2$ | 1623K | 1673K | 1723K | 1773K | 1823K |
| B组 | B1 | 0.322 | 0.128 | 0.120 | 0.429 | 23.061 | 23.130 | 23.200 | 23.271 | 23.342 |
| | B2 | 0.344 | 0.139 | 0.059 | 0.458 | 22.028 | 22.095 | 22.170 | 22.238 | 22.306 |
| | B3 | 0.318 | 0.233 | 0.025 | 0.424 | 20.611 | 20.681 | 20.759 | 20.830 | 20.909 |
| | B4 | 0.290 | 0.116 | 0.023 | 0.571 | 22.288 | 22.340 | 22.392 | 22.444 | 22.497 |

**表 3-6　CaO-MgO-$Al_2O_3$-$SiO_2$ 体系不同成分点的权重因子**

| | | 选择的点 | A1 | A2 | A9 | A10 |
|---|---|---|---|---|---|---|
| B1 | | | A1 | A2 | A9 | A10 |
| | E | | 0.004 | −0.532 | 1.514 | 0.011 |
| | F | | 0.003 | — | 0.990 | 0.007 |
| B2 | | 选择的点 | A2 | A3 | A7 | A9 |
| | E | | 0.432 | 0.01 | 0.039 | 0.519 |
| | F | | — | — | — | — |
| B3 | | 选择的点 | A2 | A7 | A8 | A9 |
| | E | | −0.974 | 1.948 | 0.011 | 0.016 |
| | F | | — | 0.986 | 0.006 | 0.008 |
| B4 | | 选择的点 | A2 | A6 | A9 | A11 |
| | E | | −0.741 | 1.569 | 0.016 | 0.156 |
| | F | | — | 0.901 | 0.009 | 0.090 |

　　根据表 3-6 中提供的权重因子计算各个 B 点的摩尔体积值见表 3-7。由表 3-6 和表 3-7 可知，B1、B2、B3 和 B4 对应的所有权重因子的绝对值都小于 3，因此直接采用最原始的权重因子进行计算比较准确。也就是说，当所有的权重因子的绝对值都比较小的时候，无须舍弃负权重成分点。

**表 3-7　CaO-MgO-$Al_2O_3$-$SiO_2$ 体系摩尔体积计算结果**

| 成分点 | 温度/K | 测量值 | 摩尔体积/$cm^3 \cdot mol^{-1}$ | | | |
|---|---|---|---|---|---|---|
| | | | E 方法 | | F 方法 | |
| | | | 计算值 | 偏差/% | 计算值 | 偏差/% |
| B1 | 1623 | 23.061 | 23.044 | 0.1 | 22.549 | 2.2 |
| | 1673 | 23.130 | 23.109 | 0.1 | 22.617 | 2.2 |
| | 1723 | 23.200 | 23.175 | 0.1 | 22.685 | 2.2 |
| | 1773 | 23.271 | 23.241 | 0.1 | 22.754 | 2.2 |
| | 1823 | 23.342 | 23.307 | 0.1 | 22.824 | 2.2 |

续表3-7

| 成分点 | 温度/K | 测量值 | 摩尔体积/cm³·mol⁻¹ | | | |
|---|---|---|---|---|---|---|
| | | | E 方法 | | F 方法 | |
| | | | 计算值 | 偏差/% | 计算值 | 偏差/% |
| B2 | 1623 | 22.028 | 22.016 | 0.1 | — | — |
| | 1673 | 22.095 | 22.086 | 0.0 | | |
| | 1723 | 22.170 | 22.157 | 0.1 | | |
| | 1773 | 22.238 | 22.229 | 0.0 | | |
| | 1823 | 22.306 | 22.301 | 0.0 | | |
| B3 | 1623 | 20.611 | 20.636 | 0.1 | 21.046 | 2.1 |
| | 1673 | 20.681 | 20.690 | 0.0 | 21.109 | 2.1 |
| | 1723 | 20.759 | 20.760 | 0.0 | 21.181 | 2.0 |
| | 1773 | 20.830 | 20.830 | 0.0 | 21.253 | 2.0 |
| | 1823 | 20.909 | 20.917 | 0.0 | 21.334 | 2.0 |
| B4 | 1623 | 22.288 | 22.191 | 0.4 | 21.892 | 1.8 |
| | 1673 | 22.340 | 22.238 | 0.5 | 21.950 | 1.7 |
| | 1723 | 22.392 | 22.284 | 0.5 | 22.009 | 1.7 |
| | 1773 | 22.444 | 22.332 | 0.5 | 22.067 | 1.7 |
| | 1823 | 22.497 | 22.379 | 0.5 | 22.126 | 1.6 |

### 3.2.3 黏度的计算

1773K 时，$CaO\text{-}MgO\text{-}TiO_2\text{-}Al_2O_3\text{-}SiO_2$ 五元系 7 个成分点的黏度数据见表3-8。为了验证模型在黏度计算上的可靠性，采用其中的 5 个点（A 组）计算另外 2 个点（B 组）的黏度。

首先计算各个 A 点相对于各个 B 点的权重因子，在出现负权重成分点时，仍然采用 E 和 F 两种方法进行计算。各种情况下的权重因子见表 3-9。

**表 3-8 $CaO\text{-}MgO\text{-}TiO_2\text{-}Al_2O_3\text{-}SiO_2$ 体系不同成分点的黏度[4]**

| 成分点 | | 摩尔分数 x | | | | | 黏度/dPa·s |
|---|---|---|---|---|---|---|---|
| | | CaO | MgO | $TiO_2$ | $Al_2O_3$ | $SiO_2$ | (1773K) |
| A 组 | A1 | 0.249 | 0.174 | 0.242 | 0.087 | 0.248 | 0.72 |
| | A2 | 0.182 | 0.255 | 0.236 | 0.085 | 0.243 | 0.66 |
| | A3 | 0.119 | 0.332 | 0.230 | 0.082 | 0.237 | 1.32 |
| | A4 | 0.142 | 0.199 | 0.241 | 0.086 | 0.331 | 0.8 |
| | A5 | 0.147 | 0.222 | 0.309 | 0.109 | 0.212 | 0.8 |

| 成分点 | | 摩尔分数 $x$ | | | | | 黏度/dPa·s |
| --- | --- | --- | --- | --- | --- | --- | --- |
| | | CaO | MgO | TiO$_2$ | Al$_2$O$_3$ | SiO$_2$ | (1773K) |
| B 组 | B1 | 0.200 | 0.281 | 0.186 | 0.066 | 0.267 | 0.9 |
| | B2 | 0.195 | 0.273 | 0.234 | 0.084 | 0.215 | 0.8 |

表 3-9　CaO-MgO-TiO$_2$-Al$_2$O$_3$-SiO$_2$ 体系不同成分点的权重因子

| 成分点 | | A1 | A2 | A3 | A4 | A5 |
| --- | --- | --- | --- | --- | --- | --- |
| B1 | E | 2.327 | −3.242 | 2.533 | 0.066 | −0.680 |
| | F | 0.472 | | 0.514 | 0.013 | |
| B2 | E | 0.517 | 0.255 | 0.546 | −0.313 | −0.005 |
| | F | 0.392 | 0.193 | 0.414 | — | |

　　结合表 3-9 中的权重因子，计算两种方法下的黏度值，得到 E 方法下 B1 和 B2 的黏度值分别为 2.45dPa·s 和 1.04dPa·s，与实测值的偏差分别为 172.2% 和 15.6%；F 方法下 B1 和 B2 的黏度值分别为 0.69dPa·s 和 0.96dPa·s，与实际的偏差分别为−13.8% 和 20.0%。根据表 3-9，在计算 B1 点时出现绝对值大于 2 的权重因子，在计算时使用重新归一化后的权重（F 方法）的计算结果更为准确；而在 B2 点黏度的计算中，所有的权重因子的绝对值都小于 2，此时直接采用原始的权重（E 方法）计算比较准确。

　　1673K、1723K 和 1773K 时，CaO-MgO-MnO-Al$_2$O$_3$-SiO$_2$ 五元系 7 个成分点的黏度数据见表 3-10。现在采用其中的 5 个点（A 组）计算另外 2 个点（B 组）的黏度。

表 3-10　CaO-MgO-MnO-Al$_2$O$_3$-SiO$_2$ 体系不同成分点的黏度[4]

| 成分点 | | 摩尔分数 $x$ | | | | | 黏度 dPa·s | | |
| --- | --- | --- | --- | --- | --- | --- | --- | --- | --- |
| | | CaO | MgO | MnO | Al$_2$O$_3$ | SiO$_2$ | 1673K | 1723K | 1773K |
| A 组 | A1 | 0.336 | 0.090 | 0.130 | 0.038 | 0.405 | 5.9 | 4.6 | 4.1 |
| | A2 | 0.340 | 0.076 | 0.218 | 0.038 | 0.327 | 4.6 | 4.2 | 4.0 |
| | A3 | 0.402 | 0.075 | 0.130 | 0.039 | 0.353 | 4.3 | 3.9 | 3.7 |
| | A4 | 0.405 | 0.077 | 0.131 | 0.037 | 0.350 | 4.1 | 3.9 | 3.8 |
| | A5 | 0.433 | 0.074 | 0.042 | 0.037 | 0.413 | 4.8 | 4.2 | 4.0 |
| B 组 | B1 | 0.354 | 0.073 | 0.131 | 0.042 | 0.401 | 4.3 | 4.0 | 3.9 |
| | B2 | 0.390 | 0.076 | 0.131 | 0.035 | 0.368 | 4.8 | 4.3 | 4.0 |

各个 A 点相对于各个 B 点的权重因子见表 3-11，在出现负权重成分点时，仍然采用 E 和 F 两种方法进行计算。结合表 3-11 中的权重因子，计算两种方法下的黏度值见表 3-12。根据表 3-11 和表 3-12，在计算 B1 点时出现绝对值大于 2 的权重因子，使用重新归一化后的权重的计算结果更为准确；而在 B2 点黏度的计算中，所有的权重因子的绝对值都小于 2，此时直接采用原始的权重计算比较准确。

表 3-11　$CaO-MgO-MnO-Al_2O_3-SiO_2$ 体系不同成分点的权重因子

| 成分点 | | A1 | A2 | A3 | A4 | A5 |
|---|---|---|---|---|---|---|
| B1 | E | 0.209 | 0.861 | 1.877 | −2.767 | 0.825 |
| | F | 0.055 | 0.228 | 0.498 | — | 0.219 |
| B2 | E | −0.075 | 0.649 | −1.286 | 1.063 | 0.649 |
| | F | — | 0.275 | — | 0.450 | 0.275 |

表 3-12　$CaO-MgO-MnO-Al_2O_3-SiO_2$ 体系黏度计算结果

| 成分点 | 温度/K | 测量值 | 黏度/dPa·s | | | |
|---|---|---|---|---|---|---|
| | | | E 方法 | | F 方法 | |
| | | | 计算值 | 偏差/% | 计算值 | 偏差/% |
| B1 | 1673 | 4.3 | 5.9 | 37.2 | 4.6 | 7.0 |
| | 1723 | 4.0 | 4.6 | 15.0 | 4.1 | 2.5 |
| | 1773 | 3.9 | 4 | 2.6 | 3.9 | 0.0 |
| B2 | 1673 | 4.8 | 4.5 | −6.2 | 4.4 | −8.3 |
| | 1723 | 4.3 | 4.2 | −2.3 | 4.1 | −4.6 |
| | 1773 | 4.0 | 4.2 | 5.0 | 3.8 | −5.0 |

### 3.2.4　表面张力的计算

与黏度、电导率和摩尔体积不同的是，表面张力不能简单地以体相成分做线性加权去计算，表面张力与熔渣表面上活性组元的浓度有密切的关系。对于某些表面活性物质，当熔渣中含有极少量这种表面活性物质就可以很大程度地降低熔渣的表面张力，直到其在表面吸附饱和。而活性组元在表面上的浓度与体相浓度并不存在线性关系，并且当表面达到吸附饱和后，即使体相中表面活性物质的浓度再增加，其在表面的浓度也基本不再变化，熔渣的表面张力也不会有太大的变化。对于表面张力的预测，本模型所提供的计算方法只能作为一种近似方法。

在硅铝酸盐熔渣中，$SiO_2$ 为表面活性组元，但其表面活性较弱。鉴于熔渣中没有很强的表面活性物质，Boni[5]认为熔渣的表面张力可以近似描述为成分的线性函数，故而表面张力也可采用本模型近似计算。不过在对于是否舍弃负权重成分点这个问题上，应采取比较低的临界值，尽可能地降低绝对值较大的权重因子对模型误差和实验测量误差的放大效果。如果出现权重绝对值大于等于 1 的点，则舍弃负权重点；如果所有权重的绝对值都小于 1，即使出现负权重，所有点都参与计算，以保留模型的外延能力。用于表面张力计算的 CaO-MgO-Na$_2$O-SiO$_2$ 四元系的数据见表 3-13[4]。在选择出距离 B 点最近的四个 A 点以后，计算相应的权重因子，见表 3-14。

表 3-13　CaO-MgO-Na$_2$O-SiO$_2$ 体系不同成分点的表面张力

| 成分点 | | 摩尔分数 $x$ | | | | 表面张力 /mN·m$^{-1}$·K$^{-1}$ （1723K） |
| --- | --- | --- | --- | --- | --- | --- |
| | | CaO | MgO | Na$_2$O | SiO$_2$ | |
| A 组 | A1 | 0.084 | 0.059 | 0.142 | 0.715 | 287 |
| | A2 | 0.081 | 0.057 | 0.138 | 0.725 | 291 |
| | A3 | 0.075 | 0.052 | 0.127 | 0.746 | 296 |
| | A4 | 0.069 | 0.048 | 0.116 | 0.767 | 305 |
| | A5 | 0.079 | 0.066 | 0.142 | 0.714 | 288 |
| | A6 | 0.073 | 0.073 | 0.142 | 0.712 | 290 |
| | A7 | 0.062 | 0.087 | 0.141 | 0.709 | 296 |
| | A8 | 0.096 | 0.067 | 0.163 | 0.674 | 292 |
| | A9 | 0.087 | 0.061 | 0.147 | 0.705 | 289 |
| B 组 | B1 | 0.078 | 0.054 | 0.132 | 0.736 | 296 |
| | B2 | 0.068 | 0.080 | 0.141 | 0.711 | 291 |
| | B3 | 0.090 | 0.063 | 0.152 | 0.694 | 290 |
| | B4 | 0.072 | 0.050 | 0.122 | 0.757 | 301 |

表 3-14　CaO-MgO-Na$_2$O-SiO$_2$ 体系不同成分点权重因子

| | 选择的点 | A1 | A2 | A3 | A5 |
| --- | --- | --- | --- | --- | --- |
| B1 | E | 0.124 | 0.345 | 0.572 | −0.041 |
| | F | 0.119 | 0.331 | 0.549 | — |
| | 选择的点 | A5 | A6 | A7 | A9 |
| B2 | E | 1 | −1 | 1 | 0 |
| | F | 0.5 | — | 0.5 | — |

| | 选择的点 | A1 | A5 | A8 | A9 |
|---|---|---|---|---|---|
| B3 | E | −1.031 | 0.00029 | −0.00042 | 2.03 |
| | F | — | — | — | 1 |
| | 选择的点 | A1 | A2 | A3 | A4 |
| B4 | E | −0.338 | 0.337 | 0.664 | 0.338 |
| | F | | 0.252 | 0.496 | 0.252 |

　　根据表 3-14 所提供的权重因子，计算两种方式下 B 点的表面张力，在不舍弃负权重成分点时，计算得到的 B1、B2、B3 和 B4 点的表面张力分别为 293mN/(m·K)、294mN/(m·K)、291mN/(m·K) 和 301mN/(m·K)，与实测值相比偏差分别为−1.0%、1.0%、0.3% 和 0%；舍弃负权重点以后，计算得到的 B1、B2、B3 和 B4 点的表面张力分别为 293mN/(m·K)、292mN/(m·K)、289mN/(m·K) 和 297mN/(m·K)，与实测相比偏差分别为−1.0%、0.3%、−0.3% 和−1.3%。根据表 3-14，B2 和 B3 出现绝对值大于等于 1 的权重因子，此时舍弃负权重点后计算较为准确；而 B4 点虽然也有负权重点，但是所有的权重绝对值都小于 1，采用直接计算的方式比较准确。

　　1673K 时，$CaO\text{-}FeO\text{-}Fe_2O_3\text{-}MgO\text{-}SiO_2$ 五元系 7 个成分点的表面张力见表 3-15[4]。下面用其中前 5 个点的表面张力计算后 2 个点，并与实测值进行比较。

表 3-15　$CaO\text{-}FeO\text{-}Fe_2O_3\text{-}MgO\text{-}SiO_2$ 体系不同成分点的表面张力

| 成分点 | | 摩尔分数 $x$ | | | | | 表面张力/ mN·m$^{-1}$·K$^{-1}$ |
|---|---|---|---|---|---|---|---|
| | | CaO | FeO | $Fe_2O_3$ | MgO | $SiO_2$ | （1673K） |
| A组 | A1 | 0.202 | 0.500 | 0.059 | 0.014 | 0.225 | 405 |
| | A2 | 0.187 | 0.485 | 0.064 | 0.018 | 0.247 | 415 |
| | A3 | 0.135 | 0.505 | 0.074 | 0.031 | 0.255 | 460 |
| | A4 | 0.072 | 0.520 | 0.061 | 0.037 | 0.311 | 480 |
| | A5 | 0.093 | 0.542 | 0.051 | 0.049 | 0.265 | 490 |
| B组 | B1 | 0.018 | 0.569 | 0.054 | 0.081 | 0.278 | 475 |
| | B2 | 0.019 | 0.588 | 0.060 | 0.089 | 0.243 | 480 |

　　首先计算 E 和 F 两种计算方法下的权重因子，见表 3-16。根据这些权重因子计算得到不舍弃负权重成分点（E 方法）时 B1 和 B2 点的表面张力分别为 566mN/(m·K) 和 586mN/(m·K)，与实测值的偏差分别为 19.1% 和 23.2%；而舍弃负权重成分点（F 方法）时，计算的 B1 和 B2 点的表面张力分别为 476mN/(m·K) 和 477mN/(m·K)，与实测值的偏差分别为 0.2% 和−0.6%。显

然，采取 F 方法计算得到的结果与实际符合得更好，这也可以从表 3-16 看出，B1 和 B2 点都出现绝对值大于 1 的权重因子。

表 3-16　$CaO-FeO-Fe_2O_3-MgO-SiO_2$ 体系不同成分点的权重因子

| 成分点 | | A1 | A2 | A3 | A4 | A5 |
|---|---|---|---|---|---|---|
| B1 | E | −1.309 | 0.278 | 0.688 | −0.599 | 1.942 |
| | F | — | 0.096 | 0.236 | — | 0.668 |
| B2 | E | −0.96 | −0.684 | 1.644 | −1.229 | 2.23 |
| | F | — | — | 0.424 | — | 0.576 |

## 本章小结

对于一个某温度下存在局部互溶区的多元系，一般情况下只有很少经过实验测量的成分点，这时对该体系其他成分点的性质进行预测时，无论是采用第 2 章给出的新一代几何模型，还是采取其他形式的拟合，都难以满足需求。针对这种问题，本模型提供了一个很好的选择，在经过适当的选点以及对负权重成分点的合理选择以后，可以利用本模型对局部互溶体系的物理性质进行预测。

本章给出的计算方法的准确性是由性质与成分之间的线性关系决定的，线性关系越好，则计算结果也就越准确。但是实际上熔渣的性质是由其结构决定的，而结构一般随成分会发生较大的变化，尤其是一些离子熔渣（如熔渣等），其性质与成分之间存在非线性变化关系。对于这些体系，所选择的成分点的跨度越大，本模型的计算误差也就越大。本章通过引入点与点之间的距离公式，在性质已知的成分点中寻找与待计算成分点最近的一组成分点参与计算。选择的点与待计算成分点越近，这些点围成的成分范围内的性质用成分的线性函数表示的误差越小，则用本模型计算的偏差也就越低。而在实际冶炼过程中，由于对熔点、流动性以及脱硫脱磷能力的要求，所用的渣的成分变化范围不大，故而本模型可以得到较好的应用。

无论是新一代几何模型还是本章模型的计算方法，都只能根据某温度下的数据计算同一温度下的数据，而无法计算其他温度下的性质数据。

本章针对局部互溶区内利用少数性质已知的成分点的性质对其他成分点的性质进行预测这一问题，提出了一种新的计算模型，讨论了已知成分点个数大于和小于多元系维数时的计算情况，并得出以下结论：

（1）通过严格的理论推导发现，性质与成分之间的线性关系越强，使用本模型计算的准确度越高。在一定的成分范围内，模型可以适用于熔渣体系的电导率、黏度、密度和表面张力等物理性质的预测。

（2）当已知数据点的个数大于多元系维数时，通过引入的点与点之间的距离公式选择与待计算成分点最近的一组点参与计算。

（3）计算时如果出现负权重成分点：当存在权重绝对值较大的成分点时，舍弃这些负权重成分点的贡献，把其余点的权重重新归一化进行计算；当所有权重的绝对值都很小时，直接以权重加和计算。当计算硅铝酸盐熔渣的物理性质时，权重绝对值的临界值为 1~3。对于体相性质电导率和摩尔体积，临界值选择 3；对于黏度，临界值选择 2；对于表面张力，临界值选择值 1。

## 参 考 文 献

[1] Jiao Q, Themelis N J. Correlations of electrical conductivity to slag composition and temperature [J]. Metallurgical Transactions B, 1988, 19(1): 133-140.

[2] Mills K C, Keene B J. Models to estimate some properties of slags[J]. International Materials Reviews, 1987, 32: 1-120.

[3] Winterhager H, Greiner L, Kammel R. Investigations of the Density and Electrical Conductivity of Melts in the System $CaO-Al_2O_3-SiO_2$ and $CaO-MgO-Al_2O_3-SiO_2$ [M]. Cologne: Westdeutscher Verlag, 1966.

[4] Eisenhuttenleute V D. Slag Atlas[M]. Dusseldorf: Verlag Sthaleisen GmbH, 1995.

[5] Boni R E, Derge G. Surface tensions of silicates[J]. Journal of Metals, 1956, 206: 53-59.

# 4 熔渣黏度预测模型

<<<<<<<<<<<<<<<<<<<<<<<<<<<<<<<<<<<<<<<<<<<<<<<<<<<<<<<<<<<<<<<<<<<<

黏度是冶金过程中需要重点关注的性质之一，它对于高炉的顺行、炼钢过程中泡沫渣的形成、渣-钢的有效分离、渣对钢包耐火材料的侵蚀以及连铸过程中铸坯的润滑等都有很大的影响。但是，目前的黏度模型外延性太差，往往只能在其拟合模型参数所用数据的成分范围内具有较好的预测效果，而在范围之外的计算效果则很差；对含多种碱性氧化物和氧化铝的多元系的计算效果较差；对不含 $SiO_2$ 的熔渣体系的预测效果较差；不能有效计算含 $CaF_2$、$TiO_2$、$Fe_2O_3$ 和 $P_2O_5$ 等组元在内的熔渣体系的黏度。本章的主要目的就是基于硅铝酸盐熔渣的结构，针对常见的氧化物熔渣（$Li_2O$、$Na_2O$、$K_2O$、$MgO$、$CaO$、$SrO$、$BaO$、$FeO$、$MnO$、$Al_2O_3$、$SiO_2$、$CaF_2$、$TiO_2$、$Fe_2O_3$、$P_2O_5$ 等）体系提出相应的黏度计算模型。

## 4.1 黏度与温度和成分的关系

### 4.1.1 黏度与温度的关系

在常压下，影响熔渣黏度的主要因素是温度和成分，而建立黏度模型的主要思路也就是寻找合适的关系去表达黏度和温度、成分的关系。外力作用下的黏性流动可视为与化学反应和扩散类似的速率过程[1]，黏度与温度的关系可用一般化的 Arrhenius 方程描述[2]，即：

$$\eta = AT^{\alpha}\exp\left(\frac{E}{RT}\right) \tag{4-1}$$

式中　$A$——指前因子；

　　　$T$——温度，K；

　　　$R$——理想气体常数，$R = 8.314 J/(mol \cdot K)$。

### 4.1.2 黏度与成分的关系

研究发现[1,3]，$\alpha$ 取不同的值，方程(4-1) 均可很好地描述黏度与温度的关系，最常用的为 $\alpha = 0$ 的 Arrhenius 方程[2] 和 $\alpha = 1$ 的 Weymann-Frenkel 方程[4]，其方程式分别为：

$$\ln\eta = \ln A + \frac{E}{RT} \tag{4-2}$$

$$\ln\frac{\eta}{T} = \ln A + \frac{E}{RT} \tag{4-3}$$

指前因子的对数 $\ln A$ 和活化能 $E$ 之间存在线性关系[5]，即：

$$\ln A = mE + n \tag{4-4}$$

式中　$m$，$n$——比例系数。

根据式(4-4)可知，建立黏度模型也就是指如何把黏度活化能 $E$ 表示为成分的函数。一般来说，黏度活化能可以在一定程度上反映结构的变化，故而需要基于熔渣结构来建立活化能与成分的关系式。研究发现[6]，$M_xO\text{-}SiO_2$ 熔渣活化能随碱性氧化物 $M_xO$ 含量的变化表现出非线性的函数关系：当熔渣的碱度较低时，加入少量的碱性氧化物可以使三维网络结构迅速被破坏，使熔渣结构发生很大变化，活化能下降很快；而碱度较高时，由于熔渣中主要是链长较短的硅氧阴离子，继续加入碱性氧化物对熔渣的结构影响不大，活化能变化也很小。对于含 $Al_2O_3$ 的熔渣，$Al_2O_3$ 在融入 $SiO_2$ 的网络结构时，需要碱性氧化物金属阳离子参与 $Al^{3+}$ 离子的电荷补偿，而参与补偿的这部分碱性氧化物将不再起破坏熔渣网络结构的作用，而是增加熔渣的聚合度。故而计算含 $Al_2O_3$ 的熔渣的黏度活化能时需要考虑 $Al^{3+}$ 离子电荷补偿效应的影响。不同的碱性氧化物金属阳离子对 $Al^{3+}$ 离子电荷补偿能力不同[7]，黏度模型需要考虑这种优先顺序。

因此，合理的黏度模型应该至少要考虑以下几个因素：

(1) 对熔渣结构进行合理地描述，融入结构对黏度的影响。

(2) 能够反映黏度活化能 $E$ 与成分之间的非线性关系。

(3) 考虑指前因子对数 $\ln A$ 和活化能 $E$ 的补偿关系。

(4) 考虑不同碱性氧化物金属阳离子对 $Al^{3+}$ 离子电荷补偿的优先顺序。

其他的黏度模型对于特定炉渣的黏度具有一定的预测能力。Riboud 项目[8]的评估结果表明 Riboud 模型[9]和 Iida 模型[10]对连铸保护渣具有较好的预测效果；CSIRO 模型[1,11]、KTH 模型[12]和 Iida 模型[10]对无氟渣具有较好的预测效果。但是，这些模型都没有考虑以上四点，导致模型只能对特定渣系的黏度进行预测，不能完成较大的成分和温度范围内的黏度预测，因此限制了模型的应用。同时，当前的黏度模型对含 $CaF_2$、$TiO_2$、$Fe_2O_3$、$P_2O_5$ 等组分的熔渣的黏度不能进行很好地预测。

发展的黏度模型通过 Arrhenius 方程[见式(4-2)]描述黏度与温度的关系，并且考虑了以上四点要求，模型的构建如下面内容所示。

## 4.2　新黏度模型的构建

### 4.2.1　硅铝酸盐熔渣结构的描述

#### 4.2.1.1　普通硅铝酸盐熔渣结构

本节将基于熔渣的结构发展相应的黏度模型，故而首先需要寻找一种合适的方法描述熔渣结构。Fincham[13]通过桥氧、非桥氧和自由氧三种类型的氧离子描述硅酸盐熔渣的结构，但是这种描述方式无法很好地体现 $Al_2O_3$ 的两性行为，尤其是当熔渣中存在多种碱性氧化物时（不同碱性氧化物金属离子对 $Al^{3+}$ 离子电荷补偿的优先顺序不同）。基于相同的思路，本节拟通过定义不同类型的氧离子来描述含 $Al_2O_3$ 的硅铝酸盐熔渣的结构。

对于含 $Al_2O_3$ 的渣系，其氧离子存在的形态比较复杂，且与 $Al^{3+}$ 离子的存在形态相关，故而需要先清楚 $Al^{3+}$ 离子的存在形态。当存在足够的碱性氧化物参与电荷补偿时，$Al^{3+}$ 离子以 $AlO_4^{5-}$ 四面体的形式存在，而未得到电荷补偿的那部分 $Al^{3+}$ 离子到底是以高氧离子配位的形式存在还是以三聚体的形式存在，目前尚无定论。从各种情况下 $Al^{3+}$ 离子的存在形态以及对体系黏度的影响入手进行分析。

如果未得到电荷补偿的 $Al^{3+}$ 离子以高氧离子配位的形式存在，那么这部分的 $Al_2O_3$ 可以充当网络破坏氧化物的角色，起到降低黏度的作用。对于 $M_xO$-$Al_2O_3$-$SiO_2$ 体系来说，考虑到被电荷补偿和未被补偿的 $Al^{3+}$ 离子之间的平衡，此时其黏度最大值应出现在 $M_xO/Al_2O_3 > 1$ 侧，以使更多的 $Al^{3+}$ 离子处于被补偿的状态，从而使黏度增加。金属离子的电荷补偿能力越大，黏度极值点越靠近 $M_xO/Al_2O_3 = 1$，补偿能力越差，其黏度最大值偏离 $M_xO/Al_2O_3 = 1$ 越远。

如果没有得到电荷补偿的 $Al^{3+}$ 离子以四配位的三聚体形式存在，则这部分氧化铝仍然是网络形成氧化物，会增加黏度。这时候黏度最大值会出现在 $M_xO/Al_2O_3 < 1$ 侧，因为这时增加 $Al_2O_3$ 的含量虽然会降低 $M_xO$ 的含量，使得处于电荷补偿状态的 $Al^{3+}$ 离子数量减少，但是却会增加 $Al_2O_3$ 的绝对含量。以减少 1% 的 $M_xO$ 来计算，保持 $SiO_2$ 的含量不变的情况下，会造成处于电荷补偿状态的 $Al^{3+}$ 离子减少 2%，但是处于三聚体状态的 $Al^{3+}$ 离子增加 4%，对于同处于四配位的两种 $Al^{3+}$ 离子，显然会导致黏度增加，故而此时黏度的最大值一般会发生在高 $Al_2O_3$ 侧。

综上所述，如果未被补偿的 $Al^{3+}$ 离子以高配位形式存在，黏度最大值可能出现在高 $M_xO$ 侧，并且补偿能力越差黏度最大值越偏离 $M_xO/Al_2O_3 = 1$；当未被补偿的 $Al^{3+}$ 离子以三聚体的形式存在时，黏度最大值可能出现在高 $Al_2O_3$ 侧。实验测量发现 $CaO$-$Al_2O_3$-$SiO_2$[14]，$Na_2O$-$Al_2O_3$-$SiO_2$[15] 等体系的黏度最大值出现在

CaO/Al$_2$O$_3$<1 一侧。Ca$^{2+}$离子和 Na$^+$离子由于其静电势较低，对 Al$^{3+}$离子的电荷补偿能力较强。根据上面的分析，在这些体系中未被补偿的 Al$^{3+}$离子可能主要以三聚体的形式存在。Lacy[16]通过理论分析，Zirl[17]通过分子动力学模拟 CaO-Al$_2$O$_3$-SiO$_2$ 体系都支持了三聚体的存在。Toplis[15]结合黏度测量数据，指出在 Na$_2$O-Al$_2$O$_3$-SiO$_2$ 熔渣中，当 SiO$_2$ 的摩尔含量大于 50%时，未被电荷补偿的 Al$^{3+}$离子主要以含有一个 AlO$_4^{5-}$ 和二个 SiO$_4^{4-}$ 的三聚体的形式存在。而黏度测量发现 MgO-Al$_2$O$_3$-SiO$_2$ 体系的黏度最大值出现在高 MgO 一侧，Toplis 指出在 MgO-Al$_2$O$_3$-SiO$_2$ 体系中 Mg$^{2+}$的电荷补偿能力较弱，未被补偿的 Al$^{3+}$离子主要以高氧离子配位的形式存在[14]；Poe[18]通过分子动力学模拟得出温度越高越有利于高配位形式存在的 Al$^{3+}$离子。

根据以上分析，对于 CaO-Al$_2$O$_3$-SiO$_2$，Na$_2$O-Al$_2$O$_3$-SiO$_2$ 等体系，未得到电荷补偿的 Al$^{3+}$离子主要以三聚体的形式存在，而 MgO-Al$_2$O$_3$-SiO$_2$ 等体系则主要以高氧离子配位的形式存在。其实在熔渣中各种形式的 Al$^{3+}$离子都会存在，只不过某种方式占优。为了模型上的统一，我们近似地把所有与未被电荷补偿的 Al$^{3+}$离子相连的氧离子描述为 O$_{Al}$。

综上所述，对熔渣中可能存在的氧离子类型做如下定义：

（1）O$_{Si}$——与 Si$^{4+}$离子相连的桥氧；

（2）O$_i$——与金属阳离子 $i$ 相连的自由氧；

（3）O$_{Si}^i$——与 Si$^{4+}$离子和金属阳离子 $i$ 相连的非桥氧；

（4）O$_{Al}$——与未得到电荷补偿的 Al$^{3+}$离子相连的氧；

（5）O$_{Al,i}$——与金属阳离子 $i$ 补偿的 Al$^{3+}$离子相连的桥氧；

（6）O$_{Al,i}^j$——与金属阳离子 $i$ 补偿的 Al$^{3+}$离子和金属阳离子 $j$ 相连的非桥氧。

需要指出的是，上述分类忽略了一端与 Si$^{4+}$离子相连，一端与 Al$^{3+}$离子相连的桥氧，以及与不同的金属阳离子相连的自由氧。以上定义的各种类型的氧离子可近似地描述熔渣结构，也正是基于这些不同类型的氧离子对黏度进行建模。

### 4.2.1.2 含 CaF$_2$ 熔渣结构

针对含 CaF$_2$ 的熔渣体系，目前研究者们利用各种不同的方法对 F$^-$离子的存在形态进行了详细的研究，比如红外吸收光谱（Infra-red AbSorption Spectra）[23-29]、拉曼光谱（Raman Spectroscopy）[24-26]、X 射线光电子能谱（X-Ray Photoelectron）[23,27-29]、核磁共振波谱（Nuclear Magnetic Resonance Spectroscopy）[32,33]、分子动力学模拟（Molecular Dynamics Simulation）[26,30,31]等，主要有以下几种观点：

（1）在碱度较低的熔渣中，CaF$_2$ 破坏 Si—O 键，形成 Si—F 键，参与打断硅酸盐熔渣的网络结构；在碱度较高时，$F^-$ 离子主要与 $Ca^{2+}$ 离子配位，不破坏 $Si—O$ 键[21,22]。

（2）当 $CaF_2$ 的含量较低时，$F^-$ 离子主要与 $Si^{4+}$ 离子配位，参与打断硅酸盐熔渣的网络结构；当 $CaF_2$ 的含量较高时，$F^-$ 离子主要与 $Ca^{2+}$ 离子配位[23,25]，只对熔渣起稀释作用。

（3）$F^-$ 离子主要与 $Ca^{2+}$ 等碱性氧化物金属离子配位，不参与破坏熔渣的网络结构。这个观点目前得到越来越多光谱测量[24,27,32,33]以及分子动力学[26,30,31]上的支持。

当 $F^-$ 离子与 $Si^{4+}$ 离子配位时，$CaF_2$ 所起的作用与 CaO 类似。此时，以 CaO-$CaF_2$-$SiO_2$ 体系为例，在熔渣中加入 $CaF_2$ 可以降低熔渣的聚合度，即减少 NBO/T 较小的硅氧阴离子团所占的比例（其中 NBO/T 指平均每个网络形成阳离子，比如 $Si^{4+}$ 离子，所连接的非桥氧的个数），而增加 NBO/T 较大的硅氧阴离子团所占的比例；当 $F^-$ 离子与 $Ca^{2+}$ 离子配位时，$CaF_2$ 只充当熔渣的稀释剂，对熔渣的聚合度不产生影响。最新研究表明[26,27]，$CaF_2$ 的加入并不改变熔渣中不同类型硅氧阴离子团的相对百分比，$CaF_2$ 主要起稀释剂的作用。为了模型处理上的方便，在黏度模型中主要考虑 Ca—F 之间的配位，而忽略 $F^-$ 离子与其他离子之间的配位。当然，熔渣中实际存在的 Si—F 配位会对黏度模型的计算结果造成一定的偏差，这方面的偏差可以通过调整与 $CaF_2$ 相关的模型参数去减少。

即使仅仅考虑 Ca—F 之间的配位，仍存在两种不同的结构模型，即 Baak-Bills 模型[34,35]和 Sasaki 模型[36]，其模型示意图如图 4-1 所示。Baak-Bills 结构模型存在一定的理论缺陷，需要满足 CaO 的摩尔分数大于 $CaF_2$ 的摩尔分数，故而基于该结构模型的 Miyabayashi 黏度模型[37]也只能适用于 CaO 的摩尔分数大于 $CaF_2$ 的摩尔分数时的情况。Sakaki[30]通过分子动力学模拟发现，CaO-$CaF_2$-

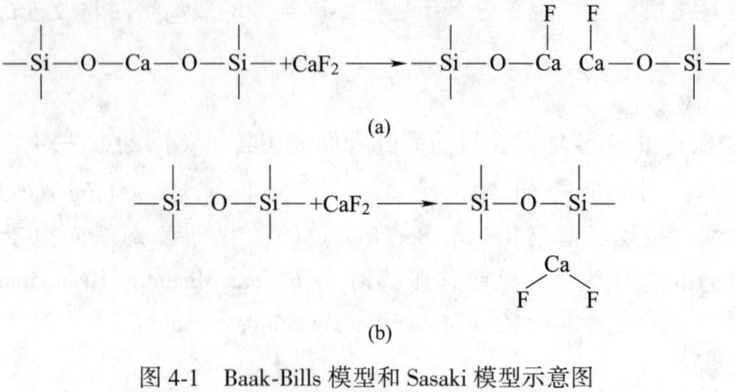

图 4-1　Baak-Bills 模型和 Sasaki 模型示意图

（a）Baak-Bills；（b）Sasaki

$Al_2O_3$-$SiO_2$ 熔渣中 $F^-$ 离子主要与 $Ca^{2+}$ 离子配位，并且 $Ca^{2+}$ 离子的 $F^-$ 离子配位数近似为 2。因此，可近似认为 $CaF_2$ 作为独立的分子簇存在，对熔渣只起到稀释的作用。

### 4.2.1.3　含 $TiO_2$ 的熔渣结构

$Ti^{4+}$ 离子（0.61Å[❶]）相对于 $Si^{4+}$ 离子（0.42Å）具有较大的离子半径，所以 $Ti^{4+}$ 离子似乎不适合替代 $Si^{4+}$ 离子的位置而融入 $SiO_2$ 的网络结构。因此，在含 $TiO_2$ 的熔渣中，$Ti^{4+}$ 离子可能具有较高的氧离子配位（大于 4），从而主要起网络破坏的作用。基于 CaO-MgO-$Al_2O_3$-$SiO_2$-$TiO_2$ 熔渣体系的 X 射线光电子能谱分析（X-Ray Photoelectron Spectroscopy Analysis）结果[38]，发现桥氧和非桥氧的比例随着 $TiO_2$ 含量的增加而减少，而自由氧的含量随着 $TiO_2$ 的含量增加而增加，所以 $TiO_2$ 很可能充当破坏网络结构而减少聚合度的作用。然而研究发现[39]，$Ti^{4+}$ 离子也可以与 4 个氧离子配位而充当网络形成的作用。Mysen 等[40]发现 $Ti^{4+}$ 离子的氧离子配位数随着 $TiO_2$ 含量的变化而变化：当 $TiO_2$ 含量较低时，$Ti^{4+}$ 离子主要形成低氧配位的结构而起到网络破坏的作用；当 $TiO_2$ 含量较高的时候，形成高氧配位的结构而起到网络形成的作用。结合 X 射线吸收近边结构（X-Ray Absorption Near Edge Structure）和扩展 X 射线吸收精细结构（Extended X-Ray Absorption Fine Structure）的测量结果，Greegor 等[41]发现在 $TiO_2$-$SiO_2$ 二元系，当 $TiO_2$ 的含量（质量分数）低于 0.05% 时，$Ti^{4+}$ 离子以金红石型的八面体配位结构存在；随着 $TiO_2$ 含量的增加，$Ti^{4+}$ 离子出现两种配位结构（四面体配位和八面体配位）；当 $TiO_2$ 的含量（质量分数）在 9% 左右时，处于八面体配位和四面体配位的钛离子数量的比值随着 $TiO_2$ 含量的增加而显著增加。根据以上分析，熔渣中 $TiO_2$ 的结构与成分之间存在非常复杂的关系。

### 4.2.1.4　含 $Fe_2O_3$ 的熔渣结构

对于包含铁氧化物的熔渣体系，$Fe^{3+}$ 离子与 $Fe^{2+}$ 离子往往同时存在。$Fe^{3+}/\sum Fe$ 的比值由氧活度、熔渣成分和温度决定。一般来说，在大部分的熔渣中，FeO 在熔渣中主要起网络破坏的作用；而 $Fe_2O_3$ 是一种两性氧化物，可起网络破坏的作用（$Fe^{3+}$ 离子形成八面体配位结构），也可以起网络形成的作用（$Fe^{3+}$ 离子形成四面体配位结构）[7]。Virgo 和 Mysen[42]发现对于含铁氧化物的熔渣体系，当 $Fe^{3+}/\sum Fe > 0.5$ 时，$Fe^{3+}$ 离子主要形成四面体配位；当 $Fe^{3+}/\sum Fe < 0.3$ 时，$Fe^{3+}$ 离子主要形成八面体配位；当 $Fe^{3+}/\sum Fe$ 值为 0.3~0.5 时，$Fe^{3+}$ 离子同时以四面体配位和八面体配位的形式存在。

---

❶　1Å=0.1nm。

#### 4.2.1.5　含 $P_2O_5$ 的熔渣结构

$P_2O_5$ 是一种酸性氧化物，但是 $P_2O_5$ 的加入可导致硅铝酸盐熔渣结构发生复杂的变化。对于含有起网络破坏作用的金属阳离子的解聚体系，$P_2O_5$ 的加入使这些阳离子形成新的磷氧化物复合结构，从而增加熔渣聚合度[43]，其反应式为：

$$2Si—O—M + P—O—P \Longleftrightarrow 2P—O—M + Si—O—Si \qquad (4-5)$$

对于准铝质的熔渣体系（$x_{M_xO} = x_{Al_2O_3}$），Mysen 等[44]提出 $P_2O_5$ 的加入可导致 $NaAlO_2$ 等铝酸盐复合物分解，从而形成铝的磷酸盐化合物和离散的 $P_2O_5$ 单元，这个过程中释放出来的钠离子将起网络破坏的作用。Gan 等[45]和 Toplis 等[43]提出一种新的机理，认为加入的 $P_2O_5$ 与 $NaAlO_2$ 复合体反应同时生成铝和钠的磷酸盐复合体，其反应为：

$$NaAlO_2 + P_2O_5 \Longleftrightarrow AlPO_4 + NaPO_3 \qquad (4-6)$$

对于过铝质的熔渣体系（$x_{M_xO} < x_{Al_2O_3}$），Toplis 等[43]指出加入的 $P_2O_5$ 既可以与过剩的 $Al_2O_3$ 按照式(4-7) 反应，同时也可以和 $NaAlO_2$ 等形成网络结构的复合体按照式(4-6) 反应。

$$Al_2O_3 + P_2O_5 \Longleftrightarrow 2AlPO_4 \qquad (4-7)$$

综上所述，将根据桥氧 $O_{Si}$、自由氧 $O_i$、非桥氧 $O_{Si}^i$、氧 $O_{Al}$、桥氧 $O_{Al,i}$ 和非桥氧 $O_{Al,i}^j$ 来描述普通的硅铝酸盐体系的结构；而对于含有 $CaF_2$、$TiO_2$、$Fe_2O_3$ 和 $P_2O_5$ 的体系，由于这些物质结构的复杂性，很难描述该类化合物对熔渣结构的具体影响。为了方便建立黏度模型，近似地认为与 $CaF_2$、$TiO_2$、$Fe_2O_3$ 和 $P_2O_5$ 相对应的结构单元分别为 $CaF_2$、$O_{Ti}$、$O_{Fe(III)}$ 和 $O_P$。

根据这些不同类型的结构单元，可近似地描述熔渣结构。为了在黏度模型中定量地体现熔渣结构的影响，首先要解决的问题就是各种结构单元含量的计算。

### 4.2.2　结构单元含量的计算

根据以下五个假设，可以方便地计算任何成分的炉渣中不同类型氧离子的含量，详细的计算公式可参考文献[5,46-48]。

假设 1：根据金属阳离子与氧离子的静电作用力大小，$I = 2z/(r_{M^{z+}} + r_{O^{2-}})^2$（式中 $z$ 为金属离子的电荷数，$r_{M^{z+}}$ 为金属离子半径，$r_{O^{2-}}$ 为氧离子半径），描述金属阳离子对 $Al^{3+}$ 离子电荷补偿能力的高低，$I$ 小的离子优先参与电荷补偿。根据该准则，阳离子对 $Al^{3+}$ 离子的电荷补偿优先顺序为 $K^+ > Na^+ > Li^+ > Ba^{2+} > Sr^{2+} > Ca^{2+} > Mn^{2+} > Fe^{2+} > Mg^{2+}$。当熔渣中出现多种碱性氧化物时，按照该次序依次对 $Al^{3+}$ 离子进行电荷补偿。所以当阳离子 $i$ 的优先权高于阳离子 $j$ 时，不存在非桥氧 $O_{Al,j}^i$，只存在非桥氧 $O_{Al,i}^j$。

假设 2：假设碱性氧化物 $(M_xO)_i$ 电荷补偿 $Al_2O_3$ 生成 $M_xAlO_2$ 反应的平衡常数是正无穷，即：当碱性氧化物 $M_xO$ 的含量小于 $Al_2O_3$ 的含量时，所有的 $M^{z+}$ 离子都参与对 $Al^{3+}$ 离子的电荷补偿，得到补偿的 $Al^{3+}$ 离子与 $O_{Al,i}$ 配位，未被补偿的 $Al^{3+}$ 离子与 $O_{Al}$ 配位；当 $M_xO$ 的含量大于 $Al_2O_3$ 的含量时，所有的 $Al^{3+}$ 离子都被电荷补偿而与 $O_{Al,i}$ 配位，多余的 $M_xO$ 参与形成非桥氧。

假设 3：当碱性氧化物 $(M_xO)_i$ 的含量大于 $Al_2O_3$ 的含量时，满足 $Al_2O_3$ 的电荷补偿后仍有剩余的碱性氧化物参与形成非桥氧。假设 $SiO_4^{4-}$ 四面体和 $AlO_4^{5-}$ 四面体在熔渣中的地位对等，即过剩的碱性氧化物形成非桥氧时，形成的与 $Si^{4+}$ 离子相连的非桥氧和与 $Al^{3+}$ 离子相连的非桥氧的含量与 $SiO_4^{4-}$ 四面体和 $AlO_4^{5-}$ 四面体的含量成正比。

假设 4：假设自由氧（来自碱性氧化物）与桥氧（与 $Si^{4+}$ 离子相连或与得到电荷补偿的 $Al^{3+}$ 离子相连）反应生成非桥氧的平衡常数为无穷大。即：对于 $M_xO$-$\sum_i M_xAlO_2$-$SiO_2$ 体系，当 $M_xO$ 的摩尔分数超过 2/3 时，根据本假设，熔渣中将不存在桥氧；当 $M_xO$ 的摩尔分数超过 2/3 时，熔渣中将不存在自由氧。该假设被 Lin 和 Pelton[49] 称为 "Complete Bridge Breaking" 假设。

假设 5：对于多元系 $\sum (M_xO)_i - \sum_i M_xAlO_2 - SiO_2$，首先把所有的碱性氧化物含量加和，视为一个碱性氧化物 $\sum (M_xO)_i$，按照假设 4 进行计算，而后按照各碱性氧化物 $(M_xO)_i$ 占 $\sum (M_xO)_i$ 的比例或酸性氧化物 $M_xAlO_2$（或 $SiO_2$）占 $\sum_i M_xAlO_2$-$SiO_2$ 的比例计算各自对应的氧离子含量。

结合以上五个假设，可计算任意成分的渣中不同类型氧离子的含量。对于酸性氧化物 $P_2O_5$，两性氧化物 $TiO_2$ 和 $Fe_2O_3$ 以及 $CaF_2$，由于其结构的复杂性及文献中实验数据的缺乏，本黏度模型近似地认为这四种物质不影响其他类型氧离子的比例。在计算含这四种物质的熔渣的黏度时，$P_2O_5$、$TiO_2$、$Fe_2O_3$ 和 $CaF_2$ 对应的结构单元的含量分别为：$n_{O_P} = 5x_{P_2O_5}$，$n_{O_{Ti}} = 2x_{TiO_2}$，$n_{O_{Fe(III)}} = 3x_{Fe_2O_3}$，$n_{CaF_2} = x_{CaF_2}$；渣中其他组元对应的氧离子的含量仍然按照上述的方法进行计算。下面以 $K_2O$-$CaO$-$Al_2O_3$-$SiO_2$-$CaF_2$-$TiO_2$-$Fe_2O_3$-$P_2O_5$ 体系为例介绍各结构单元数量的计算方法。

$K_2O$-$CaO$-$Al_2O_3$-$SiO_2$-$CaF_2$-$TiO_2$-$Fe_2O_3$-$P_2O_5$ 体系中共有两个碱性氧化物（$K_2O$ 和 $CaO$），$CaF_2$、$TiO_2$、$Fe_2O_3$ 和 $P_2O_5$ 由于其特殊性，与其相关的结构单元的数量可单独计算为 $n_{CaF_2} = x_{CaF_2}$，$n_{O_{Ti}} = 2x_{TiO_2}$，$n_{O_{Fe(III)}} = 3x_{Fe_2O_3}$，$n_{O_P} = 5x_{P_2O_5}$ 故而只需计算与 $K_2O$、$CaO$、$Al_2O_3$ 和 $SiO_2$ 等组元相关的结构单元的数量。

根据假设 1，$K^+$ 离子比 $Ca^{2+}$ 离子具有更高的对 $Al^{3+}$ 离子电荷补偿的优先权，

故而 $K^+$ 离子首先参与对 $Al^{3+}$ 离子的电荷补偿。当 $K^+$ 离子不足以补偿所有的 $Al^{3+}$ 离子时，剩下的 $Al^{3+}$ 离子由 $Ca^{2+}$ 补偿。

根据假设 2，借用 Excel 中的 IF 语句，IF 语句的语法 IF（logical_test，value_if_true，value_if_false），logical_test 为逻辑表达式，如果为真，则值为 value_if_true；如果为假，则值为 value_if_false。故而，$KAlO_2$ 和 $CaAlO_2$ 的数量为：

$$x_{KAlO_2} = IF(x_{K_2O} > x_{Al_2O_3}, 2x_{Al_2O_3}, 2x_{K_2O}) \tag{4-8}$$

$$x_{Ca\frac{1}{2}AlO_2} = IF(x_{K_2O} > x_{Al_2O_3}, 0, IF((x_{K_2O} + x_{CaO}) > x_{Al_2O_3},$$
$$2(x_{Al_2O_3} - x_{K_2O}), 2x_{K_2O})) \tag{4-9}$$

根据假设 3，在 $Al^{3+}$ 离子进行电荷补偿以后，如果熔渣中仍存在碱性氧化物，则剩余的碱性氧化物打断由 $KAlO_2$、$Ca\frac{1}{2}AlO_2$ 和 $SiO_2$ 组成的网络结构。假设该过程形成的与 $KAlO_2$、$Ca\frac{1}{2}AlO_2$ 和 $SiO_2$ 相关的非桥氧的含量与三者的比例成正比。对 $Al^{3+}$ 离子电荷补偿完以后，熔渣中剩余 $K_2O$ 和 $CaO$ 的含量为：

$$x_{K_2O}^{exc} = IF(x_{K_2O} > x_{Al_2O_3}, x_{K_2O} - x_{Al_2O_3}, 0) \tag{4-10}$$

$$x_{CaO}^{exc} = IF(x_{K_2O} > x_{Al_2O_3}, x_{CaO}, IF((x_{K_2O} + x_{CaO})$$
$$> x_{Al_2O_3}, x_{K_2O} + x_{CaO} - x_{Al_2O_3}, 0)) \tag{4-11}$$

根据假设 4 和 5，剩余的 $K_2O$ 和 $CaO$ 参与打断 $KAlO_2$、$Ca\frac{1}{2}AlO_2$ 和 $SiO_2$ 组成的网络结构中的桥氧。首先把 $K_2O$ 和 $CaO$ 视为同一物质，根据假设 4 计算总的非桥氧、桥氧和自由氧的含量，而后再计算各自对应的氧离子的含量。熔渣中一共有：五种非桥氧，其分别为 $O_{Si}^K$、$O_{Si}^{Ca}$、$O_{Al,Ca}^{Ca}$、$O_{Al,K}^{Ca}$ 和 $O_{Al,K}^K$（$O_{Al,Ca}^K$ 不存在）；三种桥氧，其分别为 $O_{Si}$、$O_{Al,K}$ 和 $O_{Al,Ca}$；两种自由氧，其分别为 $O_K$ 和 $O_{Ca}$。

非桥氧数量的计算公式为：

$$n_{O_{Si}^K} = IF((x_{K_2O}^{exc} + x_{CaO}^{exc}) > 2(x_{KAlO_2} + x_{Ca\frac{1}{2}AlO_2} + x_{SiO_2}),$$
$$4x_{SiO_2} \frac{x_{K_2O}^{exc}}{x_{K_2O}^{exc} + x_{CaO}^{exc}}, 2x_{K_2O}^{exc} \frac{x_{SiO_2}}{x_{KAlO_2} + x_{Ca\frac{1}{2}AlO_2} + x_{SiO_2}}) \tag{4-12}$$

注意：式（4-12）中 $4x_{SiO_2}$ 和 $2x_{K_2O}^{exc}$ 即为两种情况下的总的非桥氧数量。公式的写法只是方便编程时的一致性，其实只要 $x_{K_2O}^{exc} > 0$，熔渣中将不存在 $Ca\frac{1}{2}AlO_2$，即：

$$n_{O_{Si}^{Ca}} = IF\left((x_{K_2O}^{exc} + x_{CaO}^{exc}) > 2(x_{KAlO_2} + x_{Ca\frac{1}{2}AlO_2} + x_{SiO_2}),\right.$$
$$\left.4x_{SiO_2} \frac{x_{CaO}^{exc}}{x_{K_2O}^{exc} + x_{CaO}^{exc}}, 2x_{CaO}^{exc} \frac{x_{SiO_2}}{x_{KAlO_2} + x_{Ca\frac{1}{2}AlO_2} + x_{SiO_2}}\right) \tag{4-13}$$

$$n_{O_{Al,Ca}^{Ca}} = IF\left((x_{K_2O}^{exc} + x_{CaO}^{exc}) > 2(x_{KAlO_2} + x_{Ca\frac{1}{2}AlO_2} + x_{SiO_2}),\right.$$

$$4x_{Ca\frac{1}{2}AlO_2} \frac{x_{CaO}^{exc}}{x_{K_2O}^{exc} + x_{CaO}^{exc}} , \ 2x_{CaO}^{exc} \frac{x_{Ca\frac{1}{2}AlO_2}}{x_{KAlO_2} + x_{Ca\frac{1}{2}AlO_2} + x_{SiO_2}} \right) \quad (4\text{-}14)$$

注意：因为 $K^+$ 离子对 $Al^{3+}$ 离子电荷补偿的优先权要高于 $Ca^{2+}$ 离子，故而熔渣中不存在 $n_{O_{Al,Ca}^K}$。式(4-14) 在计算 $n_{O_{Al,Ca}^{Ca}}$ 时用到因子 $\dfrac{x_{CaO}^{exc}}{x_{K_2O}^{exc} + x_{CaO}^{exc}}$ 只是为了模型编程语句的一致性，其实在该情况下 $x_{K_2O}^{exc}$ 为 0，该因子为 1。这是因为只要熔渣中存在 $O_{Al,Ca}^{Ca}$，说明 $K_2O$ 不足以补偿所有的 $Al_2O_3(x_{K_2O}^{exc}=0)$，而需要部分 CaO 参与补偿，即：

$$n_{O_{Al,K}^K} = IF\left( (x_{K_2O}^{exc} + x_{CaO}^{exc}) > 2(x_{KAlO_2} + x_{Ca\frac{1}{2}AlO_2} + x_{SiO_2}),$$

$$4x_{KAlO_2} \frac{x_{K_2O}^{exc}}{x_{K_2O}^{exc} + x_{CaO}^{exc}} , \ 2x_{K_2O}^{exc} \frac{x_{KAlO_2}}{x_{KAlO_2} + x_{Ca\frac{1}{2}AlO_2} + x_{SiO_2}} \right) \quad (4\text{-}15)$$

$$n_{O_{Al,K}^{Ca}} = IF\left( (x_{K_2O}^{exc} + x_{CaO}^{exc}) > 2(x_{KAlO_2} + x_{Ca\frac{1}{2}AlO_2} + x_{SiO_2}),$$

$$4x_{KAlO_2} \frac{x_{CaO}^{exc}}{x_{K_2O}^{exc} + x_{CaO}^{exc}} , \ 2x_{CaO}^{exc} \frac{x_{KAlO_2}}{x_{KAlO_2} + x_{Ca\frac{1}{2}AlO_2} + x_{SiO_2}} \right) \quad (4\text{-}16)$$

桥氧数量的计算公式为：

$$n_{O_{Si}} = 2x_{SiO_2} - \frac{n_{O_{Si}^K}}{2} - \frac{n_{O_{Si}^{Ca}}}{2} \quad (4\text{-}17)$$

$$n_{O_{Al,K}} = 2x_{KAlO_2} - \frac{n_{O_{Al,K}^K}}{2} - \frac{n_{O_{Al,K}^{Ca}}}{2} \quad (4\text{-}18)$$

$$n_{O_{Al,Ca}} = 2x_{Ca\frac{1}{2}AlO_2} - \frac{n_{O_{Al,Ca}^{Ca}}}{2} \quad (4\text{-}19)$$

自由氧含量的计算公式为：

$$O_K = x_{K_2O}^{exc} - \frac{O_{Si}^K}{2} - \frac{O_{Al,K}^K}{2} \quad (4\text{-}20)$$

$$O_{Ca} = x_{CaO}^{exc} - \frac{O_{Si}^{Ca}}{2} - \frac{O_{Al,K}^{Ca}}{2} - \frac{O_{Al,Ca}^{Ca}}{2} \quad (4\text{-}21)$$

### 4.2.3 黏度活化能的表示

为了体现黏度活化能随成分变化的非线性变化行为，本节在进行黏度建模时仍借鉴式(4-22) 的倒数表达式，式(4-22) 是 Nakamoto[50,51] 提出的假设黏流活化能 $E$ 与外力作用下断点移动的距离 $S$ 成反比。按照 Nakamoto 黏性流动机理，非桥氧和自由氧充当黏性流动过程中的断点，并且二者起相同的作用，黏性流动通过这些断点的迁移而完成。但在表述移动距离 $S$ 和各种氧离子含量的关系时采用一级近似，即：

$$E = \frac{E'}{S} \tag{4-22}$$

$$S = k_{Si} n_{O_{Si}} + \sum k' n_{O'} \tag{4-23}$$

式中　$k'$——常数；

　　$n_{O_{Si}}$——$O_{Si}$ 的摩尔数；

　　$n_{O'}$——除 $O_{Si}$ 以外的其他类型的氧离子的摩尔数。

根据式(4-22) 和式(4-23) 可知，活化能 $E$ 的表达式为：

$$E = \frac{E'}{k_{Si} n_{O_{Si}} + \sum k' n_{O'}} = \frac{\dfrac{E'}{k_{Si}}}{n_{O_{Si}} + \sum n_{O'} k' / k_{Si}} = \frac{E''}{n_{O_{Si}} + \sum \alpha' n_{O'}} \tag{4-24}$$

式中，$\alpha_i$ 为描述 $i$ 类型氧离子附近的化学键在外力作用下的变形能力。针对不同类型的氧离子，$\alpha_i$ 的定义为：

(1) $\alpha_{Si}$——描述 $O_{Si}$ 附近化学键变形能力的参数，$\alpha_{Si} = 1$；

(2) $\alpha_i$——描述 $O_i$ 附近化学键变形能力的参数；

(3) $\alpha_{Si}^i$——描述 $O_{Si}^i$ 附近化学键变形能力的参数；

(4) $\alpha_{Al}$——描述 $O_{Al}$ 附近化学键变形能力的参数；

(5) $\alpha_{Al,i}$——描述 $O_{Al,i}$ 附近化学键变形能力的参数；

(6) $\alpha_{Al,i}^j$——描述 $O_{Al,i}^j$ 附近化学键变形能力的参数。

式(4-2)、式(4-4) 和式(4-24) 即为本模型描述黏度随成分和温度变化的关系式。不同类型的氧离子的含量可根据 4.1.2.2 节提供的公式计算。由式(4-24) 可知，本黏度模型可以体现黏度活化能与成分的非线性关系。黏度活化能随成分表现出来的非线性行为在高 $SiO_2$ 含量时更为明显，为了在模型中体现出这一特征，本研究基于不同温度下纯 $SiO_2$ 的黏度数据进行建模。不同的研究者[52-57] 测量了纯 $SiO_2$ 的黏度随温度的变化，把实验测量黏度值的对数与温度的倒数作图，如图 4-2 所示。

拟合后得到 Arrhenius 形式的 $SiO_2$ 黏度表达式：活化能为 572516J/mol，指前因子对数 $\ln A$ 为 $-17.47$，所以式(4-24) 中，

$$E = \frac{E''}{n_{O_{Si}}} = \frac{E''}{2} = 572516 J/mol \tag{4-25}$$

或

$$E'' = 572516 \times 2 J/mol \tag{4-26}$$

结合式(4-24)，硅铝酸盐熔渣的黏度活化能的计算公式为：

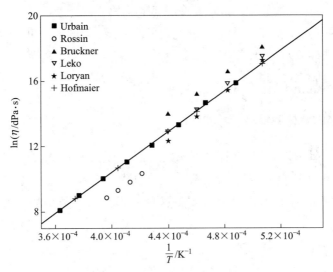

图 4-2 $SiO_2$ 黏度随温度的变化

$$E = 572516 \times 2/(n_{O_{Si}} + \alpha_{Al}n_{O_{Al}} + \sum \alpha_{Al, i}n_{O_{Al, i}} + \sum \alpha_{Si}^{i}n_{O_{Si}^{i}} + \sum \alpha_{Al, i}^{j}n_{O_{Al, i}^{j}} +$$

$$\sum \alpha_{i}n_{O_i} + \alpha_{P}n_{O_P} + \alpha_{Ti}n_{O_{Ti}} + \alpha_{Fe(\mathbb{I})}n_{O_{Fe(\mathbb{I})}} + \alpha_{CaF_2}n_{O_{CaF_2}}) \tag{4-27}$$

式(4-27) 中第二项表示与未被电荷补偿的 $Al^{3+}$ 离子相连的氧的贡献；第三项表示所有与 $Al^{3+}$ 离子相连的桥氧的贡献；第四项为所有与 $Si^{4+}$ 离子相连的非桥氧的贡献；第五项为所有与 $Al^{3+}$ 离子相连的非桥氧的贡献；第六项为所有与碱性氧化物金属阳离子相连的自由氧的贡献。

得到黏度活化能以后，只需要计算出指前因子 $A$，即可对黏度进行计算。

## 4.2.4 指前因子的计算

二元系 $M_xO\text{-}SiO_2$ 的黏度方程如果满足纯 $SiO_2$，则指前因子与活化能的关系应遵循：

$$\ln A = k(E - 572516) - 17.47 \tag{4-28}$$

式中 $k$——常数。

当模型用于多元系时，式(4-28) 中的常数 $k$ 可以根据多个二元系的常数 $k_i$ 进行线性加和计算，这种方式也为其他研究者所用[1,11,58]，即：

$$k = \frac{\sum\limits_{i, \ i \neq SiO_2} (x_i k_i)}{\sum\limits_{i, \ i \neq SiO_2} x_i} \tag{4-29}$$

式中　$x_i$——组元 $i$ 的摩尔分数;

　　　　$k_i$——二元系常数, 也是本模型需要优化的参数。

根据不同类型氧离子的含量以及优化的参数 $\alpha$、$k$ 的值, 可结合式(4-2) 和式(4-27) ~式(4-29) 计算相应的黏度值。

## 4.3　模型参数的优化

### 4.3.1　不含 $Al_2O_3$ 体系模型参数的优化

对于不含 $Al_2O_3$ 的硅酸盐体系, 熔渣中主要存在桥氧 $O_{Si}$、非桥氧 $O_{Si}^i$ 和自由氧 $O_i$。针对 $(M_xO)_i$-$SiO_2$ 二元系, 假设自由氧和桥氧反应生成非桥氧 $O_i + O_{Si} = 2O_{Si}^i$ 的平衡常数为正无穷。按照这种原理, 三种类型的氧离子含量可计算为:

(1) 当 $x_{(M_xO)_i} < 2x_{SiO_2}$ 时,

$$n_{O_i} = 0 ; n_{O_{Si}^i} = 2x_{M_xO} ; n_{O_{Si}} = 2x_{SiO_2} - x_{M_xO} \tag{4-30}$$

(2) 当 $x_{(M_xO)_i} > 2x_{SiO_2}$ 时,

$$n_{O_i} = x_{M_xO} - 2x_{SiO_2} ; n_{O_{Si}^i} = 4x_{SiO_2} ; n_{O_{Si}} = 0 \tag{4-31}$$

对于多元系 $\sum (M_xO)_i$-$SiO_2$, 采用如下的计算方法: 首先把所有的碱性氧化物含量加和, 把体系视为伪二元系, 根据式(4-30) 以及式(4-31) 进行计算, 而后按照不同碱性氧化物重新归一化后的摩尔含量计算各自对应的氧离子含量。其计算公式为:

$$n_{O_{Si}^i} = \sum n_{O_{Si}^i} \cdot \left( \frac{x_{(M_xO)_i}}{\sum_i x_{(M_xO)_i}} \right) \tag{4-32}$$

$$n_{O_i} = \sum n_{O_i} \cdot \left( \frac{x_{(M_xO)_i}}{\sum_i x_{(M_xO)_i}} \right) \tag{4-33}$$

模型需要拟合的参数从各个 $M_xO$-$SiO_2$ 二元系获得, 包括 $\alpha_i$、$\alpha_{Si}^i$ 和 $k_i$。但是对于一个特定的二元系 $M_xO$-$SiO_2$, 只有在 $SiO_2$ 摩尔含量小于 1/3 时, 熔渣中才出现自由氧, 从而才能对参数 $\alpha_i$ 进行优化。一般来说, $CaO$-$SiO_2$、$MgO$-$SiO_2$、$SrO$-$SiO_2$、$BaO$-$SiO_2$ 和 $MnO$-$SiO_2$ 体系在 $x_{SiO_2} < 1/3$ 的时候熔点很高, 以致无法进行实验测量; $Li_2O$-$SiO_2$、$Na_2O$-$SiO_2$ 和 $K_2O$-$SiO_2$ 体系在 $x_{SiO_2} < 1/3$ 的时候熔渣中的碱性氧化物高温下挥发严重, 故而文献中没有这种情况下的黏度数据。而 $FeO$-$SiO_2$ 体系由于熔点较低, 并且 $FeO$ 不挥发, 存在相应的黏度数据, 可以对参数 $\alpha_{Fe}$ 进行拟合。

根据 Iida 方程[59], 不同的纯氧化物组元在高温下的黏度活化能与熔点满足:

$$E_i \propto T_m^{1.2} \tag{4-34}$$

式中 $T_m$——组元 $i$ 的熔点，K；

$E_i$——组元 $i$ 的黏度活化能，J/mol。

根据式(4-27)，本模型框架下纯组元 $i$ 的活化能为：

$$E_i = \frac{572516 \times 2}{\alpha_i n_{O_i}} = \frac{572516 \times 2}{\alpha_i} \tag{4-35}$$

故而根据式(4-34) 和式(4-35)，不同碱性氧化物的参数 $\alpha_i$ 反比于其熔点，从而可以根据 FeO 的参数 $\alpha_{Fe}$ 计算其他碱性氧化物的参数，即：

$$\alpha_i = \left(\frac{T_{m,FeO}}{T_{m,i}}\right)^{1.2} \alpha_{Fe} \tag{4-36}$$

FeO-SiO$_2$ 体系采用的实验数据取自 Urbain[53]、Kucharski[60] 和 Shiraishi[61]。其中 Urbain 和 Kucharski 测量了 SiO$_2$ 含量小于 1/3 成分点的黏度，从而可以对三个参数 $\alpha_{Fe}$、$\alpha_{Si}^{Fe}$ 和 $k_{Fe}$ 进行优化，优化后的参数值分别为 33.62、10.76 和 $-2.195 \times 10^{-5}$。本模型计算黏度的平均偏差为 7.2%，计算黏度和实验测量黏度的比较，如图 4-3 所示。

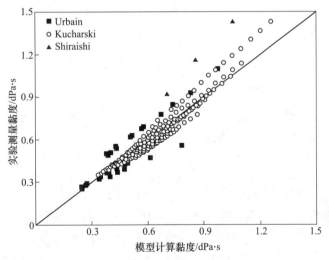

图 4-3 FeO-SiO$_2$ 体系模型计算黏度和实验测量黏度的比较

为了描述该二元系的黏度随 SiO$_2$ 含量的变化趋势，图 4-4 给出了 1523K 和 1623K 时黏度的变化趋势，两个短线之间的部分为根据 Factsage6.1 计算的液相区，液相区外的黏度也在图 4-4 中标出，不过只是假想的纯液相的黏度，不代表真实黏度（下文中，图 4-6、图 4-8、图 4-16 和图 4-18 中也标出了特定温度下 MgO-SiO$_2$、CaO-SiO$_2$、Na$_2$O-SiO$_2$ 和 K$_2$O-SiO$_2$ 的液相区，而 SrO-SiO$_2$，BaO-SiO$_2$ 和 Li$_2$O-SiO$_2$ 二元系的相图由于没有经过评估，故而其液相区没有在图 4-10、图

4-12 和图 4-14 中标出)。由图 4-4 可以看出，在 $SiO_2$ 含量比较高的时候，随碱性氧化物 FeO 的加入，黏度下降很快；而在 $SiO_2$ 的含量比较低的时候，随 FeO 的加入，黏度的变化要缓慢得多。这是因为在 $SiO_2$ 含量比较高的时候，加入少量的 FeO 可以极大地破坏 $SiO_2$ 的网络结构，使其由三维的空间网络逐渐被打断为环状、枝状或链状等链长较短的结构，使黏度急剧下降。而当 $SiO_2$ 含量比较低时，根据 Masson 模型[62]可知，熔渣主要由 $SiO_4^{4-}$、$Si_2O_8^{8-}$ 等链长较短的单元组成，这时继续加入 FeO 对熔渣结构的影响要小得多，故而黏度变化也就相对缓慢。值得注意的是，本模型不能反映 FeO-$SiO_2$ 二元系在 $SiO_2$ 含量为 1/3 附近黏度的极值现象，这可能是由于在该成分点附近熔渣中出现铁橄榄石簇（Fayalite Cluster）[61]，而本模型未考虑这个结构。

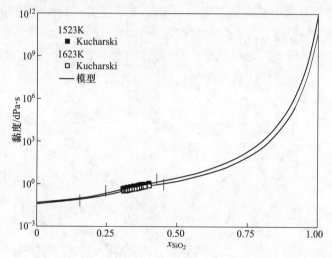

图 4-4　FeO-$SiO_2$ 体系黏度随 $SiO_2$ 摩尔分数的变化

Bockris[63]、Urbain[53,64]和 Hofmaier[65]测量了 MgO-$SiO_2$ 二元系不同温度下的黏度，其中 $SiO_2$ 的摩尔分数为 34% ~ 60%。优化后的参数 $\alpha_{Si}^{Mg}$ 和 $k_{Mg}$ 分别为 6.908 和 $-2.106 \times 10^{-5}$；根据 MgO 熔点（3125K）和式(4-36)，计算的参数 $\alpha_{Mg}$ 为 15.54。模型计算黏度的平均偏差为 8.6%，计算黏度和实验测量黏度的比较如图 4-5 所示，1973K 和 2073K 时黏度随成分的变化如图 4-6 所示。

CaO-$SiO_2$ 二元系的黏度数据取自 Bockris[66]、Urbain[53,64]、Mizoguchi[67]、Ji[68]以及 Kawahara[69]、Machin[70]、Rossin[54]、Yasukouchi[71]、Kozakevitch[72]、Licko[73]和 Hofmaier[65]，$SiO_2$ 的摩尔分数为 40% ~ 70%。优化后的参数 $\alpha_{Si}^{Ca}$ 和 $k_{Ca}$ 分别为 7.422 和 $-2.088 \times 10^{-5}$；结合 CaO 的熔点（2853K）和 FeO 的数据，得出参数 $\alpha_{Ca}$ 的值为 17.34。模型计算黏度的平均偏差为 8.4%，计算黏度和实验测量黏度的比较如图 4-7 所示，1873K 和 1973K 时黏度随成分的变化如图 4-8

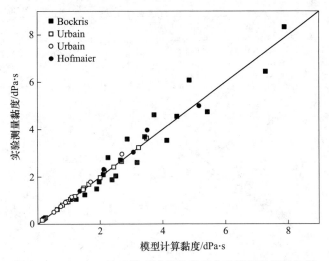

图 4-5 MgO-SiO$_2$ 体系模型计算黏度和实验测量黏度的比较

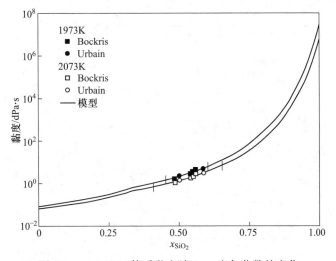

图 4-6 MgO-SiO$_2$ 体系黏度随 SiO$_2$ 摩尔分数的变化

所示。

Bockris[63]、Urbain[53] 和 Mizoguchi[74] 测量了 SrO-SiO$_2$ 体系 SiO$_2$ 摩尔分数在 50%~80% 成分点的黏度值。利用这些实验数据优化后的参数 $\alpha_{Si}^{Sr}$ 和 $k_{Sr}$ 分别为 9.502 和 $-2.45 \times 10^{-5}$；根据 SrO 的熔点（2703K），计算得到参数 $\alpha_{Sr}$ 的值为 18.50。模型计算黏度的平均偏差为 14.4%，计算黏度和实验测量黏度的比较如图 4-9 所示，1873K 和 1973K 时黏度随 SiO$_2$ 含量的变化如图 4-10 所示。

BaO-SiO$_2$ 体系用于模型参数优化的数据取自 Bockris[63]、Urbain[53] 和 Hof-

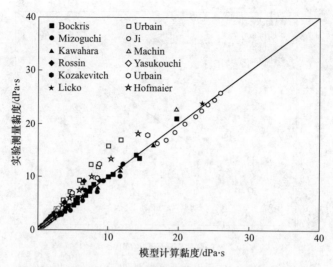

图 4-7　CaO-SiO$_2$ 体系模型计算黏度和实验测量黏度的比较

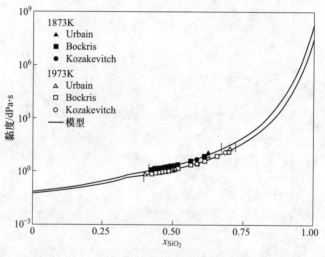

图 4-8　CaO-SiO$_2$ 体系黏度随 SiO$_2$ 摩尔分数的变化

maier[65]，SiO$_2$ 的摩尔分数为 50%~75%。优化后的模型参数 $\alpha_{Si}^{Ba}$ 和 $k_{Ba}$ 分别为 10.3 和 $-2.49 \times 10^{-5}$；根据 BaO 熔点（2196K），计算得到的参数 $\alpha_{Ba}$ 为 23.74。模型计算黏度值的平均偏差为 13.1%，计算黏度和实验测量黏度的比较如图 4-11 所示，1873K 和 1973K 时黏度随 SiO$_2$ 含量的变化如图 4-12 所示。

　　Li$_2$O-SiO$_2$ 体系用于模型优化的数据取自 Bockris[63]、Mizoguchi[74] 和 Shartsis[75]，SiO$_2$ 的摩尔分数为 50%~80%。优化后的模型参数 $\alpha_{Si}^{Li}$ 和 $k_{Li}$ 分别为 11.06 和 $-2.412 \times 10^{-5}$。Li$_2$O 的熔渣在 1973K 以上，文献中没有其具体的值，故而无

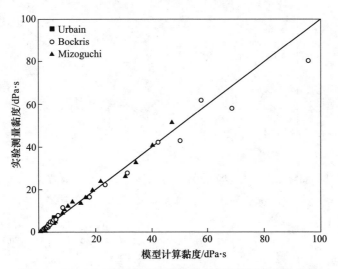

图 4-9  SrO-SiO$_2$ 体系模型计算黏度和实验测量黏度的比较

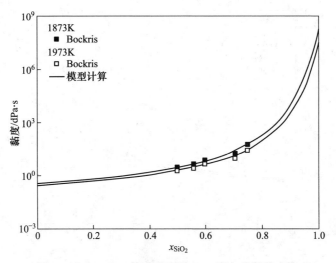

图 4-10  SrO-SiO$_2$ 体系黏度随 SiO$_2$ 摩尔分数的变化

法计算参数 $\alpha_{Li}$ 的值。不过冶金熔渣中 Li$_2$O 的含量一般很低，计算的时候可以忽略自由氧的含量。模型计算黏度的平均偏差为 15.3%，计算黏度和实验测量黏度的比较如图 4-13 所示，1473K 和 1573K 时黏度随 SiO$_2$ 含量的变化如图 4-14 所示。

Na$_2$O-SiO$_2$ 体系用于模型优化的黏度数据取自 Bockris[63] 和 Eipeltauer[76]，SiO$_2$ 的摩尔分数为 55%~75%。对于含 Na$_2$O 和 K$_2$O 的体系，不同研究者测量的

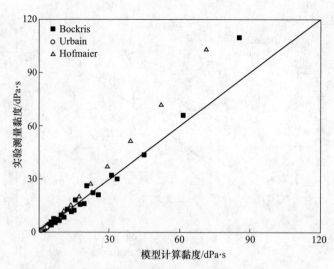

图 4-11　BaO-SiO$_2$ 体系模型计算黏度和实验测量黏度的比较

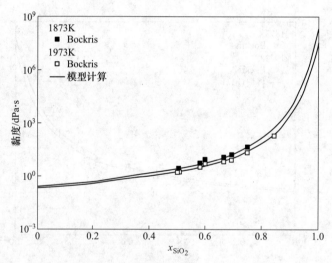

图 4-12　BaO-SiO$_2$ 体系黏度随 SiO$_2$ 摩尔分数的变化

黏度往往有较大的偏差，兼容性较差，这可能与这类氧化物高温下的挥发有关。优化后的模型参数 $\alpha_{Si}^{Na}$ 和 $k_{Na}$ 分别为 13. 35 和 − 2. 767 × 10$^{-5}$；根据 Na$_2$O 的熔点（1405K），计算得到参数 $\alpha_{Na}$ 的值为 40. 56。模型计算黏度的平均偏差为 24. 5%，计算黏度和实验测量黏度的比较如图 4-15 所示，1473K 和 1573K 时黏度随成分的变化如图 4-16 所示。图中在 SiO$_2$ = 1/3 处的突变来自本模型对各种氧离子含量的分段处理以及活化能计算时的假设。

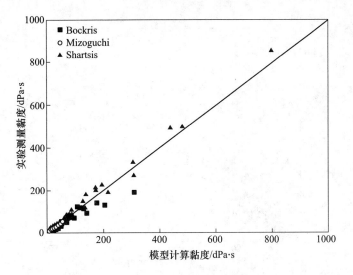

图 4-13 Li$_2$O-SiO$_2$ 体系模型计算黏度和实验测量黏度的比较

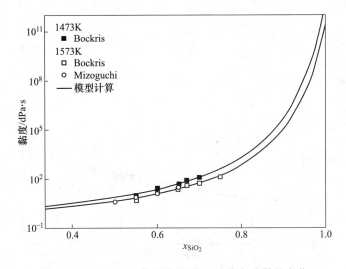

图 4-14 Li$_2$O-SiO$_2$ 体系黏度随 SiO$_2$ 摩尔分数的变化

K$_2$O-SiO$_2$ 体系用于模型参数优化的实验数据取自 Bockris[63] 和 Eipeltauer[76]，SiO$_2$ 的摩尔分数为 60%~80%，拟合过程中删除了部分不符合 Arrhenius 方程的温度点（低于熔点）。优化后的模型参数 $\alpha_{Si}^{K}$ 和 $k_K$ 分别为 16.59 和 $-3.2 \times 10^{-5}$。K$_2$O 加热到 623K 分解，无法测量其熔点，故而参数 $\alpha_K$ 的值无法计算。实际冶金渣系中 K$_2$O 含量很低，仿照 Li$_2$O，在计算的时候可以忽略其对应的自由氧含量。模型计算黏度的平均偏差为 29.9%，计算黏度和实验测量黏度的比较如图 4-17 所示，1473K 和 1573K 时黏度随 SiO$_2$ 含量的变化如图 4-18 所示。

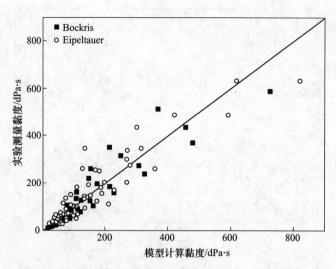

图 4-15　$Na_2O\text{-}SiO_2$ 体系模型计算黏度和实验测量黏度的比较

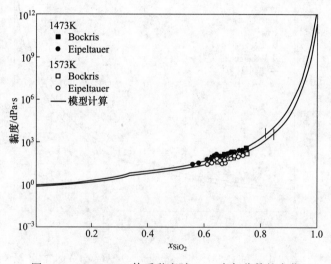

图 4-16　$Na_2O\text{-}SiO_2$ 体系黏度随 $SiO_2$ 摩尔分数的变化

对于 $MnO\text{-}SiO_2$ 体系，不同的研究者测量的兼容性很差[77]，本研究拟采用 $CaO\text{-}MnO\text{-}SiO_2$ 三元系的黏度数据对该二元系的参数进行拟合。$CaO\text{-}MnO\text{-}SiO_2$ 体系的黏度数据取自 Kawahara[69]、Segers[78] 和 Ji[79]，优化后的参数值 $\alpha_{Si}^{Mn}$ 和 $k_{Mn}$ 分别为 8.452 和 $-2.147 \times 10^{-5}$。根据 MnO 的熔点(1923K)，计算得到的参数 $\alpha_{Mn}$ 的值为 27.83。模型计算黏度的平均偏差为 17.1%，计算黏度和实验测量黏度的比较如图 4-19 所示，1823K 时的等黏度图如图 4-20 所示。由图可知，在保

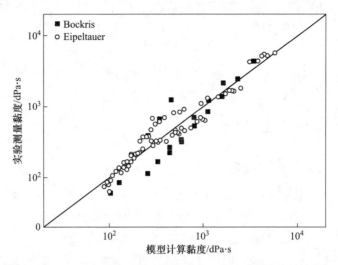

图 4-17 K$_2$O-SiO$_2$ 体系模型计算黏度和实验测量黏度的比较

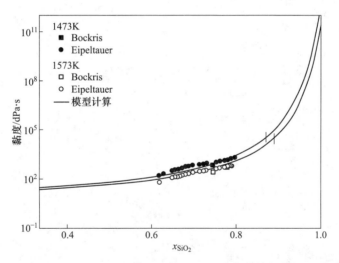

图 4-18 K$_2$O-SiO$_2$ 体系黏度随 SiO$_2$ 摩尔分数的变化

持 SiO$_2$ 含量不变的情况下，等摩尔量的 MnO 替代 CaO 导致体系黏度的下降。

## 4.3.2 不含 Al$_2$O$_3$ 体系模型的外延能力

由上述讨论可知，本模型可以很好地描述 M$_x$O-SiO$_2$ 二元系黏度随成分和温度的变化关系。对于多元系 $\sum_i (M_xO)_i$-SiO$_2$，不需要拟合新的参数。$k$ 值根据式 (4-29) 加权计算，熔渣中不同类型氧的含量根据式 (4-32) 和式 (4-33) 计算。

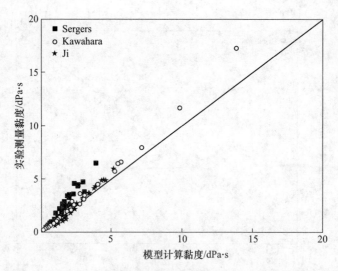

图 4-19　CaO-MnO-SiO$_2$ 体系模型计算黏度和实验测量黏度的比较

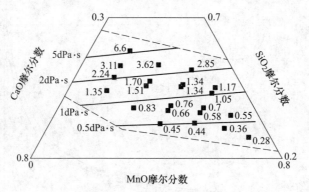

图 4-20　CaO-MnO-SiO$_2$ 体系 1823K 时等黏度图

实验点：■(Kawahara)；

－－－液相线；＿＿等黏度线

把相应的值代入式(4-2)、式(4-27) 和式(4-28)，即可获得相应成分点在不同温度下的黏度值。本节的所有黏度数据均没有参与参数拟合，故而模型的预测效果更能体现本模型的预测能力。下面对各个体系逐一介绍。

#### 4.3.2.1　三元系

CaO-MgO-SiO$_2$ 体系的黏度数据取自 Machin[80,81]、Scarfe[82]、Sykes[83]、Yasukouchi[71] 和 Licko[73]，利用本模型计算的黏度值的平均偏差为 11.0%。其中 Machin 数据的平均偏差为 12.4%；Scarfe 数据的平均偏差为 6.4%；Sykes 数据的平均偏差为 6.0%；Yasukouchi 数据的平均偏差为 8.5%；Licko 数据的平均偏差

为 11.3%。相应的模型计算黏度和实验测量黏度的比较如图 4-21 所示。图 4-22 给出了该体系在 1773K 时的等黏度图，由图可知，相对于 MgO，CaO 更能降低熔渣的黏度。根据单胞模型(Cell Model)[84]，Zhang[1]得出 CaO 破坏 SiO$_2$ 网络结构的能力要强于 MgO，这也与本研究的结论一致。

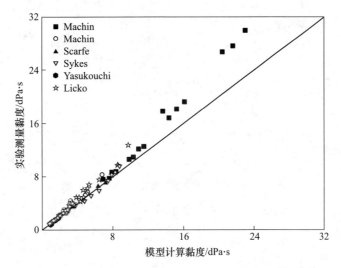

图 4-21　CaO-MgO-SiO$_2$ 体系模型计算黏度和实验测量黏度的比较

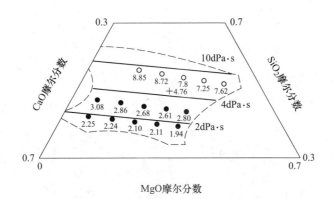

图 4-22　CaO-MgO-SiO$_2$ 体系 1773K 时等黏度图

实验点：○(Machin[80])；●(Machin[81])；+( Scarfe)

--- 液相线；—— 等黏度线

CaO-FeO-SiO$_2$ 体系的黏度数据来自 Kucharski[60] 和 Ji[68]，利用模型计算的黏度值的平均偏差为 12.1%。其中 Kucharski 数据的平均偏差为 27.7%；Ji 数据的平均偏差为 10.5%。模型计算黏度和实验测量黏度的比较如图 4-23 所示。1723K 时该体系的等黏度图如图 4-24 所示，由图可知，FeO 比 CaO 更能降低熔渣的黏度。

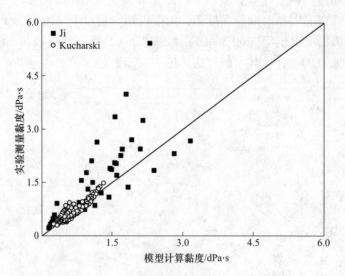

图 4-23　CaO-FeO-SiO$_2$ 体系模型计算黏度和实验测量黏度的比较

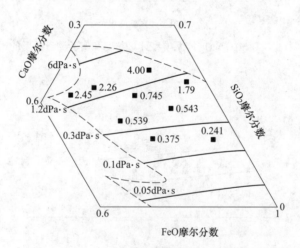

图 4-24　CaO-FeO-SiO$_2$ 体系 1723K 时等黏度图

实验点：■(Ji)

－－－液相线；──等黏度线

　　MgO-FeO-SiO$_2$ 的黏度数据取自 Kucharski[60]，利用模型计算的黏度值的平均偏差为 8.3%。模型计算黏度和实验测量黏度的比较如图 4-25 所示。图 4-26 给出了 1623K 时该体系的等黏度图，由图可知，FeO 比 MgO 更能降低熔渣的黏度。

　　CaO-BaO-SiO$_2$、CaO-Na$_2$O-SiO$_2$ 和 CaO-K$_2$O-SiO$_2$ 体系的黏度数据都取自 Ya-sukouchi[71]，利用本模型计算的黏度值的平均偏差分别为 12.2%、5.0% 和

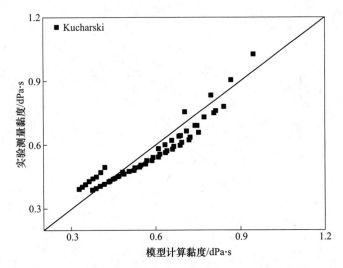

图 4-25　MgO-FeO-SiO$_2$ 体系模型计算黏度和实验测量黏度的比较

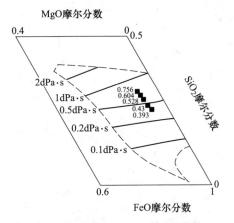

图 4-26　MgO-FeO-SiO$_2$ 体系 1623K 时等黏度图

实验点：■（Kucharski）

－－－液相线；——等黏度线

15.4%。相应的模型计算黏度和实验测量黏度的比较分别如图 4-27 ~ 图 4-29 所示。

### 4.3.2.2　多元系

Ji[79,85] 测量了 CaO-MgO-MnO-SiO$_2$ 和 CaO-FeO-MnO-SiO$_2$ 四元系的黏度。利用本模型计算的黏度值的平均偏差分别为 23.3% 和 13.8%，接近高温黏度测量的

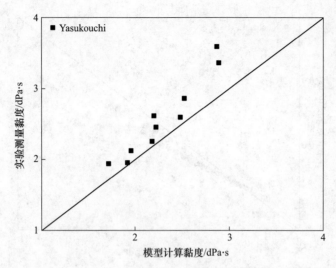

图 4-27    CaO-BaO-SiO$_2$ 体系模型计算黏度和实验测量黏度的比较

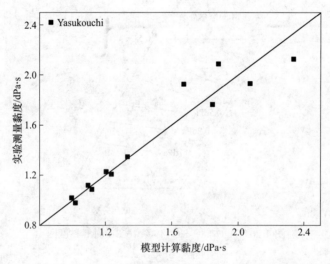

图 4-28    CaO-Na$_2$O-SiO$_2$ 体系模型计算黏度和实验测量黏度的比较

实验误差 25% 左右。相应的模型计算黏度与实验测量黏度的比较如图 4-30 和图 4-31 所示。

### 4.3.3    含 Al$_2$O$_3$ 体系模型参数的优化

预测含 Al$_2$O$_3$ 的硅铝酸盐体系的黏度时需要拟合的参数包括：描述 Al$_2$O$_3$-SiO$_2$ 二元系指前因子对数 ln$A$ 与活化能 $E$ 关系的参数 $k_{Al}$；衡量与未被电荷补偿

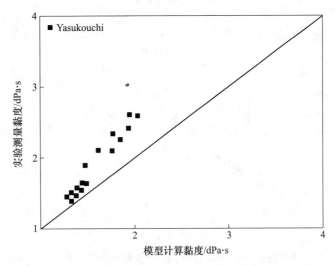

图 4-29 CaO-K$_2$O-SiO$_2$ 体系模型计算黏度和实验测量黏度的比较

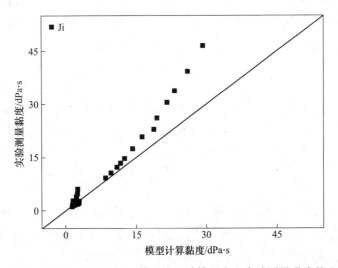

图 4-30 CaO-MgO-MnO-SiO$_2$ 体系模型计算黏度和实验测量黏度的比较

的 Al$^{3+}$ 离子相连的氧离子附近化学键变形能力的参数 $\alpha_{Al}$；衡量与被金属离子 $i$ 电荷补偿的 Al$^{3+}$ 离子相连的桥氧附近化学键变形能力的参数 $\alpha_{Al,i}$；衡量一端与金属离子 $j$ 相连，一端与被 $i$ 离子电荷补偿的 Al$^{3+}$ 离子相连的非桥氧附近化学键变形能力的参数 $\alpha_{Al,i}^{j}$。其中，参数 $k_{Al}$ 和 $\alpha_{Al}$ 可以通过拟合 Al$_2$O$_3$-SiO$_2$ 二元系不同成分和温度时的黏度数据得到；参数 $\alpha_{Al,i}$ 和 $\alpha_{Al,i}^{i}$ 可以通过拟合 (M$_x$O)$_i$-Al$_2$O$_3$-SiO$_2$ 三元系的黏度数据得到；参数 $\alpha_{Al,i}^{j}$（组元 $i$ 比 $j$ 优先参与对 Al$^{3+}$ 离子的电荷

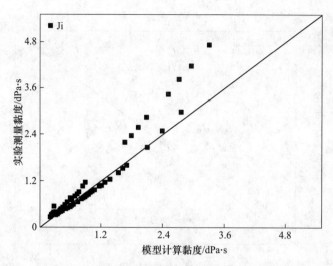

图 4-31　CaO-FeO-MnO-SiO$_2$ 体系模型计算黏度和实验测量黏度的比较

补偿) 可以通过拟合 $(M_xO)_i$-$(M_xO)_j$-Al$_2$O$_3$-SiO$_2$ 四元系的黏度数据得到。对五元以及五元以上含 Al$_2$O$_3$ 的体系进行黏度预测不再需要拟合新的参数。

### 4.3.3.1　Al$_2$O$_3$-SiO$_2$ 二元系

Urbain[53] 和 Rossin[54] 测量了该体系 SiO$_2$ 摩尔分数为 30% ~ 94% 时黏度随成分和温度的变化情况。对于 Al$_2$O$_3$-SiO$_2$ 二元体系, 由于没有碱性氧化物参与电荷补偿, 这时熔渣中只存在两种类型的氧, 即 O$_{Si}$ 和 O$_{Al}$, 其含量可根据 4.2.2 节给出的公式计算。在该体系内, 黏度活化能 [见式(4-27)] 可转变为:

$$E = \frac{572516 \times 2}{n_{O_{Si}} + \alpha_{Al} n_{O_{Al}}} \tag{4-37}$$

优化后的参数 $k_{Al}$ 和 $\alpha_{Al}$ 的值分别为 $-2.594 \times 10^{-5}$ 和 5.671, 模型计算黏度的平均偏差为 30.5%, 计算黏度和实验测量黏度的比较如图 4-32 所示, 2126K 和 2226K 时黏度随 SiO$_2$ 含量的变化如图 4-33 所示。由图可知, 在全浓度范围内, 模型可以很好地描述该体系黏度的变化。

### 4.3.3.2　M$_x$O-Al$_2$O$_3$-SiO$_2$ 三元系

CaO-Al$_2$O$_3$-SiO$_2$ 体系是冶金过程中最基本的渣系, 对其黏度的预测也显得尤为重要。参数优化选择的数据取自 Bills[35]、Johannsen[86]、Kita[87]、Machin[70]、Scarfe[82]、Kozakevitch[72]、Yasukouchi[71] 和 Toplis[14]。该三元系需要优化的参数为 $\alpha_{Al,Ca}$ 和 $\alpha_{Al,Ca}^{Ca}$, 优化后的值分别为 4.996 和 7.115。利用模型计算该体系的黏度值的平均偏差为 21.1%, 模型计算黏度和实验测量黏度的比较

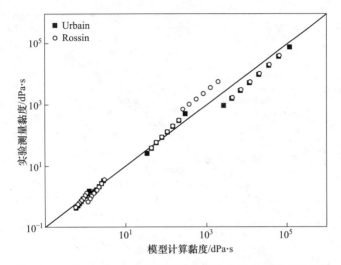

图 4-32　$Al_2O_3$-$SiO_2$ 体系模型计算黏度和实验测量黏度的比较

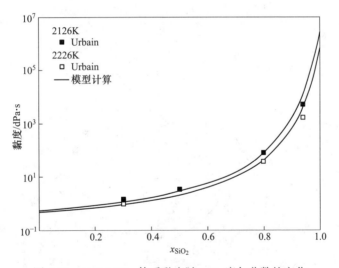

图 4-33　$Al_2O_3$-$SiO_2$ 体系黏度随 $SiO_2$ 摩尔分数的变化

如图 4-34 所示。由图中可以看出，模型可以在很大的黏度范围($10^{-1} \sim 10^5 dPa \cdot s$)内反映黏度随成分和温度的变化。

为了对 $CaO$-$Al_2O_3$-$SiO_2$ 体系有更清楚的了解，图 4-35 给出了 1873K 时的等黏度曲线，实验点也在图中标出。Kozakevitch[72] 通过对该体系的研究得出，其存在 U 形的等黏度曲线，黏度最大值在 $CaO/Al_2O_3 = 1$ 附近。Toplis 的测量结果[14] 也表明该体系的黏度最大值在 $CaO/Al_2O_3 = 1$ 附近。本模型可以很好的符合

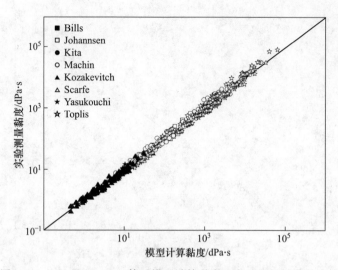

图 4-34　CaO-Al$_2$O$_3$-SiO$_2$ 体系模型计算黏度和实验测量黏度的比较

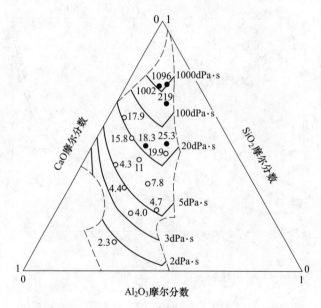

图 4-35　CaO-Al$_2$O$_3$-SiO$_2$ 体系 1873K 时等黏度图

实验点：○（Kozakevitch）；●（Toplis）

– – –液相线；——等黏度线

这一情况，但是由于模型假设碱性氧化物电荷补偿 Al$_2$O$_3$ 的反应的平衡常数为无穷大，模型计算黏度的极值点出现在 CaO/Al$_2$O$_3$ = 1 处。

MgO-Al$_2$O$_3$-SiO$_2$ 体系也是冶金过程的基本渣系，不过 MgO 的含量一般比较低，渣中熔有少量的 MgO 主要是为了减缓渣对炉壁的侵蚀。该体系的实验数据取自 Riebling[88]、Johannsen[86]、Machin[80,81]、Mizoguchi[74] 和 Toplis[14]，优化后参数 $\alpha_{Al,Mg}$ 和 $\alpha_{Al,Mg}^{Mg}$ 的值分别为 5.606 和 3.975。模型计算黏度的平均偏差为 21%，计算黏度和实验测量黏度的比较如图 4-36 所示，1873K 时该体系的等黏度曲线如图 4-37 所示。由图 4-37 可知，在 SiO$_2$ 的摩尔分数很高时，黏度的最大值

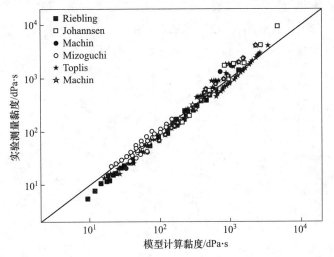

图 4-36　MgO-Al$_2$O$_3$-SiO$_2$ 体系模型计算黏度和实验测量黏度的比较

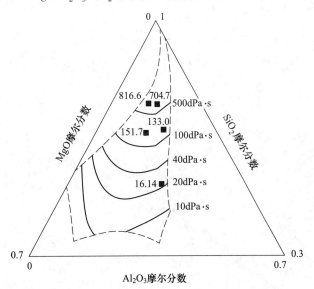

图 4-37　MgO-Al$_2$O$_3$-SiO$_2$ 体系 1873K 时等黏度图

实验点：■（Toplis）

———液相线；———等黏度线

出现在 $MgO/Al_2O_3=1$ 附近，随着 $SiO_2$ 含量的减少，该体系黏度的最大值逐渐偏向 $MgO/Al_2O_3>1$ 侧。Toplis 实验测量也发现，在 $SiO_2$ 的摩尔分数小于 75% 时，保持 $SiO_2$ 的含量不变，逐渐增加 $MgO$ 的含量，体系的黏度增加，并且该体系的黏度最大值出现在高 $MgO$ 一侧，与本模型的预测结果一致。

$SrO-Al_2O_3-SiO_2$ 和 $BaO-Al_2O_3-SiO_2$ 体系的黏度数据取自 Mizoguchi[74] 的测量结果。利用这些数据优化后的参数 $\alpha_{Al,Sr}$、$\alpha_{Al,Sr}^{Sr}$、$\alpha_{Al,Ba}$ 和 $\alpha_{Al,Ba}^{Ba}$ 的值分别为 4.98、9.374、4.27 和 5.602。模型计算黏度的平均偏差分别为 11.8% 和 14.7%，计算黏度和实验测量黏度的比较如图 4-38 和图 4-39 所示。

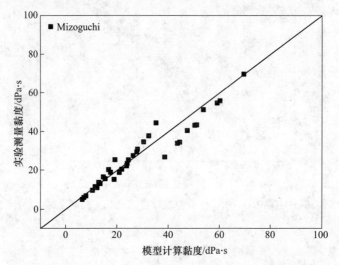

图 4-38　$SrO-Al_2O_3-SiO_2$ 体系模型计算黏度和实验测量黏度的比较

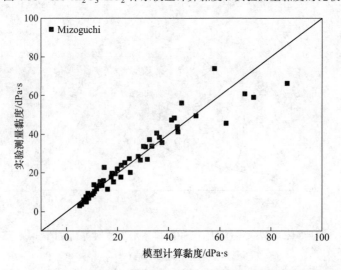

图 4-39　$BaO-Al_2O_3-SiO_2$ 体系模型计算黏度和实验测量黏度的比较

FeO-Al$_2$O$_3$-SiO$_2$ 三元系的黏度数据取自 Johannsen[86] 的工作，优化后参数 $\alpha_{\rm Al,Fe}$ 和 $\alpha_{\rm Al,Fe}^{\rm Fe}$ 的值分别为 8.702 和 6.828，模型计算黏度的平均偏差为 29.8%，计算黏度和实验测量黏度的比较如图 4-40 所示。该体系较大的偏差可能是由于 Fe$^{2+}$离子对 Al$^{3+}$离子的电荷补偿能力较低所致，同时，熔渣中存在的 Fe$^{3+}$离子也是造成较大偏差的原因。

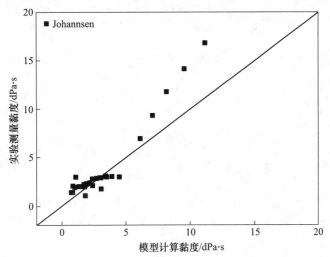

图 4-40　FeO-Al$_2$O$_3$-SiO$_2$ 体系模型计算黏度和实验测量黏度的比较

MnO-Al$_2$O$_3$-SiO$_2$ 体系的黏度数据取自 Urbain[53] 的工作，根据其黏度数据拟合的参数 $\alpha_{\rm Al,Mn}$ 和 $\alpha_{\rm Al,Mn}^{\rm Mn}$ 的值分别为 5.857 和 4.204。模型计算黏度的平均偏差为 28.8%，计算黏度与实验测量黏度的比较如图 4-41 所示。类似 FeO-Al$_2$O$_3$-

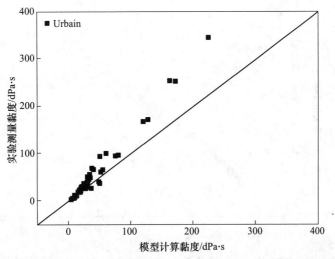

图 4-41　MnO-Al$_2$O$_3$-SiO$_2$ 体系模型计算黏度和实验测量黏度的比较

$SiO_2$ 体系，$Mn^{2+}$ 离子对 $Al^{3+}$ 离子较低的电荷补偿能力，以及熔渣中同时存在的 $Mn^{3+}$ 离子都会造成一定的偏差。

$Li_2O-Al_2O_3-SiO_2$ 体系的黏度数据取自 Mizoguchi[74] 的测量工作，根据这些数据拟合得到的参数 $\alpha_{Al,Li}$ 和 $\alpha_{Al,Li}^{Li}$ 的值分别为 5.918 和 12.01。模型计算黏度的平均偏差为 10.6%，计算黏度和实验测量黏度的比较如图 4-42 所示。

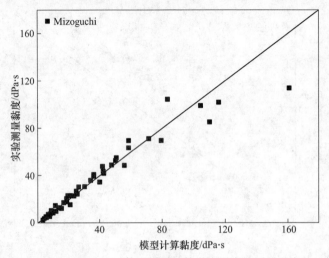

图 4-42　$Li_2O-Al_2O_3-SiO_2$ 体系模型计算黏度和实验测量黏度的比较

$Na_2O-Al_2O_3-SiO_2$ 体系的黏度数据取自 Kou[89] 和 Toplis[15,90] 的工作，利用这些黏度数据优化后的参数 $\alpha_{Al,Na}$ 和 $\alpha_{Al,Na}^{Na}$ 的值分别为 4.308 和 10.46，模型计算黏度的平均偏差为 27.9%，计算黏度与实验测量黏度的比较如图 4-43 所示。由图

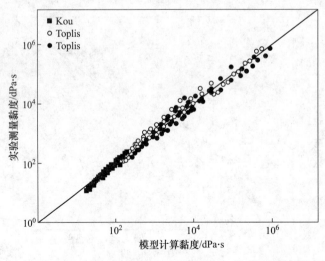

图 4-43　$Na_2O-Al_2O_3-SiO_2$ 体系模型计算黏度和实验测量黏度的比较

可知，在很大的黏度范围内（$10^0 \sim 10^6 dPa \cdot s$）模型计算黏度与实验测量黏度都符合得很好。

$K_2O$-$Al_2O_3$-$SiO_2$ 体系的黏度数据取自 Urbain[53] 和 Mizoguchi[74] 的测量工作（Urbain 只测量了一个高黏度的成分点），利用这些数据优化后的参数 $\alpha_{Al,K}$ 和 $\alpha_{Al,K}^K$ 的值分别为 4.156 和 17.43。模型计算黏度的平均偏差为 31.8%，计算黏度和实验测量黏度的比较如图 4-44 所示。该体系较大的计算偏差可能是由高温下 $K_2O$ 的挥发所致，Mizoguchi 测量的数据 $K_2O$ 的最高摩尔分数达 50%，并且测量后没有重新分析成分。

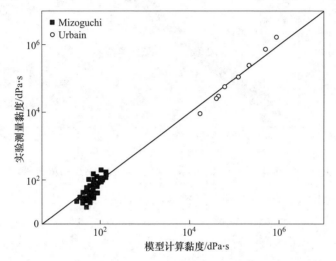

图 4-44　$K_2O$-$Al_2O_3$-$SiO_2$ 体系模型计算黏度和实验测量黏度的比较

### 4.3.3.3　$(M_xO)_i$-$(M_xO)_j$-$Al_2O_3$-$SiO_2$ 四元系

在 $(M_xO)_i$-$(M_xO)_j$-$Al_2O_3$-$SiO_2$ 四元系中，假设 $i$ 离子对 $Al^{3+}$ 离子电荷补偿的优先权高于 $j$ 离子，该四元系只需再拟合一个参数 $\alpha_{Al,i}^j$ 即可。下面对文献中可获得黏度数据的几个四元系进行逐一介绍。

$CaO$-$MgO$-$Al_2O_3$-$SiO_2$ 体系是冶金过程中最常见的渣系（如高炉渣、精炼渣系等），研究其黏度随成分和温度的变化对实际生产具有很重要的意义。针对该体系，Johannsen[86]、Kim[91,92]、Kita[87]、Lee[93]、Machin[80,81,94]、Mishra[95] 和 Scarfe[82] 等很多研究者都进行了研究，研究的成分范围包括 $Al_2O_3$ 含量（质量分数）高达 36% 的高 $Al_2O_3$ 渣。该体系由于 $Mg^{2+}$ 半径较小，其 $I$ 值较大，与周边离子的相互作用较大，其形成的 $Mg\text{-}AlO_4^{4-}$ 结构不如 $Ca\text{-}AlO_4^{4-}$ 四面体结构稳定，故而其对 $Al^{3+}$ 离子的电荷补偿优先权要低于 $Ca^{2+}$ 离子。利用这些不同的研究者提供的大约 600 多组数据拟合后得到的参数 $\alpha_{Al,Ca}^{Mg}$ 的值为 8.334。模型计算黏度的平均偏差为 18.4%，计算黏度与实验测量黏度的比较如图 4-45 所示。由图可知，本模型对该体系具有较强的预测能力，在黏度高达 $10^4 dPa \cdot s$ 时仍能给出很好的计算结果。

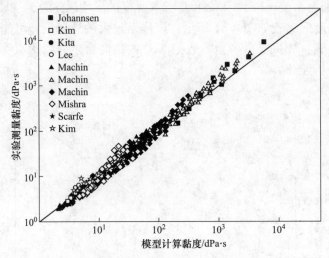

图 4-45　CaO-MgO-Al$_2$O$_3$-SiO$_2$ 体系模型计算黏度和实验测量黏度的比较

CaO-FeO-Al$_2$O$_3$-SiO$_2$ 渣系的黏度数据取自 Higgins[96] 和 Kolesov[52] 的测量工作。该体系中，Fe$^{2+}$离子对 Al$^{3+}$离子的电荷补偿能力低于 Ca$^{2+}$离子，在参与电荷补偿时 Ca$^{2+}$离子优先。根据实验数据优化的参数 $\alpha_{Al,Ca}^{Fe}$ 的值为 8.694，模型计算黏度的平均偏差为 28.1%，计算黏度和实验测量黏度的比较如图 4-46 所示。

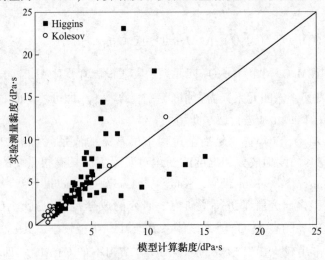

图 4-46　CaO-FeO-Al$_2$O$_3$-SiO$_2$ 体系模型计算黏度和实验测量黏度的比较

Sukenaga[97]测量了 CaO-M$_2$O(M=Na, K)-Al$_2$O$_3$-SiO$_2$ 体系的黏度。通过保持母渣 CaO-Al$_2$O$_3$-SiO$_2$ 体系的成分不变，逐渐增加碱性氧化物的含量发现，往母渣中加入 Na$_2$O 后体系的黏度下降，加入 K$_2$O 后体系的黏度上升。K$_2$O 的这一反常现象目前没有一个黏度模型能给出合理的解释，所有的理论模型预测的趋势都是加入 K$_2$O 后黏度下降。Nakamoto 模型[51]相对于其他模型有较大的进步，不过也只是黏度的下降趋势相对其他模型较为缓和一些，还是不能给出升高的趋势。

究其原因，这些模型在计算含 Al$_2$O$_3$ 体系时都没有考虑不同金属离子对 Al$^{3+}$ 离子电荷补偿的优先顺序，而这一点很有可能就是加入 K$_2$O 后黏度升高的原因。根据 Sukenaga 的实验数据拟合出的参数 $\alpha_{Al,Na}^{Ca}$ 和 $\alpha_{Al,K}^{Ca}$ 的值分别为 9.787 和 7.593，相应的模型计算的偏差分别为 24.7% 和 23.0%，模型计算黏度和实验测量黏度的比较如图 4-47 和图 4-48 所示。较大的实验偏差也可能由 Na$_2$O 和 K$_2$O 在高温下的挥发造成，而 Sukenaga 未对测量后的渣进行成分分析。

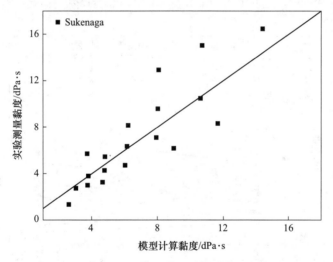

图 4-47 CaO-Na$_2$O-Al$_2$O$_3$-SiO$_2$ 体系模型计算黏度和实验测量黏度的比较

图 4-49 给出了 CaO-SiO$_2$-Al$_2$O$_3$($w_{CaO}=40\%$，$w_{SiO_2}=40\%$，$w_{Al_2O_3}=20\%$）母渣中加入含量（质量分数）分别为 0、5%、10%、15%的 K$_2$O，不同温度下模型计算黏度(本模型和 Nakamoto 模型[71]）和实验测量黏度的比较。由图可知，本模型可以反映出加入 K$_2$O 后黏度升高的趋势，而 Nakamoto 模型只能给出黏度下降的趋势(理论分析详见第 5 章)。

### 4.3.3.4 CaO-MgO-Na$_2$O-Al$_2$O$_3$-SiO$_2$ 五元系

由于文献中没有关于 MgO-Na$_2$O-Al$_2$O$_3$-SiO$_2$ 体系的黏度数据，本节将利用

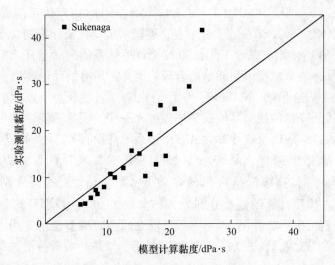

图 4-48　CaO-K$_2$O-Al$_2$O$_3$-SiO$_2$ 体系模型计算黏度和实验测量黏度的比较

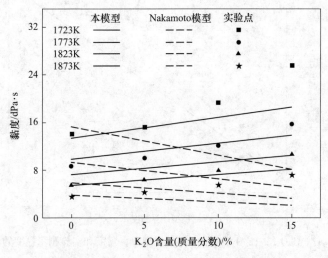

图 4-49　加入不同含量 K$_2$O 对黏度的影响

CaO-MgO-Na$_2$O-Al$_2$O$_3$-SiO$_2$ 体系的黏度数据拟合参数 $\alpha_{Al,Na}^{Mg}$ 的值。Sykes[83] 和 Kim[98] 测量了 CaO-MgO-Na$_2$O-Al$_2$O$_3$-SiO$_2$ 体系不同成分点的黏度。对于该体系，Na$^+$ 离子具有最高的对 Al$^{3+}$ 离子电荷补偿的优先权，其次是 Ca$^{2+}$ 离子和 Mg$^{2+}$ 离子。Skyes 测量的部分成分点满足 $x_{Na_2O} > x_{Al_2O_3}$ 且 $x_{CaO} + x_{MgO} + x_{Na_2O} - x_{Al_2O_3} < 2(2x_{Al_2O_3} + x_{SiO_2})$。在这种情况下，所有的 Al$^{3+}$ 离子由 Na$^+$ 离子参与电荷补偿，各种类型氧离子含量可按照下述（Ⅷ）系列公式计算。Skyes 测量的其余成分点以及 Kim 测量的所有成分点都满足：

$$x_{Na_2O} < x_{Al_2O_3}, \quad x_{Na_2O} + x_{CaO} > x_{Al_2O_3}$$

且　　　　　　$$x_{CaO} + x_{MgO} + x_{Na_2O} - x_{Al_2O_3} < 2(2x_{Al_2O_3} + x_{SiO_2})$$

即所有的 $Na^+$ 离子都参与电荷补偿；一部分 $Ca^{2+}$ 参与电荷补偿，一部分参与形成非桥氧；所有的 $Mg^{2+}$ 离子都参与形成非桥氧；剩余的碱性氧化物不足以打断所有的桥氧。这种情况下，各种类型的氧离子含量可按照下述（Ⅸ）系列公式计算。优化后参数 $\alpha_{Al,Na}^{Mg}$ 的值为 8.015，$CaO$-$MgO$-$Na_2O$-$Al_2O_3$-$SiO_2$ 体系模型计算的黏度的平均偏差为 25.7%，模型计算黏度和实验测量黏度的比较如图 4-50 所示。

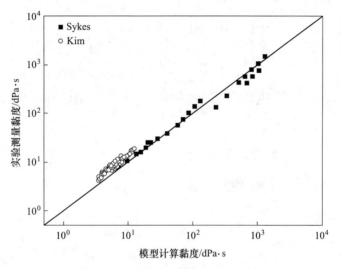

图 4-50　$CaO$-$MgO$-$Na_2O$-$Al_2O_3$-$SiO_2$ 体系模型计算黏度和实验测量黏度的比较

（Ⅷ）与 $Al^{3+}$ 离子相连的非桥氧的计算公式为：

$$n_{O_{Al,Na}^{Na}} = 2(x_{Na_2O} - x_{Al_2O_3}) \frac{2x_{Al_2O_3}}{2x_{Al_2O_3} + x_{SiO_2}} \tag{4-38}$$

$$n_{O_{Al,Na}^{Ca}} = 2x_{CaO} \frac{2x_{Al_2O_3}}{2x_{Al_2O_3} + x_{SiO_2}} \tag{4-39}$$

$$n_{O_{Al,Na}^{Mg}} = 2x_{MgO} \frac{2x_{Al_2O_3}}{2x_{Al_2O_3} + x_{SiO_2}} \tag{4-40}$$

与 $Si^{4+}$ 离子相连的非桥氧的计算公式为：

$$n_{O_{Si}^{Na}} = 2(x_{Na_2O} - x_{Al_2O_3}) \frac{x_{SiO_2}}{2x_{Al_2O_3} + x_{SiO_2}} \tag{4-41}$$

$$n_{O_{Si}^{Ca}} = 2x_{CaO} \frac{x_{SiO_2}}{2x_{Al_2O_3} + x_{SiO_2}} \tag{4-42}$$

$$n_{O_{Si}^{Mg}} = 2x_{MgO} \frac{x_{SiO_2}}{2x_{Al_2O_3} + x_{SiO_2}} \tag{4-43}$$

桥氧的计算公式为：

$$n_{O_{Al,Na}} = 4x_{Al_2O_3} - \frac{n_{O_{Al,Na}^{Na}}}{2} - \frac{n_{O_{Al,Na}^{Ca}}}{2} - \frac{n_{O_{Al,Na}^{Mg}}}{2} \tag{4-44}$$

$$n_{O_{Si}} = 2x_{SiO_2} - \frac{n_{O_{Si}^{Na}}}{2} - \frac{n_{O_{Si}^{Ca}}}{2} - \frac{n_{O_{Si}^{Mg}}}{2} \tag{4-45}$$

（Ⅸ）与 $Ca^{2+}$ 离子相连的非桥氧的计算公式为：

$$n_{O_{Al,Na}^{Ca}} = 2(x_{CaO} + x_{Na_2O} - x_{Al_2O_3}) \frac{2x_{Na_2O}}{2x_{Al_2O_3} + x_{SiO_2}} \tag{4-46}$$

$$n_{O_{Al,Ca}^{Ca}} = 2(x_{CaO} + x_{Na_2O} - x_{Al_2O_3}) \frac{2(x_{Al_2O_3} - x_{Na_2O})}{2x_{Al_2O_3} + x_{SiO_2}} \tag{4-47}$$

$$n_{O_{Si}^{Ca}} = 2(x_{CaO} + x_{Na_2O} - x_{Al_2O_3}) \frac{x_{SiO_2}}{2x_{Al_2O_3} + x_{SiO_2}} \tag{4-48}$$

与 $Mg^{2+}$ 离子相连的非桥氧的计算公式为：

$$n_{O_{Al,Na}^{Mg}} = 2x_{MgO} \frac{2x_{Na_2O}}{2x_{Al_2O_3} + x_{SiO_2}} \tag{4-49}$$

$$n_{O_{Al,Ca}^{Mg}} = 2x_{MgO} \frac{2(x_{Al_2O_3} - x_{Na_2O})}{2x_{Al_2O_3} + x_{SiO_2}} \tag{4-50}$$

$$n_{O_{Si}^{Mg}} = 2x_{MgO} \frac{x_{SiO_2}}{2x_{Al_2O_3} + x_{SiO_2}} \tag{4-51}$$

桥氧的计算公式为：

$$n_{O_{Al,Na}} = 4x_{Na_2O} - \frac{n_{O_{Al,Na}^{Ca}}}{2} - \frac{n_{O_{Al,Na}^{Mg}}}{2} \tag{4-52}$$

$$n_{O_{Al,Ca}} = 4(x_{Al_2O_3} - x_{Na_2O}) - \frac{n_{O_{Al,Ca}^{Ca}}}{2} - \frac{n_{O_{Al,Ca}^{Mg}}}{2} \tag{4-53}$$

$$n_{O_{Si}} = 2x_{SiO_2} - \frac{n_{O_{Si}^{Ca}}}{2} - \frac{n_{O_{Si}^{Mg}}}{2} \tag{4-54}$$

### 4.3.4　含 $Al_2O_3$ 体系模型的外延能力

本节所有体系黏度的计算均是基于上述体系拟合得到的参数，不再拟合新的参数。

#### 4.3.4.1　一元系

纯组元由于熔点较高，实验测量其黏度非常困难，文献中很少有这方面的数据。Rossin[54] 和 Urbain[99] 测量了不同温度下 $Al_2O_3$ 的黏度值。把本模型对 $Al_2O_3$-$SiO_2$ 二元系的预测外推到 $SiO_2$ 含量为 0，计算各个温度下的 $Al_2O_3$ 的黏度，并与实验测量数据比较。模型计算黏度的平均偏差为 4.8%，其中 Rossin 的平均偏差为 3.3%；Urbain 的平均偏差为 5.2%。计算黏度和实验测量黏度的比较如图 4-51 所示，计算结果表明模型具有较强的外延能力。

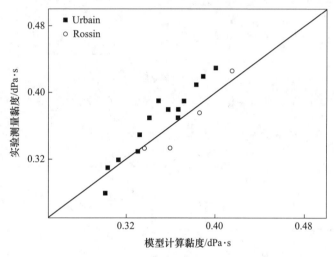

图 4-51　$Al_2O_3$ 体系模型计算黏度和实验测量黏度的比较

#### 4.3.4.2　二元系

$CaO$-$Al_2O_3$ 二元系是炼钢过程中精炼渣的主要成分，对其黏度的准确预测具有很重要的实际意义。根据 $CaO$-$Al_2O_3$-$SiO_2$ 体系外推至 $SiO_2$ 的含量为 0，可以计算 $CaO$-$Al_2O_3$ 体系的黏度。与 Rossin[54] 和 Urbain[100] 的实验测量数据比较，模型计算黏度的平均偏差为 25.7%，其中 Rossin 数据的平均偏差为 17.1%，Urbain 数据的平均偏差为 38.4%。计算黏度和实验测量黏度的比较如图 4-52 所示。其他的黏度模型对该体系并不能进行很好的预测。

#### 4.3.4.3　三元系

Vidacak[101] 测量了 $CaO$-$FeO$-$Al_2O_3$ 体系在不同温度下的黏度，利用本黏度模型，外推到 $SiO_2$ 的含量为 0，可以计算该体系的黏度。模型计算黏度与实验测量黏度的平均偏差为 24.4%，二者的比较如图 4-53 所示。根据图 4-51～图 4-53 可

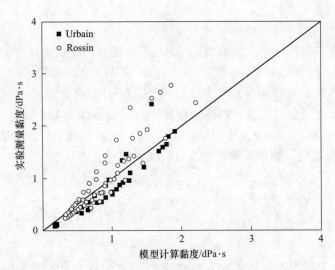

图 4-52　CaO-Al$_2$O$_3$ 体系模型计算黏度和实验测量黏度的比较

知，本模型可以满足不含 SiO$_2$ 熔渣体系黏度的计算。

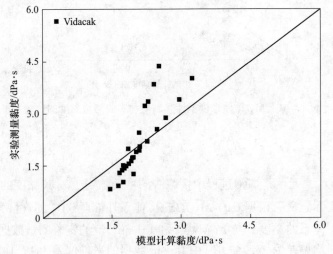

图 4-53　CaO-FeO-Al$_2$O$_3$ 体系模型计算黏度和实验测量黏度的比较

#### 4.3.4.4　多元系

Kim[92] 和 Higgins[96] 测量了 CaO-MgO-FeO-Al$_2$O$_3$-SiO$_2$ 五元系的黏度，所有的成分点均满足，$x_{CaO} > x_{Al_2O_3}$，且 $(x_{CaO} - x_{Al_2O_3}) + x_{MgO} + x_{FeO} < 2(2x_{Al_2O_3} + x_{SiO_2})$。由于 Ca$^{2+}$ 离子对 Al$^{3+}$ 离子的电荷补偿的优先权高于 Mg$^{2+}$ 离子和 Fe$^{2+}$ 离子，故而

所有的 $Al^{3+}$ 离子均由 $Ca^{2+}$ 离子电荷补偿，并且补偿完 $Al_2O_3$ 剩余的碱性氧化物不足以反应掉所有的桥氧。此时熔渣中不存在自由氧，只有与得到电荷补偿的 $Al^{3+}$ 离子相连的三种非桥氧 $O_{Al,Ca}^{Ca}$、$O_{Al,Ca}^{Mg}$ 和 $O_{Al,Ca}^{Fe}$；与 $Si^{4+}$ 离子相连的三种非桥氧 $O_{Si}^{Ca}$、$O_{Si}^{Mg}$ 和 $O_{Si}^{Fe}$；与 $Si^{4+}$ 离子相连的桥氧 $O_{Si}$；与得到电荷补偿的 $Al^{3+}$ 离子相连的桥氧 $O_{Al,Ca}$。各种氧离子含量可按照 4.2.2 节中的系列公式计算。结合以上各式计算的不同类型的氧离子的含量对该体系的黏度进行预测（见图 4-54），模型计算黏度的平均偏差为 13.5%，其中 Kim 数据的平均偏差为 13.8%；Higgins 数据的平均偏差为 13.3%。

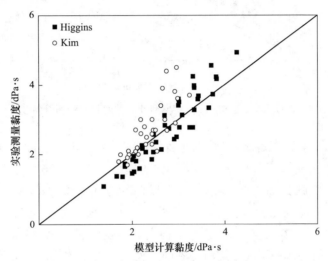

图 4-54　$CaO$-$MgO$-$FeO$-$Al_2O_3$-$SiO_2$ 体系模型计算黏度和实验测量黏度的比较

## 4.4　模型的应用

### 4.4.1　含 $CaF_2$ 渣系

由于缺少相应的实验测量，文献中无法查到 $CaF_2$-$SiO_2$ 二元系的黏度数据，参数 $k_{CaF_2}$ 和 $\alpha_{CaF_2}$ 根据 $CaO$-$FeO$-$CaF_2$-$SiO_2$ 体系的黏度数据优化。实验数据取自：Yasukouch[71] 和 Shiraishi[103] 测量的 $CaO$-$CaF_2$-$SiO_2$ 三元系的黏度；Shahbazian[104-106] 测量的大量的 $CaO$-$FeO$-$CaF_2$-$SiO_2$ 四元系的黏度。根据近 400 组实验数据，拟合得到的参数 $k_{CaF_2}$ 和 $\alpha_{CaF_2}$ 分别为 $-2.352×10^{-5}$ 和 23.7。模型计算黏度的平均偏差为 31.5%，模型计算黏度和实验测量黏度的比较如图 4-55 所示。较大的计算偏差可能来自：不同研究者测量结果存在较大的不兼容性；高温测量过程中 $CaF_2$ 的挥发；高 FeO 的熔渣中存在一定量的 $Fe^{3+}$ 离子（Shahbazian 的数据 FeO 摩尔分数高达 64%）；本模型在处理 $CaF_2$ 时忽略了 $CaF_2$ 对熔渣结构的修饰作用，而只是把其当成稀释剂。

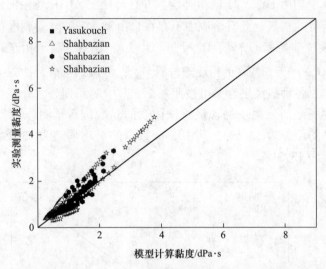

图 4-55  CaO-FeO-CaF$_2$-SiO$_2$ 体系模型计算黏度和实验测量黏度的比较

  CaO-CaF$_2$-SiO$_2$ 三元渣系是炼钢连铸保护渣的基本渣系，故而研究该体系黏度随成分的变化规律至关重要。基于优化的模型参数，1873K 时 CaO-CaF$_2$-SiO$_2$ 三元系的等黏度图如图 4-56 所示。现在以两种方式考察 CaF$_2$ 对熔渣黏度的影响：第一种是直接在 CaO-SiO$_2$ 二元渣系中加入 CaF$_2$；另一种是等摩尔量的 CaF$_2$ 代替 CaO。由图 4-56 可知，对于前一种方式，熔渣的黏度下降。虽然研究表明[26,27] CaF$_2$ 的加入并不改变熔渣中不同类型聚阴离子的相对百分比，但是加入 CaF$_2$ 后，这些离子团的绝对含量在下降，并且 CaF$_2$ 的加入为黏性流动提供了新的断点，从而造成熔渣黏度的下降。对于第二种方式，当以等摩尔量的 CaF$_2$ 替代 CaO，由图 4-56 可以看出，在碱度较低的时候会导致熔渣的黏度下降，而在碱度较高的时候等量的替代对熔渣黏度的影响不大。Nakamoto[50] 和 Miyabayashi[37] 的研究也得到了相似的结论。这是因为碱度较低的时候，少量断点的引入使黏度的活化能急剧下降，从而使黏度迅速下降；而当碱度较高的时候，由于熔渣中大部分都是链长较短的硅氧聚阴离子，此时黏度活化能变化较为平缓，从而黏度的变化也较小。

  Kim[29] 测定了 CaO-Na$_2$O-CaF$_2$-SiO$_2$ 四元系 4 个成分点黏度随成分和温度的变化情况。该体系存在两种碱性氧化物 CaO 和 Na$_2$O，Stebbins[32] 的研究表明 F$^-$ 离子更倾向于和静电场强度较高的网络修饰阳离子成键，故而仍可认为 Ca-F 为主要的 F$^-$ 离子的配位状态，而忽略 Na-F 的存在。采用前面得到的参数对该体系的黏度进行计算，模型计算黏度和实验测量黏度的比较如图 4-57 所示，相应的平均偏差为 24.3%。

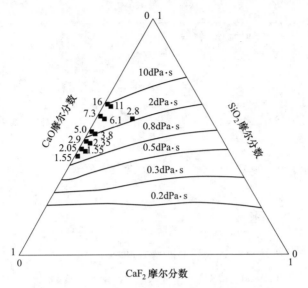

图 4-56　CaO-CaF$_2$-SiO$_2$ 体系 1873K 时等黏度图

实验点：■(Shiraishi[102])

——等黏度线

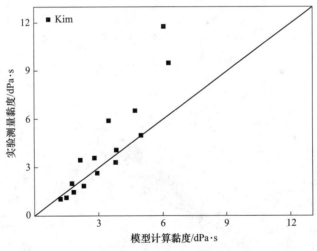

图 4-57　CaO-Na$_2$O-CaF$_2$-SiO$_2$ 体系模型计算黏度和实验测量黏度的比较

CaO-FeO-CaF$_2$-Al$_2$O$_3$-SiO$_2$ 体系的黏度数据取自 Shahbazian[107] 的测量工作。模型计算黏度的平均偏差为 19.1%，计算黏度和实验测量黏度的比较如图 4-58 所示。图 4-58 中椭圆内的点 FeO 和 SiO$_2$ 的含量为 0，相当于 CaO-CaF$_2$-Al$_2$O$_3$ 三元系。故而本黏度模型具有较好的外延能力，适用于 SiO$_2$ 含量为 0 情况下黏度的预测。

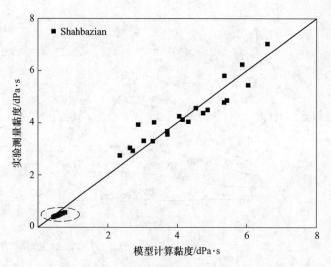

图 4-58　CaO-FeO-CaF$_2$-Al$_2$O$_3$-SiO$_2$ 体系模型计算黏度和实验测量黏度的比较

### 4.4.2　含 TiO$_2$ 渣系

结合文献中的实验数据[38,109-118]，与 TiO$_2$ 相关的模型参数 $k_{Ti}$ 和 $\alpha_{Ti}$ 的值分别为 $-0.926 \times 10^{-5}$ 和 3.032。不同研究者测量的含 TiO$_2$ 渣系的黏度值与模型计算黏度值之间的比较如图 4-59 所示，模型计算值的平均偏差为 22.9%。

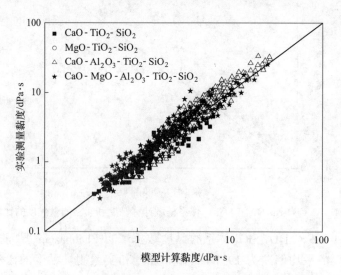

图 4-59　含 TiO$_2$ 体系模型计算黏度与实验测量黏度的比较

Dingwell[108]在 TiO$_2$ 摩尔分数为 0~10% 测量了 CaSiO$_3$-TiO$_2$ 体系的黏度值，

如图 4-60 所示。从图 4-60 可以看出，模型计算黏度与实验测量黏度符合得很好，并且在给定的温度下，黏度随 $TiO_2$ 含量的增加而减少。

Ohno 和 Ross[109] 测量了在 1400℃ 和 1500℃ 时，CaO-20% $Al_2O_3$-$TiO_2$-$SiO_2$ 体系（质量分数）在 $TiO_2$ 含量（质量分数）为 0~45% 的黏度，如图 4-61 所示。从图可以看出，黏度随着 $TiO_2$ 含量和二元碱度（$CaO/SiO_2$）的增加而减少；同时，在碱度较低时，随着 $TiO_2$ 含量的增加，黏度迅速下降，而在高碱度的情况下黏度随 $TiO_2$ 含量的增加变化缓慢。

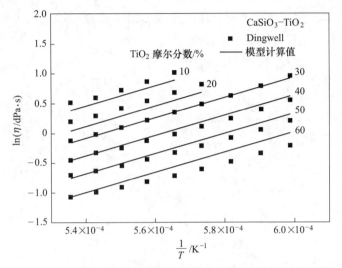

图 4-60 $CaSiO_3$-$TiO_2$ 体系模型计算黏度和实验测量黏度的比较

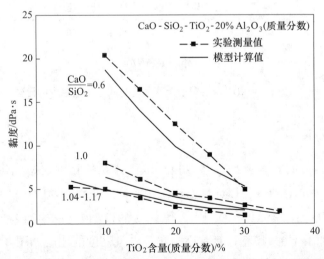

图 4-61 CaO-$Al_2O_3$-$TiO_2$-$SiO_2$ 体系模型计算黏度和实验测量黏度的比较

### 4.4.3　含 Fe₂O₃ 渣系

与 Fe₂O₃ 相关的黏度模型的参数根据以下体系的黏度数据优化得到：CaO-Fe₂O₃[117,118]，CaO-SiO₂-Fe₂O₃[117,118]，MgO-SiO₂-Fe₂O₃[118]，Na₂O-SiO₂-Fe₂O₃[118]，CaO-Al₂O₃-Fe₂O₃[117]，CaO-Al₂O₃-SiO₂-Fe₂O₃[117]，SiO₂-FeO-Fe₂O₃[53,61]，CaO-SiO₂-FeO-Fe₂O₃[102,53,119,120]，CaO-Al₂O₃-FeO-Fe₂O₃[102]，以及 CaO-MgO-Al₂O₃-SiO₂-FeO-Fe₂O₃[119]。优化后的模型参数 $k_{Ti}$ 和 $\alpha_{Ti}$ 的值分别为 $-2.470 \times 10^{-5}$ 和 8.760，模型计算黏度与实验测量黏度的比较如图 4-62 所示。由图可知，模型能够很好地反映 Fe₂O₃ 对熔渣黏度的影响。

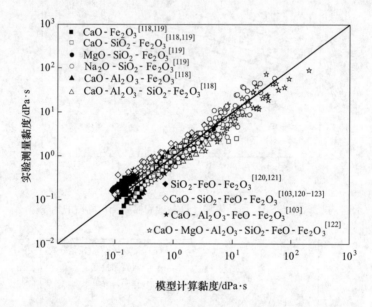

图 4-62　含 Fe₂O₃ 体系模型计算黏度与实验测量黏度的比较

### 4.4.4　含 P₂O₅ 渣系

与 P₂O₅ 相关的黏度模型的参数根据以下体系的黏度数据优化得到：CaO-P₂O₅[121]，Na₂O-P₂O₅[122]，CaO-MnO-SiO₂-P₂O₅[69]，Na₂O-Al₂O₃-SiO₂-P₂O₅[43]，以及 Na₂O-K₂O-Al₂O₃-SiO₂-P₂O₅[123]。优化后的模型参数 $k_{Ti}$ 和 $\alpha_{Ti}$ 的值分别为 $-2.310 \times 10^{-5}$ 和 1.413。模型计算黏度与实验测量黏度的比较如图 4-63 所示。由图可知，模型能够很好地反映 P₂O₅ 对熔渣黏度的影响，并且对于高黏度的渣系同样具有较好的预测效果。

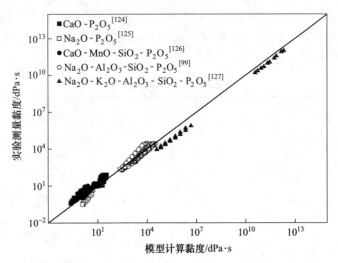

图 4-63 含 $P_2O_5$ 体系模型计算黏度与实验测量黏度的比较

## 4.5 讨论

### 4.5.1 模型分析

#### 4.5.1.1 模型参数

本黏度模型一共含有两类参数其分别为联系指前因子对数 $\ln A$ 与黏度活化能 $E$ 的 $k$，以及描述某种结构单元附近化学键变形能力的参数 $\alpha$。模型中的 $k_i$ 是根据 $(M_xO)_i$-$SiO_2$ 二元系的黏度数据优化得到，多元系的 $k$ 根据式(4-29) 由二元系的 $k_i$ 计算。

与熔渣中的氧离子类型 $O_{Si}$、$O_i$、$O_{Si}^i$、$O_{Al}$、$O_{Al,i}$ 和 $O_{Al,i}^j$ 相对应，黏度模型定义了六种 $\alpha$，即 $\alpha_{Si}=1$，$\alpha_i$，$\alpha_{Si}^i$，$\alpha_{Al}$，$\alpha_{Al,i}$，$\alpha_{Al,i}^j$，当然还有与 $P_2O_5$、$TiO_2$、$Fe_2O_3$ 和 $CaF_2$ 对应的 $\alpha_P$、$\alpha_{Ti}$、$\alpha_{Fe(III)}$ 和 $\alpha_{CaF_2}$。其中，$\alpha_i$ 和 $\alpha_{Si}^i$（以及 $k_i$）根据 $(M_xO)_i$-$SiO_2$ 二元系的黏度数据拟合；参数 $\alpha_{Al,i}$ 和 $\alpha_{Al,i}^i$ 通过拟合 $(M_xO)_i$-$Al_2O_3$-$SiO_2$ 三元系的黏度数据得到；参数 $\alpha_{Al,i}^j$ 通过拟合 $(M_xO)_i$-$(M_xO)_j$-$Al_2O_3$-$SiO_2$ 四元系的黏度数据得到。对五元以及五元以上的熔渣体系进行黏度预测时直接根据在低元系拟合得到的参数进行计算。利用文献中黏度数据，对模型的参数进行优化。优化得到的 MgO-CaO-SrO-BaO-$Li_2O$-$Na_2O$-$K_2O$-FeO-MnO-$Al_2O_3$-$SiO_2$-$CaF_2$-$TiO_2$-$Fe_2O_3$-$P_2O_5$ 体系的参数见表 4-1 和表 4-2。需要指出的是，由于文献中的可利用的黏度数据有限，部分模型参数无法得到拟合（如 $\alpha_{Al,K}^{Fe}$ 等），类似这种情况，对于未得到拟合的参数 $\alpha_{Al,i}^j$，可近似地认为 $\alpha_{Al,i}^j=\alpha_{Si}^i$。对于实际冶炼渣系，

根据以上五条规则计算氧离子的含量，含量较高的 $O^j_{Al,i}$ 对应的参数 $\alpha^j_{Al,i}$ 已基本得到拟合，未得到拟合的 $\alpha^j_{Al,i}$ 对应的氧离子的含量往往较低，故而该近似不会引起太大的计算误差。

**表 4-1　黏度模型参数**

| $i$ | $k_i$ | $\alpha^i_{Si}$ | $\alpha_i$ | $\alpha_{Al,i}$ | $\alpha^i_{Al,i}$ |
|---|---|---|---|---|---|
| Mg | $-2.106\times10^5$ | 6.908 | 15.54 | 5.606 | 3.975 |
| Ca | $-2.088\times10^5$ | 7.422 | 17.34 | 4.996 | 7.115 |
| Sr | $-2.450\times10^5$ | 9.502 | 18.50 | 4.980 | 9.374 |
| Ba | $-2.490\times10^5$ | 10.30 | 23.74 | 4.270 | 5.602 |
| Fe | $-2.195\times10^5$ | 10.76 | 33.62 | 8.702 | 6.828 |
| Mn | $-2.147\times10^5$ | 8.452 | 27.83 | 5.857 | 4.204 |
| Li | $-2.412\times10^5$ | 11.06 | 33.18 | 5.918 | 12.01 |
| Na | $-2.767\times10^5$ | 13.35 | 40.56 | 4.308 | 10.46 |
| K | $-3.200\times10^5$ | 16.59 | 49.77 | 4.156 | 17.43 |
| Al | $-2.594\times10^5$ | — | 5.671 | — | — |
| Ti | $-0.926\times10^5$ | — | 3.032 | — | — |
| P | $-2.310\times10^5$ | — | 1.413 | — | — |
| Fe(Ⅲ) | $-2.470\times10^5$ | — | 8.760 | — | — |
| CaF$_2$ | $-2.352\times10^5$ | — | 23.70 | — | — |

**表 4-2　黏度模型参数 $\alpha^j_{Al,i}$**

| $\alpha^{Mg}_{Al,Ca}$ | $\alpha^{Fe}_{Al,Ca}$ | $\alpha^{Mn}_{Al,Ca}$ | $\alpha^{Mg}_{Al,Na}$ | $\alpha^{Ca}_{Al,Li}$ | $\alpha^{Ca}_{Al,Na}$ | $\alpha^{Ca}_{Al,K}$ | $\alpha^{Na}_{Al,K}$ |
|---|---|---|---|---|---|---|---|
| 8.334 | 8.694 | 8.040 | 8.015 | 13.72 | 9.787 | 7.593 | 16.46 |

参数 $\alpha^i_{Si}$ 可以衡量非桥氧 $O^i_{Si}$ 附近化学键的变形能力，根据表 4-1 中的参数值，对于碱土金属氧化物有 $\alpha^{Mg}_{Si} < \alpha^{Ca}_{Si} < \alpha^{Sr}_{Si} < \alpha^{Ba}_{Si}$；对于碱金属氧化物有 $\alpha^{Li}_{Si} < \alpha^{Na}_{Si} < \alpha^{K}_{Si}$。原子序数越大，其对应的参数 $\alpha^i_{Si}$ 也越大，即这种类型的非桥氧附近化学键的变形能力越大。这是因为对于同族元素，其离子半径越大，与氧离子形成的键的键强越低，在外力作用下的变形能力也就越大，反映到参数 $\alpha^i_{Si}$ 上其值也就越大。把各元素对应的参数 $\alpha^i_{Si}$ 与描述金属离子和氧离子静电作用的参数 $I$ 作图，如图 4-64 所示。由图 4-64 可知，$I$ 的值越大，参数 $\alpha^i_{Si}$ 的值越小。这是因为 $I$ 越大，金属离子与氧离子的交互作用越强，抗拒变形的能力也就越大，从而也就对应较小的 $\alpha^i_{Si}$。Fe 和 Mn 对应的参数 $\alpha^i_{Si}$ 与 $I$ 的值的关系不符合图 4-64，这可能由二者对应的金属离子-氧离子键强不能完全由参数 $I$ 衡量所致。

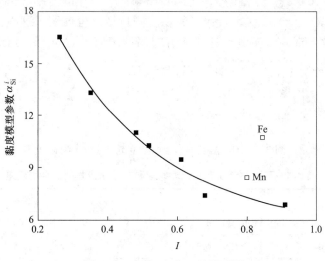

图 4-64　参数 $\alpha_{Si}^{i}$ 与 $I$ 的关系图

对于参数 $\alpha_{Al,i}$ 和 $\alpha_{Al,i}^{i}$，二者是根据 $M_xO\text{-}Al_2O_3\text{-}SiO_2$ 体系的黏度数据同时拟合出来的，由于参数对数据的敏感性以及含 $Al_2O_3$ 渣系黏度的复杂行为，在拟合过程中两个参数可以互相补偿，因此得到的参数的规律性与参数 $\alpha_{Si}^{i}$ 相比要差。但是根据表 4-1，由冶金过程中常见的 MgO、CaO、$Na_2O$ 和 $K_2O$ 对应的参数 $\alpha_{Al,i}$ 和 $\alpha_{Al,i}^{i}$ 的大小可以看出，碱性越强的氧化物（碱性的顺序为 $K_2O>Na_2O>CaO>MgO$），对应的参数 $\alpha_{Al,i}$ 越小，$\alpha_{Al,i}^{i}$ 越大，即：$\alpha_{Al,K}<\alpha_{Al,Na}<\alpha_{Al,Ca}<\alpha_{Al,Mg}$，$\alpha_{Al,K}^{K}>\alpha_{Al,Na}^{Na}>\alpha_{Al,Ca}^{Ca}>\alpha_{Al,Mg}^{Mg}$。也就是说，氧化物的碱性对含 $Al_2O_3$ 体系的黏度造成两方面矛盾的影响：一方面碱性越高的氧化物对应的金属离子电荷补偿 $Al^{3+}$ 离子后，与 $Al^{3+}$ 离子相连的桥氧键的变形能力越小，从而导致黏度升高；另一方面碱性越强的氧化物形成的非桥氧键的变形能力越大，从而导致黏度降低。

由表 4-1 同时可以看出，对 $Al^{3+}$ 离子电荷补偿能力较高的离子 M1（如 $Ca^{2+}$、$Sr^{2+}$、$Ba^{2+}$、$Li^{+}$、$Na^{+}$、$K^{+}$ 等），其 $\alpha_{Al,i}$ 值小于 $\alpha_{Al,i}^{i}$；对 $Al^{3+}$ 电荷补偿能力较低的金属离子 M2（如 $Mg^{2+}$、$Fe^{2+}$、$Mn^{2+}$ 等），其 $\alpha_{Al,i}$ 值大于 $\alpha_{Al,i}^{i}$。也就是说，与 M1 离子电荷补偿后的 $Al^{3+}$ 离子相连的桥氧键的变形能力要低于非桥氧键的变形能力。这很容易理解，因为在 $i$ 的补偿能力较高时，所形成的 $AlO_4^{4-}$ 四面体的稳定性很高，其变形能力自然就比较低，参数 $\alpha_{Al,i}$ 的值也就较小。但是碱性越强的氧化物形成的非桥氧键的变形能力也越强，对应的参数 $\alpha_{Al,i}^{i}$ 值也就越大。而对于 M2 离子补偿后的 $Al^{3+}$ 离子来说，由于 M2 的电荷补偿能力较差，所形成的 $AlO_4^{4-}$ 四面体的稳定性也很差，从而具有较高的 $\alpha_{Al,i}$ 值。

一般来说，电荷补偿能力较高的阳离子对应的三元系 $M_xO\text{-}Al_2O_3\text{-}SiO_2$ 的黏度最大值可能出现在 $M_xO/Al_2O_3 = 1$ 附近略偏向 $Al_2O_3$ 的一侧，$Na_2O-Al_2O_3-SiO_2$ 体系[39]和 $CaO-Al_2O_3-SiO_2$ 体系[38]的黏度测量结果也证明了这点，本模型能够很好地描述这一现象。而电荷补偿能力较弱的阳离子对应的三元系 $M_xO-Al_2O_3-SiO_2$ 的黏度最大值可能出现在 $M_xO/Al_2O_3 > 1$ 一侧。$MgO-Al_2O_3-SiO_2$ 体系[38]的黏度测量和模型模拟结果均证明了这一点。

### 4.5.1.2　不同黏度模型之间的比较

不同黏度模型之间的计算黏度和实验测量黏度的平均偏差见表 4-3。

表 4-3　不同黏度模型的计算黏度和实验测量黏度的平均偏差

| 模　型 | 平均偏差/% | | | | | | | | |
|---|---|---|---|---|---|---|---|---|---|
| | Riboud | Urbain | Kondratiev | Iida | NPL | Ray | KTH | Nakamoto | 本模型 |
| $MgO-SiO_2$ | 12.0 | 45.1 | | * | 74.2 | 582 | 12.2 | 33.2 | 8.6 |
| $CaO-SiO_2$ | 37.6 | 20.6 | 10.3 | 239 | 64.4 | 34.1 | 13.5 | 32.0 | 8.4 |
| $SrO-SiO_2$ | 57.8 | | | | 83.7 | 37.4 | | | 14.4 |
| $BaO-SiO_2$ | 30.1 | | | | 83.9 | 43.9 | | | 13.1 |
| $FeO-SiO_2$ | 314 | | 11.5 | 29.2 | 183 | 301 | 19.4 | 113 | 7.2 |
| $Li_2O-SiO_2$ | 15.3 | | | * | 65.6 | 644 | | | 15.3 |
| $Na_2O-SiO_2$ | 28.4 | | | 209 | 89.8 | 77.8 | | 53.5 | 24.5 |
| $K_2O-SiO_2$ | 64.0 | | | 640 | 98.5 | 83.5 | | 75.6 | 29.9 |
| $MgO-FeO-SiO_2$ | 236 | | | 84.1 | 207 | 311 | 7.7 | | 8.3 |
| $CaO-MgO-SiO_2$ | 12.4 | 27.4 | | 197 | 59.8 | 136 | 51.8 | 88.2 | 11.0 |
| $CaO-BaO-SiO_2$ | 22.4 | | | | 52.8 | 13.8 | | | 12.2 |
| $CaO-FeO-SiO_2$ | 220 | | 7.8 | 39.3 | 136 | 258 | 72.3 | 147 | 12.1 |
| $CaO-MnO-SiO_2$ | 41.1 | 18.2 | | 42.9 | 39.6 | 35.8 | 37.1 | | 17.1 |
| $CaO-Na_2O-SiO_2$ | 19.2 | | | 21.5 | 25.0 | 8.7 | | 31.0 | 5.0 |
| $CaO-K_2O-SiO_2$ | 6.2 | | | 17.6 | 47.5 | 25.2 | | 9.9 | 15.4 |
| $CaO-FeO-MnO-SiO_2$ | 113 | | | 48.0 | 69.7 | 129 | 55.8 | | 13.8 |
| $CaO-MgO-MnO-SiO_2$ | 26.1 | | | 274 | 63.6 | 112 | 49.9 | | 23.3 |
| $Al_2O_3$ | 75.0 | 65.7 | 14.5 | * | 82.8 | 184 | | 69.4 | 4.8 |
| $Al_2O_3-SiO_2$ | 452 | 99.0 | 90.7 | * | 89.2 | 212 | | 28.5 | 30.5 |
| $CaO-Al_2O_3$ | 82.2 | 83.2 | 76.1 | * | 51.8 | 50.3 | | 62.5 | 25.7 |

续表 4-3

| 模 型 | 平均偏差/% | | | | | | | | |
|---|---|---|---|---|---|---|---|---|---|
| | Riboud | Urbain | Kondratiev | Iida | NPL | Ray | KTH | Nakamoto | 本模型 |
| $MgO\text{-}Al_2O_3\text{-}SiO_2$ | 127 | 48.6 | | * | 33.0 | 107 | | 32.0 | 21.0 |
| $CaO\text{-}Al_2O_3\text{-}SiO_2$ | 104 | 20.6 | 27.6 | * | 79.2 | 44.1 | | 42.5 | 21.1 |
| $SrO\text{-}Al_2O_3\text{-}SiO_2$ | 54.9 | | | | 88.7 | 62.7 | | | 11.8 |
| $BaO\text{-}Al_2O_3\text{-}SiO_2$ | 42.7 | | | | 92.8 | 84.8 | | | 14.7 |
| $FeO\text{-}Al_2O_3\text{-}SiO_2$ | 622 | | 63.0 | 324 | 39.1 | 86.4 | | 34.7 | 29.8 |
| $MnO\text{-}Al_2O_3\text{-}SiO_2$ | 441 | 45.0 | | * | 93.6 | 66.2 | | | 28.8 |
| $Li_2O\text{-}Al_2O_3\text{-}SiO_2$ | 110 | | | 51.4 | 75.7 | 176 | | | 10.6 |
| $Na_2O\text{-}Al_2O_3\text{-}SiO_2$ | 72.6 | | | * | 91.8 | 87.2 | | * | 27.9 |
| $K_2O\text{-}Al_2O_3\text{-}SiO_2$ | 75.8 | | | 95.4 | 96.3 | 95.5 | | * | 31.8 |
| $CaO\text{-}FeO\text{-}Al_2O_3$ | 200 | | | * | 37.4 | 50.6 | | 73.3 | 24.4 |
| $CaO\text{-}MgO\text{-}Al_2O_3\text{-}SiO_2$ | 106 | 25.6 | | * | 105 | 60.5 | | 46.9 | 18.4 |
| $CaO\text{-}FeO\text{-}Al_2O_3\text{-}SiO_2$ | 395 | | 25.9 | 95.1 | 58.1 | 75.3 | | 36.7 | 28.1 |
| $CaO\text{-}Na_2O\text{-}Al_2O_3\text{-}SiO_2$ | 32.4 | | | 48.2 | 76.1 | 53.6 | | 35.2 | 24.7 |
| $CaO\text{-}K_2O\text{-}Al_2O_3\text{-}SiO_2$ | 42.0 | | | 66.0 | 87.1 | 73.5 | | 44.0 | 23.0 |
| $CaO\text{-}MgO\text{-}FeO\text{-}Al_2O_3\text{-}SiO_2$ | 103 | | | 57.5 | 46.9 | 63.4 | | 24.7 | 13.5 |
| $CaO\text{-}MgO\text{-}Na_2O\text{-}Al_2O_3\text{-}SiO_2$ | 89.3 | | | 160 | 95.4 | 179 | | 152 | 25.7 |

1. 空格表示模型未给出该体系的参数，无法计算；

2. ＊表示平均偏差大于1000%。

本黏度模型满足以下几个条件：

（1）通过定义不同类型的氧离子对熔渣结构进行了合理的描述，并系统地提出了一套计算不同类型氧离子含量的方法。本黏度模型是基于这些不同类型的氧离子建模，可以体现结构对黏度的影响。

（2）模型能够反映黏度活化能与成分之间的非线性的关系。

（3）模型考虑了指前因子对数 $\ln A$ 和活化能 $E$ 的补偿关系。

（4）对于含 $Al_2O_3$ 的熔渣，本模型通过引入键参数 $I$ 确定不同金属离子对 $Al^{3+}$ 离子电荷补偿能力的强弱，成功地解决了含多种碱金属氧化物的硅铝酸盐体系黏度的预测。

（5）模型几乎在全浓度范围内都可以对黏度的变化行为做出较好的预测，

对于不含 $SiO_2$ 的熔渣体系也能取得不错的效果。目前其他的黏度模型均无法做到这些。

　　为了定量地对比不同黏度模型在黏度预测上的优劣，针对各个体系，不同模型的计算黏度与实验测量黏度的平均偏差见表 4-3。由表 4-3 可以看出，对于各个体系，本模型都有较好的计算结果，并且模型具有较强的外延能力。一般情况下，黏度模型都是基于含 $SiO_2$ 体系的黏度数据进行建模，如果模型外推到不含 $SiO_2$ 的体系仍然具有较强的预测能力，说明模型在一定程度上能够反映熔渣结构的真实信息。对于 $Al_2O_3$、$CaO\text{-}Al_2O_3$ 和 $CaO\text{-}FeO\text{-}Al_2O_3$ 体系，本模型都能进行很好的预测，而从表 4-3 可以看出，其他模型对这些渣系的预测效果很差。对于含有多种碱性氧化物的硅铝酸盐熔渣，由于本模型对不同金属阳离子设置了对 $Al^{3+}$ 离子电荷补偿的优先顺序，故而比其他模型更能反映实际情况，计算结果也就更好。这从 $CaO\text{-}MgO\text{-}FeO\text{-}Al_2O_3\text{-}SiO_2$ 和 $CaO\text{-}Na_2O\text{-}MgO\text{-}Al_2O_3\text{-}SiO_2$ 两个复杂体系的计算结果可以看出。

　　下面分析不同的黏度模型在计算结果上存在较大偏差的原因：Riboud 模型[9]通过成分的线性函数表达黏度活化能，不能反映活化能随成分的非线性变化趋势；Urbain 模型[124]只是一种多项式的拟合，缺乏熔渣结构的信息；光学碱度模型（$NPL$[125]、$Ray$[126]、$Shankar$[3]等）根据不同氧化物的光学碱度值进行预测，但是由于有些氧化物具有相同的光学碱度值（$\Lambda_{CaO} = \Lambda_{FeO} = \Lambda_{MnO} = \Lambda_{Li_2O} = 1$，$\Lambda_{Na_2O} = \Lambda_{BaO} = 1.15$），但是其对黏度的贡献却明显不同，故而不能反映实际情况。基于纯组元光学碱度值，$Shankar$[3]定义了一种新的碱度表达式，并利用该碱度对黏度进行了建模，但是模型在对 $Al_2O_3$ 的处理上只是把其当成酸性氧化物，而且模型的适用范围很窄，表 4-3 中未予比较；KTH 模型[12,128,129]过多的参数可能会掩盖其真实的物理图像，使对黏度的模拟变为纯粹的数值拟合；Iida 模型[130]在 $SiO_2$ 含量很高时会有很大的正偏差，这从 Iida 模型的计算方程（$\mu = A\mu_0 \exp\dfrac{E}{B_i^*}$）中可以看出，当 $SiO_2$ 很高时，碱度指数 $B_i^*$ 很小，而 $B_i^*$ 单独处于分母上，必然造成过大的计算黏度值；Nakamoto 模型[51]对活化能以及指前因子的描述都有其严重的缺陷。以上所述模型的缺陷导致其较大的计算偏差。

### 4.5.1.3　不同组元对熔渣黏度的影响

　　冶金过程中的基本渣系 $CaO\text{-}SiO_2$、$MgO\text{-}SiO_2$、$FeO\text{-}SiO_2$ 和 $MnO\text{-}SiO_2$ 在 1873K 时，黏度值随 $SiO_2$ 含量的变化曲线如图 4-65 所示。曲线在 $x_{SiO_2} = 1/3$ 处出现的转折来自本模型在计算各种氧离子含量时的分段处理，以及对纯氧化物黏度活化能的估计。从图 4-65 可以看出，在全浓度范围内，降低黏度顺序为 FeO>MnO>CaO>MgO。

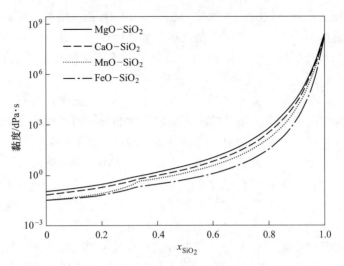

图 4-65 不同 $M_xO\text{-}SiO_2$ 二元系黏度值随 $SiO_2$ 含量的变化

Zhang[1] 把不同碱性氧化物组元对黏度的不同影响归结为 M—O 键的键强，一般来说研究者习惯用参数 $I\left[I=\dfrac{2z}{(r_M+r_O)^2}\right]$ 衡量金属离子 $M^{z+}$ 与氧离子 $O^{2-}$ 之间的键强。根据 Shannon 提供的离子半径数据[131]，$Ca^{2+}$、$Mg^{2+}$、$Mn^{2+}$ 和 $Fe^{2+}$ 离子的离子半径分别为 0.99Å、0.66Å、0.8Å 和 0.74Å，故而计算得到的 $I$ 的顺序为 MgO>FeO>MnO>CaO。按照 Zhang 的原则[1]，降低体系黏度的趋势应该是 MgO<FeO<MnO<CaO，这与本理论的预测以及实验测量的结果不符，FeO 和 MnO 应具有最强的降低黏度的能力。考虑其原因，当某个化学键的离子键百分比较低时，参数 $I$ 并不能有效衡量该化学键的键强。根据 Pauling[131] 提供的方法 $\left\{P_{ionic}=1-\exp\left[-\dfrac{(x_O-x_M)^2}{4}\right]\right\}$，M—O 键的离子键百分比可以计算。元素 Ca、Mg、Fe、Mn、Si 和 O 的 Pauling 电负性分别为 1、1.31、1.83、1.55、1.90 和 3.44[132]，根据上式计算得到 Ca—O 键、Mg—O 键、Fe—O 键、Mn—O 键和 Si—O 键的离子键百分比分别为 77.4%、67.8%、47.7%、59.0% 和 44.7%。Fe—O 键和 Mn—O 键的离子键百分比很低，基本接近 Si—O 键，也就是说这两个键的键强不能直接以参数 $I$ 衡量。

更进一步说，不同组元对熔渣黏度的不同影响也不能单纯以 M—O 键的键强衡量，如果影响因素只有键强的话，则含等摩尔量碱性氧化物 $M_xO$ 的 $M_xO\text{-}SiO_2$ 二元系的黏度会随着 $M^{z+}$ 离子半径的增加而降低。但是 Suginohara[133] 通过在 $PbO\text{-}SiO_2$ 体系中以不同的碱土金属或碱金属氧化物替代 PbO 发现，对于等摩尔量的碱金属氧化物替代时，黏度是按 $Cs_2O>Rb_2O>K_2O>Na_2O>Li_2O$ 增加；等摩尔量的碱土金属氧化物替代时，黏度按 $MgO>CaO>SrO>BaO$ 增加。即碱金属离子的半径越大，黏度的升高越大；碱土金属离子的半径越小，黏度的升高越大。也就是说，随离子半径的增加，不同族的金属氧化物表现为相反的趋势。对此现象，Suginohara 未能给出合理的解释，本文分析原因如下。

　　碱土金属和碱金属元素的电负性都很小，其 M—O 键的离子键百分比较高，可以定量的用 $I$ 衡量键强。如果键强是决定黏度的唯一因素的话，这两个族元素的氧化物不可能随半经的增加对熔渣的黏度表现出相反的趋势。因此，除了键强以外，还至少应该存在一种其他因素。本文推测，离子半径的尺寸因素可能起到相当的作用。这是因为黏度和电导率一样都属于传输性质，传输性质属于熔渣在运动状态下表现出来的性质，除了力的因素外，离子半径大小对这类性质的影响也很大。当离子间相互作用力较弱时(离子的电荷数较低)，加入尺寸越大的离子越使得黏性流动受阻，从而导致黏度升高；当交互作用较强时(离子的电荷数较高)，加入尺寸越小的离子，交互作用越强，从而也导致黏度升高。离子的尺寸因素和力的作用的同时存在造成了复杂的黏度行为。

## 4.5.2　实际渣系

### 4.5.2.1　高炉渣

　　15. 4$Al_2O_3$-1. 1$TiO_2$-34. 8$CaO$-32. 4$SiO_2$-11. 5$MgO$-0. 56$Na_2O$-0. 56$K_2O$-0. 39$Fe_2O_3$-0. 34$CaF_2$-0. 57$MnO$(质量分数,%) 高炉渣的黏度数据取自文献［126］，模型计算黏度与实验测量黏度的比较见表 4-4。从表 4-4 可以看出模型计算值和测量值符合得很好。

表 4-4　高炉渣实验测量黏度与模型计算黏度的比较

| 温度/K | 1638 | 1669 | 1705 | 1732 | 1758 |
|---|---|---|---|---|---|
| 黏度/dPa·s | 7. 05(6. 61) | 5. 33(5. 50) | 3. 99(4. 48) | 3. 32(3. 86) | 2. 80(3. 36) |

注：括号内的值为模型计算黏度。

　　Mishra 等[95]测量了 $Al_2O_3$ 含量（质量分数）大于 20%的高 $Al_2O_3$ 型的高炉渣的黏度，测量黏度和模型计算黏度见表 4-5。根据表 4-5，本黏度模型对于高 $Al_2O_3$ 的高炉渣同样具有很好的预测效果。

　　基于攀枝花钒钛磁铁矿高炉渣的成分，Liao 等[114]测量了 MgO 含量（质量分数）为 7%，$Al_2O_3$ 含量（质量分数）为 12%，$CaO/SiO_2$ 二元碱度为 0. 5 ~ 0. 9，$TiO_2$ 含量（质量分数）为 15% ~ 30%的 $CaO$-$MgO$-$Al_2O_3$-$SiO_2$-$TiO_2$ 合成高炉渣的黏度。实验测量黏度和模型计算黏度的比较如图 4-66 所示，与测量黏度相比，计算黏度的平均偏差为 16%。本黏度模型可以很好地描述含 $TiO_2$ 的高炉渣的黏度变化行为。

表 4-5 高铝型高炉渣实验测量黏度与模型计算黏度的比较

| 成分（质量分数）/% | | | | 黏度/dPa·s | | | | |
|---|---|---|---|---|---|---|---|---|
| CaO | SiO₂ | MgO | Al₂O₃ | 1623K | 1673K | 1723K | 1773K | 1823K |
| 35 | 35 | 8 | 22 | 19.8(17.0) | 12.4(12.3) | 7.40(9.0) | — | — |
| 34 | 34 | 8 | 24 | 21.8(18.0) | 13.5(13.0) | 8.60(9.5) | 5.2(7.1) | 3.9(5.4) |
| 32 | 32 | 8 | 28 | 24.0(19.7) | 14.6(14.1) | 9.60(10.4) | 5.6(7.7) | — |
| 32 | 32 | 4 | 32 | 44.0(29.0) | 27.0(20.6) | 17.2(14.9) | 10.5(11.0) | 5.9(8.3) |
| 30 | 30 | 8 | 32 | 32.3(20.7) | 17.5(14.9) | 10.5(10.9) | 6.3(8.2) | 4.9(6.2) |
| 27 | 30 | 7 | 36 | 21.3(26.8) | 15.5(19.2) | 10.0(14.0) | — | — |
| 30 | 30 | 4 | 36 | 32.0(21.3) | 22.2(15.5) | 13.5(11.4) | 8.0(8.6) | |
| 28 | 28 | 8 | 36 | 46.3(21.2) | 24.0(15.3) | 14.7(11.2) | 8.2(8.4) | 5.2(6.4) |

注：括号内的值为模型计算黏度。

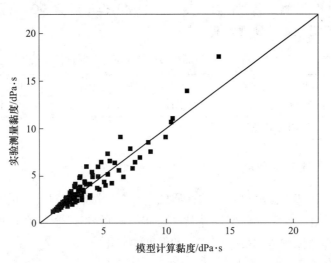

图 4-66 高钛型高炉渣实验测量黏度与模型计算黏度的比较

### 4.5.2.2 转炉渣

用于模型评估的转炉渣的黏度数据取自文献［52］。成分 BOF-1：40.5CaO-2.8MgO-15.2MnO-8.2FeO-3.8Fe₂O₃-1.21P₂O₅-1.00Al₂O₃-26.63SiO₂（质量分数，%），BOF-2：46.1CaO-3.32MgO-12.58MnO-7.65FeO-4.94Fe₂O₃-2.91P₂O₅-0.84Al₂O₃-23.25SiO₂（质量分数，%），以及 BOF-3：29.81CaO-2.31MgO-18.67MnO-15.06FeO-2.41Fe₂O₃-2.11P₂O₅-1.37Al₂O₃-29.21SiO₂（质量分数，%）在不同温度下的黏度数据以及相应的模型计算黏度见表 4-6。从表 4-6 可以看出，本黏度模型对于转炉渣系的黏度也具有很好的预测效果。

表 4-6　转炉渣实验测量黏度与模型计算黏度的比较

| BOF-1 | $T/K$ | 1671 | 1723 | 1773 | 1873 | 1902 |
|---|---|---|---|---|---|---|
| | 黏度/dPa·s | 0.53(0.63) | 0.46(0.51) | 0.37(0.42) | 0.26(0.30) | 0.23(0.27) |
| BOF-2 | $T/K$ | 1753 | 1779 | 1823 | 1877 | 1913 |
| | 黏度/dPa·s | 0.53(0.32) | 0.46(0.29) | 0.38(0.25) | 0.30(0.21) | 0.25(0.19) |
| BOF-3 | $T/K$ | 1772 | 1794 | 1814 | 1854 | 1913 |
| | 黏度/dPa·s | 0.69(0.55) | 0.54(0.50) | 0.43(0.47) | 0.36(0.41) | 0.30(0.33) |

注：括号内的值为模型计算黏度。

### 4.5.2.3　精炼渣

$50CaO-30Al_2O_3-7MgO-13SiO_2$（质量分数,%）精炼渣的黏度数据取自文献［126］，模型计算黏度和实验测量黏度见表 4-7。从表 4-7 可以看出，黏度模型计算黏度和实验测量黏度符合得很好。本黏度模型对低 $SiO_2$ 含量的精炼渣系的黏度同样具有很好的预测效果。

表 4-7　精炼渣实验测量黏度与模型计算黏度的比较

| 温度/K | 1775 | 1796 | 1825 | 1846 | 1876 | 1922 | 1974 |
|---|---|---|---|---|---|---|---|
| 黏度/dPa·s | 2.13(2.14) | 1.85(1.94) | 1.55(1.70) | 1.30(1.55) | 1.09(1.37) | 0.85(1.13) | 0.70(0.92) |

注：括号内的值为模型计算黏度。

### 4.5.2.4　连铸保护渣

黏度作为连铸保护渣最重要的性质之一，直接影响渣对铸坯的润滑效果。从表 4-8 可以看出，本黏度模型计算黏度与实验测量黏度[35]符合得很好，黏度模型可以描述连铸保护渣的黏度随成分和温度的变化。

表 4-8　连铸保护渣实验测量黏度与模型计算黏度的比较

| 成分（质量分数）/% | | | | | | | | 黏度/dPa·s | | |
|---|---|---|---|---|---|---|---|---|---|---|
| $Al_2O_3$ | CaO | $SiO_2$ | MgO | $Na_2O$ | $K_2O$ | $Fe_2O_3$ | $CaF_2$ | 1473 K | 1573 K | 1673 K |
| 6.4 | 24.2 | 39.6 | 0.56 | 9.7 | 9.7 | 0.8 | 13.3 | 8.0(9.0) | 3.7(5.4) | 1.8(3.3) |
| 5.4 | 18.1 | 41.4 | 1.3 | 11.1 | 11.1 | 2.2 | 15 | 7.8(9.0) | 3.7(5.0) | 2.2(3.4) |
| 13.5 | 14.6 | 27.5 | 0 | 13.3 | 13.3 | 5 | 12.9 | 24(10) | 8.8(6.2) | 4.0(4.0) |
| 4.8 | 29.3 | 28 | 0 | 10.3 | 10.3 | 1 | 17.18 | 4.7(3.2) | 2.2(2.1) | 1.2(1.4) |
| 8 | 17.3 | 32.5 | 1.0 | 5 | 5 | 1 | 8.21 | 22(28) | 12(15) | 7.5(8.4) |
| 6.5 | 23.3 | 39.6 | 0 | 9.7 | 9.7 | 1 | 13.8 | 7.3(9.8) | 3.4(5.7) | 1.8(3.6) |

注：括号内的值为模型计算黏度。

### 4.5.2.5 粉煤灰渣

粉煤灰渣一般含有较高含量的 $SiO_2$ 和 $Al_2O_3$，熔渣具有较大的聚合度，可用来检验黏度模型对碱度较低的熔渣的黏度的预测效果。粉煤灰渣 CS-1：18.7$Al_2O_3$-0.9$TiO_2$-10.8CaO-58.8$SiO_2$-1.1MgO-0.4$Na_2O$-2.7$K_2O$-6.0FeO-0.05$P_2O_5$-0.15BaO（质量分数,%）和渣 CS-2：23.2$Al_2O_3$-1.7$TiO_2$-25.0CaO-41.7$SiO_2$-0.7MgO-0$Na_2O$-0.4$K_2O$-5.1FeO-0.41$P_2O_5$-0.17BaO（质量分数,%）在不同温度时的黏度[126]见表4-9。根据表4-9括号内的模型计算黏度与实验测量黏度的比较可知，黏度模型可以有效地预测粉煤灰渣的黏度。

表 4-9　粉煤灰渣实验测量黏度和模型计算黏度的比较

| CS-1 | $T/K$ | 1661 | 1678 | 1695 | 1701 | 1722 | 1738 | 1759 | 1783 | 1735 |
|---|---|---|---|---|---|---|---|---|---|---|
| | 黏度/dPa·s | 788 (619) | 640 (528) | 533 (452) | 494 (429) | 394 (356) | 332 (310) | 267 (259) | 211 (213) | 343 (318) |
| CS-2 | $T/K$ | 1551 | 1574 | 1590 | 1601 | 1616 | 1663 | 1721 | 1724 | 1767 |
| | 黏度/dPa·s | 145 (86.8) | 103 (71.8) | 83.2 (63.2) | 73.5 (58) | 61.2 (52.6) | 35.9 (36.3) | 20.5 (24.2) | 19.3 (23.7) | 13.95 (17.9) |

注：括号内的值为模型计算黏度。

### 4.5.2.6 电渣

电渣冶炼技术是一种金属或合金精炼提纯及凝固控制的复合技术，其产品具有纯净度高、成分均匀、力学性能好、过程可控等特定，在国民经济的很多重要领域用于生产高端产品或关键部件。电渣与其他类型的渣的主要区别在于电渣含有较高含量的 $CaF_2$，不同成分的电渣的黏度[52]见表4-10。表4-10同时也给出了本黏度模型计算的黏度值，通过对比可知，本黏度模型对电渣的黏度具有很好的预测效果。

表 4-10　电渣实验测量黏度和模型计算黏度的比较

| 成分（质量分数）/% | | | | 温度/K | 黏度/dPa·s |
|---|---|---|---|---|---|
| $CaF_2$ | $Al_2O_3$ | CaO | $SiO_2$ | | |
| 40 | 15 | 40 | 5 | 1873 | 0.32(0.26) |
| 40 | 10 | 40 | 10 | 1873 | 0.35(0.25) |
| 40 | 5 | 40 | 15 | 1873 | 0.45(0.23) |
| 50 | 10.4 | 17.1 | 19.1 | 1823 | 0.32(0.37) |
| 53.3 | 10 | 14.5 | 18.6 | 1823 | 0.29(0.35) |

| 成分（质量分数）/% | | | | 温度/K | 黏度/dPa·s |
| --- | --- | --- | --- | --- | --- |
| $CaF_2$ | $Al_2O_3$ | CaO | $SiO_2$ | | |
| 50.3 | 13.6 | 6.7 | 25 | 1823 | 0.60(0.55) |
| 40 | 21.1 | 18.2 | 13 | 1823 | 0.45(0.47) |
| 36.8 | 14.4 | 10.8 | 34.4 | 1823 | 1.10(1.16) |
| 46.3 | 13.2 | 18.2 | 20.5 | 1823 | 0.45(0.44) |
| 50 | 10.8 | 16.8 | 18.8 | 1823 | 0.35(0.37) |
| 31.4 | 27.4 | 39.2 | 2 | 1873 | 0.50(0.37) |
| 30.5 | 26.7 | 38.1 | 5 | 1873 | 0.50(0.40) |
| 29.1 | 25.5 | 36.4 | 10 | 1873 | 0.50(0.47) |
| 27.8 | 24.3 | 34.8 | 15 | 1873 | 0.75(0.55) |
| 69 | 28 | 1.4 | 1 | 1873 | 0.40(0.21) |
| 26.2 | 40.6 | 30.6 | 3.2 | 1873 | 1.00(0.54) |
| 17 | 7 | 19 | 42 | 1823 | 3.10(3.00) |
| 15 | 40 | 10 | 24 | 1873 | 2.10(1.82) |
| 7.5 | 41 | 49 | 2.5 | 1873 | 1.10(0.98) |
| 62.8 | 28.7 | 4 | 1.8 | 1973 | 0.22(0.19) |
| 63 | 25 | 6.2 | 9.3 | 1973 | 0.23(0.22) |
| 60.9 | 25 | 6.6 | 5.8 | 1973 | 0.23(0.20) |
| 59 | 29 | 4.9 | 6.1 | 1973 | 0.24(0.22) |
| 14 | 5.6 | 69.9 | 10.3 | 1873 | 0.32(0.17) |
| 11.2 | 3 | 67.8 | 17.8 | 1873 | 0.20(0.21) |
| 17 | 3 | 66.2 | 13.7 | 1873 | 0.19(0.17) |
| 45 | 15.1 | 34.5 | 5.4 | 1873 | 0.20(0.25) |
| 41.8 | 14.2 | 34 | 10 | 1873 | 0.25(0.28) |
| 38.1 | 12.8 | 34 | 15.1 | 1873 | 0.28(0.33) |
| 35.8 | 11.8 | 33.3 | 19.1 | 1873 | 0.32(0.37) |

注：括号内的值为模型计算黏度。

### 4.5.3　模型适用条件

在一定的简化处理下，本黏度模型可以成功地预测含 15 个组元的熔渣体系的黏度，其分别为 $Li_2O$、$Na_2O$、$K_2O$、MgO、CaO、SrO、BaO、FeO、MnO、

$Al_2O_3$、$SiO_2$、$CaF_2$、$TiO_2$、$Fe_2O_3$ 和 $P_2O_5$。

本黏度模型只适用于某温度下完全处于液相区的渣的黏度的预测，针对出现两种液相或者固液共存的体系，本模型不适用。对于固液共存的渣系，固体质点的存在使得黏度急剧增加，一般常用 Roscoe 方程[134]来描述这种情况下的黏度行为：

$$\frac{\eta}{\eta_0} = (1 - R\Phi)^{-n} \tag{4-55}$$

式中　$R$，$n$——经验参数，对于均匀的球形颗粒，其值分别为 1.35 和 2.5。

　　　　$\eta$——固液两相区的黏度；

　　　　$\eta_0$——液相的黏度，可根据本模型进行计算；

　　　　$\Phi$——固体颗粒所占的体积百分比，可以根据相图计算。

## 本章小结

本章通过对氧离子类型的划分，系统地提出了一套用于描述硅铝酸盐熔渣结构的方法，并根据 5 个基本假设（假设 1~假设 5），计算了不同类型氧离子的含量，结合 $CaF_2$、$TiO_2$、$Fe_2O_3$ 和 $P_2O_5$ 对熔渣体系结构的近似处理，发展了相应的黏度模型，预测了包含 $Li_2O$、$Na_2O$、$K_2O$、$MgO$、$CaO$、$SrO$、$BaO$、$FeO$、$MnO$、$Al_2O_3$、$SiO_2$、$CaF_2$、$TiO_2$、$Fe_2O_3$ 和 $P_2O_5$ 等组元在内的熔渣体系的黏度。同时，模型可以很好地预测高炉渣（普通高炉渣，高铝型高炉渣和高钛型高炉渣）、转炉渣、精炼渣、连铸保护渣、粉煤灰渣和电渣的黏度随成分和温度的变化，从而可以应用到实际生产过程中。

## 参 考 文 献

[1] Zhang L,Jahanshahi S. Review and modeling of viscosity of silicate melts: Part I. Viscosity of binary and ternary silicates containing CaO, MgO, and MnO[J]. Metallurgical and Materials Transactions B,1998,29(1):177-186.

[2] Arrhenius S. The viscosity of aqueous mixture [J].Zeitschrift für Physikalische Chemie,1887,1:285-298.

[3] Shankar A,Gornerup M,Lahiri A K,et al. Estimation of viscosity for blast furnace type slags[J]. Ironmaking & Steelmaking,2007,34(6):477-481.

[4] Weymann H D. On the hole theory of viscosity,compressibility,and expansivity of liquids[J]. Colloid & Polymer Science,1962,181(2):131-137.

[5] Zhang G H,Chou K C,Xue Q G,et al. Modeling Viscosities of CaO-MgO-FeO-MnO-SiO_2 Molten

Slags [J].Metallurgical and Materials Transactions B,2012,43(1):64-72.

[6] Mackenzie J D. The physical chemistry of simple molten glasses [J].Chemical Reviews,1956,56 (3):455-470.

[7] Mysen B O. Structure and Properties of Silicate Melts [M]. Amsterdam: Elsevier Science Publishers B. V. ,1988.

[8] Mills K C,Chapman L,Fox A B,et al. 'Riound robin' project on the estimation of slag viscosities [J].Scandinavian Journal of Metallurgy,2001,30(6):396-403.

[9] Riboud P V,Roux Y,Lucas L D,et al. Improvement of continuous casting powders [J].Fach-berichte Huettenpraxis Metallweiterverarbeitung,1981,19(10):859-869.

[10] Iida T,Sakal H,Klta Y,et al. An equation for accurate prediction of the viscosities of blast fur-nace type slags from chemical composition [J].ISIJ International,2000,40(S):110-114.

[11] Zhang L,Jahanshahi S. Review and modeling of viscosity of silicate melts:Part II. Viscosity of melts containing iron oxide in the CaO-MgO-MnO-FeO-Fe$_2$O$_3$-SiO$_2$ system [J].Metallurgical and Materials Transactions B,1998,29B(1):187-195.

[12] Du S C,Bygden J,Seetharaman S. Model for estimation of viscosities of complex metallic and ionic melts [J].Metallurgical and Materials Transactions B,1994,25(4):519-525.

[13] Fincham F,Richardson F D. The behaviour of sulphur in silicate and aluminate melts[J].Pro-ceedings of the Royal Society of London,1952,223(1152):40-62.

[14] Toplis M J,Dingwell D B. Shear viscosities of CaO-Al$_2$O$_3$-SiO$_2$ and MgO-Al$_2$O$_3$-SiO$_2$ liquids: Implications for the structural role of aluminium and the degree of polymerisation of synthetic and natural aluminosilicate melts[J].Geochimica et Cosmochimica Acta,2004,68(24):5169-5188.

[15] Toplis M J,Dingwell D B,Lenci T. Peraluminous viscosity maxima in Na$_2$O-Al$_2$O$_3$-SiO$_2$ liquids: The role of triclusters in tectosilicate melts [J]. Geochimica et Cosmochimica Acta, 1997, 61 (13):2605-2612.

[16] Lacy E D. Aluminium in glasses and in melts[J].Physics and Chemistry of Glasses,1963,4 (6):234-238.

[17] Zirl D M,Garofalini S H. Structure of sodium aluminosilicate glasses[J].Journal of the American Ceramic Society,1990,73(10):2848-2856.

[18] Poe B T,Mcmillan P F,Cote B,et al. SiO$_2$-Al$_2$O$_3$ liquids:In-situ study by high-temperature [27]Al NMR spectroscopy and molecular dynamics simulation[J].Journal of Physical Chemistry,1992, 96(21):8220-8224.

[19] Kumar D,Ward R G,Williams D J. Infra-red absorption of some solid silicates and phosphates with and without fluoride additions [J]. Transactions of the Faraday Society, 1965, 61: 1850-1857.

[20] Park J H,Min D J,Song H. The effect of CaF$_2$ on the viscosities and structures of CaO-SiO$_2$ (-MgO)-CaF$_2$ slags [J].Metallurgical and Materials Transactions B,2002,33(5):723-729.

[21] Park J H,Min D J,Song H S. FT-IR spectroscopic study on structure of CaO-SiO$_2$ and CaO-SiO$_2$-CaF$_2$ slags [J].ISIJ International,2002,42(4):344-351.

[22] Kumar D,Ward R G,Williams D J. Effect of fluorides on silicates and phosphates [J].Discus-

sions of the Faraday Society,1961,32:147-154.

[23] Iwamoto N,Makino Y. A structural investigation of calcium fluorosilicate glasses [J].Journal of Non-Crystalline Solids,1981,46(1):81-94.

[24] Luth R W. Raman spectroscopic study of solubility mechanisms of F in glasses in system CaO-CaF$_2$-SiO$_2$[J].American Mineralogist,1988,73(3,4):297-305.

[25] Tsunawaki Y,Iwamoto N,Hattori T,et al. Analysis of CaO-SiO$_2$ and CaO-SiO$_2$-CaF$_2$ glasses by Raman spectroscopy [J].Journal of Non-Crystalline Solids,1981,44(2,3):369-378.

[26] Sasaki Y,Urata H,Ishii K. Structural analysis of molten Na$_2$O-NaF-SiO$_2$ system by raman spectroscopy and molecular dynamics simulation [J].ISIJ International,2003,43(12):1897-1903.

[27] Hayakawa S,Nakao A,Ohtsutki C,et al.An X-ray photoelectron spectroscopic study of the chemical states of fluorine atoms in calcium silicate glasses [J].Journal of Materials Research,1998,13 (3):739-743.

[28] Hayashi M,Nabeshima N,Fukuyama H,et al. Effect of fluorine on silicate network for CaO-CaF$_2$-SiO$_2$ and CaO-CaF$_2$-SiO$_2$-FeO$_x$ glasses [J].ISIJ International,2002,42(4):352-358.

[29] Kim H,Sohn I. Effect of CaF$_2$ and Li$_2$O additives on the viscosity of CaO-SiO$_2$-Na$_2$O slags [J]. ISIJ International,2011,51(1):1-8.

[30] Sasaki Y,Iguchi M,Hino M. The coordination of F ions around Al and Ca ions in molten aluminosilicate systems [J].ISIJ International,2007,47(5):643-647.

[31] Sasaki Y. Reply to "Discussion on the estimation of the iso-viscosity lines in molten CaF$_2$-CaO-SiO$_2$ system" [J].ISIJ International,2007,47(9):1370-1371.

[32] Stebbins J F,Zeng Q. Cation ordering at fluoride sites in silicate glasses:A high-resolution 19F NMR study [J].Journal of Non-Crystalline Solids,2000,262(1-3):1-5.

[33] Hill R G,Costa N D,Law R V. Characterization of a mould flux glass [J].Journal of Non-Crystalline Solids,2005,351(1):69-74.

[34] Baak T,Olander A. The system CaSiO$_3$-CaF$_2$[J]. Acta Chemica Scandinavica, 1955, 9:1350-1354.

[35] Bills P M. Viscosities in silicate slag systems [J].Journal of the Iron and Steel Institute,1963, 201(2):133-140.

[36] Sasaki Y,Iguchi M,Hino M. The estimation of the iso-viscosity lines in molten CaF$_2$-CaO-SiO$_2$ system [J].ISIJ International,2007,47(2):346-347.

[37] Miyabayashi Y,Nakamoto M,Tanaka T,et al. A model for estimating the viscosity of molten aluminosilicate containing calcium fluoride [J].ISIJ International,2009,49(3):343-348.

[38] Sohn I,Wang W L,Matsuura H,et al. Influence of TiO$_2$ on the viscous behavior of calcium silicate melts containing 17 mass% Al$_2$O$_3$ and 10 mass% MgO [J].ISIJ International,2012,52(1): 158-160.

[39] Wang Z,Shu Q F,Chou K C. Structure of CaO-B$_2$O$_3$-SiO$_2$-TiO$_2$ glasses:a Raman spectral study [J].ISIJ International,2011,51(7):1021-1027.

[40] Mysen B O,Neuville D. Effect of temperature and TiO$_2$ content on the structure of Na$_2$Si$_2$O$_5$-Na$_2$Ti$_2$O$_5$ melts and glasses [J].Geochimica et Cosmochimica Acta,1995,59(2):325-342.

[41] Greegor R B, Lytle F W, Sandstrom D R, et al. Investigation of TiO₂-SiO₂ glasses by X-ray absorption spectroscopy [J]. Journal of Non-Crystalline Solids, 1983, 55(1): 27-43.

[42] Virgo D, Mysen B O. The structural state of iron in oxidized vs. reduced glasses at 1 atm: A57Fe Mossbauer study [J]. Physics and Chemistry of Minerals, 1985, 12(2): 65-76.

[43] Toplis M J, Dingwell D B. The variable influence of P₂O₅ on the viscosity of melts of differing alkali/aluminium ratio: Implications for the structural role of phosphorus in silicate melts [J]. Geochimica et Cosmochimica Acta, 1996, 60(21): 4107-4121.

[44] Mysen B O, Ryerson F J, Virgo D. The structural role of phosphorus in silicate melts [J]. American Mineralogist, 1981, 66(1,2): 106-117.

[45] Gan H, Hess P C. Phosphate speciation in potassium aluminosilicate glasses [J]. American Mineralogist, 1992, 77(5,6): 495-506.

[46] Zhang G H, Chou K C, Mills K C. Modelling viscosities of CaO-MgO-Al₂O₃-SiO₂ molten slags [J]. ISIJ International, 2012, 52(3): 355-362.

[47] Zhang G H, Chou K C. Viscosity model for fully liquid silicate melt [J]. Journal of Mining and Metallurgy, Section B: Metallurgy, 2012, 48(1): 1-10.

[48] Zhang G H, Chou K C. Viscosity model for aluminosilicate melt [J]. Journal of Mining and Metallurgy B: Metallurgy, 2012, 48(3): 433-442.

[49] Lin P, Pelton A. A structural model for binary silicate systems [J]. Metallurgical and Materials Transactions B, 1979, 10(4): 667-675.

[50] Nakamoto M, Lee J, Tanaka T. A model for estimation of viscosity of molten silicate slag [J]. ISIJ International, 2005, 45(5): 651-656.

[51] Nakamoto M, Miyabayashi Y, Holappa L, et al. A model for estimating viscosities of aluminosilicate melts containing alkali oxides [J]. ISIJ International, 2007, 47(10): 1409-1415.

[52] Eisenhuttenleute V D. Slag Atlas [M]. Dusseldorf: Verlag Sthaleisen GmbH, 1995.

[53] Urbain G, Bottinga Y, Richet P. Viscosity of liquid silica, silicates and alumino-silicates [J]. Geochimica et Cosmochimica Acta, 1982, 46(6): 1061-1072.

[54] Rossin R, Bersan J, Urbain G. Etude de la viscosité de laitiersliquidesappartenant au système ternaire SiO₂-Al₂O₃-CaO [J]. Revue Internationale des Hautes Temperatures et des Refractaires, 1964, 1(2): 159-170.

[55] Bruckner R. Characteristic physical properties of the principal glass-forming oxides and their relation to glass structure [J]. Glastechnische Berichte, 1964, 37: 413-425.

[56] Leko V K, Meshcheryakova E V, Gusakova N K, et al. Investigation of the viscosity of domestically manufactured fused silica [J]. Soviet Journal of Optical Technology, 1974, 41(12): 600-603.

[57] Hofmaier G. The viscosity of pure silica [J]. Science of Ceramics, 1968, 4: 25-32.

[58] Shu Q F, Zhang J Y. A semi-empirical model for viscosity estimation of molten slags in CaO-FeO-MgO-MnO-SiO₂ systems [J]. ISIJ International, 2006, 46(11): 1548-1553.

[59] Iida T, Sakai H, Kita Y, et al. Equation for estimating viscosities of industrial mold fluxes [J]. High Temperature Materials and Processes, 2000, 19(3): 153-164.

[60] Kucharski M, Stubina N M, Toguri J M. Viscosity measurements of molten FeO-SiO₂, FeO-CaO-

$SiO_2$, and $FeO-MgO-SiO_2$ slags[J].Canadian Metallurgical Quarterly,1989,28(1):7-11.

[61] Shiraishi Y,Tamura A,Ikeda K,et al. On the viscosity and density of the molten $FeO-SiO_2$ system[J].Transactions of the Japan Institute of Metals,1978,19(5):264-274.

[62] Masson C R,Smith I B,Whiteway S G. Activities and ionic distributions in liquid silicates:Application of polymer theory[J].Canadian Journal of Chemistry,1970,48(9):1456-1464.

[63] Bockris J O M,Mackenzie J D,Kitchener J A. Viscous flow in silica and binary liquid silicates [J].Transactions of the Faraday Society,1955,51:1734-1748.

[64] Urbain G. Viscosity and structure of liquid silico-aluminates-1. Method of measurement of experimental results[J].Revue Internationale des Hautes Temperatures et des Refractaires,1974,11 (2):133-145.

[65] Hofmaier V G. Viskositat und struktur flussigersilikate[J].Berg und Huttenmannische Monatahefte,1968,113(7):270-281.

[66] Bockris J O M,Lowe D C. Viscosity and the structure of molten silicates[J].Proceedings of the Royal Society of London,1954,226(1167):423-435.

[67] Mizoguchi K,Yamane M,Suginohara Y. Viscosity measurements of the molten MeO( Me =Ca, Mg,Na)-$SiO_2$-$Ga_2O_3$ silicate systems[J].Nippon Kinzoku Gakkaishi,1986,50(1):76-82.

[68] Ji F,Du S C,Seetharaman S. Experimental studies of the viscosities in the $CaO-FeO-SiO_2$ slags [J].Metallurgical and Materials Transactions B,1997,28(5):827-834.

[69] Kawahara M,Mizoguchi K,Suginohara Y. The viscosity and the infrared spectra of $CaO-SiO_2$-MnO and $MnO-SiO_2$-$Al_2O_3$ melts [J]. Bulletin of the Kyushu Institute of Technology, 1981, (43):53-59.

[70] Machin J S,Yee T B. Viscosity studies of system $CaO-MgO-Al_2O_3$-$SiO_2$:Ⅱ,$CaO-Al_2O_3$-$SiO_2$ [J].Journal of the American Ceramic Society,1948,31(7):200-204.

[71] Yasukouchi T,Nakashima K,Mori K. Viscosity of ternary $CaO-SiO_2$-$M_x(F,O)_y$ and $CaO-Al_2O_3$-$Fe_2O_3$ melts[J].Tetsu-To-Hagane,1999,85(8):571-577.

[72] Kozakevitch P. Viscosite et elements structuraux des aluminosilicatesfondus:laitiers $CaO-Al_2O_3$-$SiO_2$ entre 1600 et 2100℃[J].Review Metallurgy,1960,57(2):149-160.

[73] Licko T,Danek V. Viscosity and structure of melts in the system $CaO-MgO-SiO_2$[J].Physics and Chemistry of Glasses,1986,27(1):22-26.

[74] Mizoguchi K,Okamoto K,Suginohara Y. Oxygen coordination of $Al^{3+}$ ion in several silicate melts studied by viscosity measurements[J].Nippon Kinzoku Gakkaishi,1982,46(11):1055-1060.

[75] Shartsis L,Spinner S,Capps W. Density,expansivity,and viscosity of molten alkali silicates[J]. Journal of the American Ceramic Society,1952,35(6):155-160.

[76] Eipeltauer E,Jangg G. Über die beziehungzwischenviskosität und zusammensetzung binärernatriumsilikatgläser [J].Colloid & Polymer Science,1955,142(2):77-84.

[77] Wang X D,Li W C. Models to estimate viscosities of ternary metallic melts and their comparisons [J].Science in China( Chemistry),2003,46(3):280-289.

[78] Segers L,Fontana A,Winand R. Viscosities of melts of silicates of the ternary system $CaO-SiO_2$-MnO[J].Electrochimica Acta,1979,24(2):213-218.

[79] Ji F Z. Experimental studies of the viscosities in CaO-MnO-SiO$_2$ and CaO-FeO-MnO-SiO$_2$ slags [J].Metallurgical and Materials Transactions B,2001,32(1):181-186.

[80] Machin J S,Yee T B. Viscosity studies of system CaO-MgO-Al$_2$O$_3$-SiO$_2$:Ⅳ,60% and 65% SiO$_2$ [J].Journal of the American Ceramic Society,1954,37(4):177-186.

[81] Machin J S,Yee T B,Hanna D L. Viscosity studies of system CaO-MgO-Al$_2$O$_3$-SiO$_2$:Ⅲ,35%, 45%,and 50% SiO$_2$[J].Journal of the American Ceramic Society,1952,35(12):322-326.

[82] Scarfe C M,Cronin D J,Wenzel J T,et al. Viscosity-temperature relationships at 1 atm in the system diopside-anorthite[J].American Mineralogist,1983,68(11,12):1083-1088.

[83] Sykes D,Dickinson J,James E,et al. Viscosity-temperature relationships at 1 atm in the system nepheline-diopside[J].Geochimica et Cosmochimica Acta,1993,57(6):1291-1295.

[84] Gaye H,Welfringer J. Modelling of the thermodynamic properties of complex metallurgical slags [C].Proceedings of the 2$^{nd}$ International Symposium on Metallurgical Slags and Fluxes,Warrendale,1984,357-375.

[85] Ji F Z,Du S C,Seetharaman S. Viscosities of multicomponent silicate melts at high temperatures [J].International Journal of Thermophysics,1999,20(1):309-323.

[86] Johannsen F,Brunion H. Untersuchungen zurviskositat von rennschlaken[J].Zeitschrift fur Erzbergbau und Metallhuttenwesen,1959,12(6):272-279.

[87] Kita Y,Handa A,Iida T. Measurements and calculations of viscosities of blast furnace type slags [J].Journal of High Temperature Society,2001,27(4):144-150.

[88] Riebling E F. Structure of magnesium aluminiosilicate liquids at 1700℃[J].Canadian Journal of Chemistry,1964,42(9):2811-2821.

[89] Kou T,Mizoguchi K,Suginohara Y. The effect of Al$_2$O$_3$ on the viscosity of silicate melts[J].Journal of the Japan Institute of Metals,1978,42(8):775-781.

[90] Toplis M J,Dingwell D B,Hess K U,et al. Viscosity,fragility,and configurational entropy of melts along the join SiO$_2$-NaAlSiO$_4$[J].American Mineralogist,1997,82(9,10):979-990.

[91] Kim H,Kim W H,Sohn I,et al. The effect of MgO on the viscosity of the CaO-SiO$_2$-20wt% Al$_2$O$_3$-MgO slag system[J].Steel Research International,2010,81(4):261-264.

[92] Kim J R,Lee Y S,Min D J,et al. Influence of MgO and Al$_2$O$_3$contents on viscosity of blast furnace type slags containing FeO[J].ISIJ International,2004,44(8):1291-1297.

[93] Lee Y S,Min D J,Jung S M,et al. Influence of basicity and FeO content on viscosity of blast furnace type slags containing FeO[J].ISIJ International,2004,44(8):1283-1290.

[94] Machin J S,Hanna D L. Viscosity studies of system CaO-MgO-Al$_2$O$_3$-SiO$_2$:Ⅰ,40% SiO$_2$[J]. Journal of the American Ceramic Society,1945,28(11):310-316.

[95] Mishra U N,Thakur B,Thakur M N. Investigation on viscosity of very high alumina slags for blast furnace[J].SEAISI Quarterly(South East Asia Iron and Steel Institute),1994,23(2):72-82.

[96] Higgins R,Jones T J B. Viscosity characteristics of rhodesian copper smelting slags[J].Bulletin of the Institution of Mining and Metallurgy,1963,682(9):825-864.

[97] Sukenaga S,Saito N,Kawakami K,et al. Viscosities of CaO-SiO$_2$-Al$_2$O$_3$-R$_2$O(or RO)melts[J]. ISIJ International,2006,46(3):352-358.

[98] Kim H,Kim W H,Park J H,et al. A study on the effect of Na$_2$O on the viscosity for ironmaking slags[J].Steel Research International,2010,81(1):17-24.

[99] Urbain G. Viscosity of liquid alumina[J].Revue Internationale des Hautes Temperatures et des Refractaires,1982,19(1):55-57.

[100] Urbain G. CaO-Al$_2$O$_3$ system liquid viscosity[J].Revue Internationale des Hautes Temperatures et des Refractaires,1983,20(2):135-139.

[101] Vidacak B,Du S C,Seetharaman S. An experimental study of the viscosities of Al$_2$O$_3$-CaO-' FeO ' slags[J].Metallurgical and Materials Transactions B,2001,32(4):679-684.

[102] Shiraishi Y,Saito T. The viscositys of CaO-SiO$_2$-alkaline earth fuoride system(on the viscosity of molten slags,(I)[J].Journal of the Japan Institute of Metals,1965,29(6):614-622.

[103] Shahbazian F. Experimental studies of the viscosities in the CaO-FeO-SiO$_2$-CaF$_2$slags [J]. Scandinavian Journal of Metallurgy,2001,30(5):302-308.

[104] Shahbazian F,Du S C,Mills K C,et al. Experimental studies of viscosities of some CaO-CaF$_2$-SiO$_2$ slags [J].Ironmaking & Steelmaking,1999,26(3):193-199.

[105] Shahbazian F,Du S C,Seetharaman S. Viscosities of some fayaliticslags containing CaF$_2$[J]. ISIJ International,1999,39(7):687-696.

[106] Nakamoto M,Tanaka T,Usui T. Extension of the viscosity model for molten silicate to multi-component systems [J].CAMP-ISIJ,2004,17(1):153.

[107] Shahbazian F,Du S C,Seetharaman S. The effect of addition of Al$_2$O$_3$ on the viscosity of CaO-' FeO '-SiO$_2$-CaF$_2$slags [J].ISIJ International,2002,42(2):155-162.

[108] Dingwell D B. Shear viscosity of alkali and alkaline earth titanium silicate liquids [J].American Mineralogist,1992,77:270-274.

[109] Ohno A,Ross H. Optimum slag composition for the blast-furnace smelting of titaniferous ores [J].Canadian Metallurgical Quarterly,1963,2(3):259-279.

[110] Colf J V D,Howat D D. Viscosities,electrical resistivities,and liquidus temperatures of slags in the system CaO-MgO-Al$_2$O$_3$-TiO$_2$-SiO$_2$ under neutral conditions [J]. Journal of the South African Institute of Mining and Metallurgy,1979,79(9):255-263.

[111] Shankar A,Gornerup M,Lahiri A K,et al. Experimental investigation of the viscosities in CaO-SiO$_2$-MgO-Al$_2$O$_3$ and CaO-SiO$_2$-MgO-Al$_2$O$_3$-TiO$_2$ slags [J].Metallurgical and Materials Transactions B,2007,38(6):911-915.

[112] Park H,Park J H,Kim G H,et al. Effect of TiO$_2$on the viscosity and slag structure in blast furnace type slags [J].Steel Research International,2012,83(2):150-156.

[113] Xie D,Mao Y,Guo Z,et al. Viscosity of TiO$_2$-containing blast furnace slags under neutral condition [J].Iron and Steel(China),1986,21(1):6-11.

[114] Liao J L,Li J,Wang X D,et al. Influence of TiO$_2$ and basicity on viscosity of Ti bearing slag [J].Ironmaking & Steelmaking,2012,39(2):133-139.

[115] Nakamura T,Morinaga K,Yanagase T. The viscosity of the molten silicate containing TiO$_2$[J]. Journal of the Japan Institute of Metals,1977,41:1300-1304.

[116] Saito N,Hori N,Nakashima K,et al. Viscosity of blast furnace type slags [J].Metallurgical and

Materials Transactions B,2003,34(5):509-516.

[117] Sumita S,Mimori T,Morinaga K,et al. Viscosity of slag melts containing Fe$_2$O$_3$[J].Journal of the Japan Institute of Metals,1980,44(1):94-99.

[118] Endell K,Heidtkamp G,Hax L. Fluidity of calcium silicates and ferrites and basic slags at temperatures up to 1900K [J].Arch Eisenhuttenwesen,1936,10:85-90.

[119] Seki K,Oeters F. Viscosity measurements on liquid slags in the system CaO-FeO-Fe$_2$O$_3$-SiO$_2$ [J].Transactions of the Iron and Steel Institute of Japan,1984,24(6):445-454.

[120] Kozakevitch P,Repetylo O,Thibault J. [J].Revue de Metallurgie,1965,62:291-298.

[121] Callis C F,Van Wazer J R,Metcalf J S. Structure and properties of the condensed phosphates. IX. Viscosity of molten sodium phosphates [J].Journal of the American Chemical Society, 1955,77(6):1471-1473.

[122] Dingwell D B,Knoche R,Webb S L. The effect of P$_2$O$_5$ on the viscosity of haplogranitic liquid [J].European journal of mineralogy,1993,5:133-140.

[123] Roscoe R. The viscosity of suspensions of rigid spheres [J].British Journal of Applied Physics, 1952,3(8): 267.

[124] Urbain G. Viscosity estimation of slags[J]. Steel Research International, 1987, 58(3): 111-116.

[125] Mills K C, Sridhar S. Viscosities of ironmaking and steelmaking slags[J]. Ironmaking & Steelmaking, 1999, 26(4):262-268.

[126] Ray H S, Pal S. Simple method for theoretical estimation of viscosity of oxide melts using optical basicity[J]. Ironmaking & Steelmaking, 2004, 31(2):125-130.

[127] Du S C, Bygden J, Seetharaman S. Model for estimation of viscosities of complex metallic and ionic melts[J]. Metallurgical and Materials Transactions B, 1994, 25(4):519-525.

[128] Seetharaman S, Du S C. Estimation of the viscosities of binary metallic melts using Gibbs energies of mixing[J]. Metallurgical and Materials Transactions B, 1994, 25(4):589-595.

[129] Seetharaman S, Du S C. Viscosities of high temperature systems-A modelling approach[J]. ISIJ International, 1997, 37(2):109-118.

[130] Iida T, Sakal H, Klta Y, et al. An equationfor accurate prediction of the viscosities of blast furnace type slags from chemicalcomposion[J]. ISIJ International, 2000, 40(S):110-114.

[131] Pauling L. The Nature of Chemical Bond [M]. Ithaca:NY Cornell University Press, 1960.

[132] Waseda Y, Toguri J M. The Structure and Properties of Oxide Melts [M]. Singapore:Word Scientific Publishing Co. Pte. Ltd. , 1998.

[133] Suginohara Y, Yanagase T, Ito H. The effect of oxide additions upon the structure sensitive properties of lead silicate melts [J]. Tran sactions of the Japan Institute of Metals, 1962, 3 (4): 227-233.

[134] Roscoe R. The viscosity of suspensions of rigid spheres [J]. British Journal of Applied Physics, 1952, 3(8):267.

# 5 均相熔渣黏度测量

## 5.1 黏度测量及样品制备

### 5.1.1 内柱体旋转法黏度测量原理

内柱体旋转法是测量熔渣黏度最常用的一种方法，下面首先简要介绍测量原理。

内柱体旋转法测量黏度的装置是由两个半径不等的同心柱体组成（外柱体为坩埚），在内外柱体之间为待测黏度的液体。当外力使内柱体匀速转动时，内柱体和坩埚之间的径向距离上出现速度梯度，于是产生切应力，通过测量该应力便可以计算液体的黏度。进行黏度测量需要满足如下条件：

(1) 液体处于层流状态；

(2) 样品必须均匀；

(3) 液体与内外柱体之间无滑动摩擦；

(4) 内外柱体材料与液体之间不发生化学反应[1]。

内柱体的外径为 $r$，坩埚内径为 $R$，内柱体的浸没深度为 $h$，柱体在盛有液体的柱形坩埚内匀速旋转，转动的角速度为 $\omega$。此时，柱体和坩埚壁之间的液体产生了相对运动，从而形成了速度梯度。根据牛顿黏性定律，会有黏性力产生，于是在内柱体上也将会产生一个力矩与其平衡。当液体是牛顿流体且柱体转速恒定时，速度梯度和力矩都是一个恒定值，力矩为：

$$M = \frac{4\pi h \eta \omega}{\dfrac{1}{r^2} - \dfrac{1}{R^2}} \tag{5-1}$$

或

$$\eta = \frac{M}{4\pi h \omega}\left(\frac{1}{r^2} - \frac{1}{R^2}\right) \tag{5-2}$$

在柱体外径、坩埚内径和柱体浸入深度都一定时，式（5-2）可以简化为：

$$\eta = K \frac{M}{\omega} \tag{5-3}$$

式中，$K = \dfrac{1}{4\pi h}\left(\dfrac{1}{r^2} - \dfrac{1}{R^2}\right)$。

通常采用已知黏度的标准液体对黏度常数 $K$ 进行标定，即在室温时测定某一转速下已知黏度的液体的扭矩，求出黏度常数 $K$。实验所用的标准液体为硅油，实验前首先用硅油对黏度常数进行校正。

### 5.1.2　黏度测量装置

实验所用高温炉发热体材料为硅钼棒，测温热电偶为单铂铑（PtRh10-Pt），位于坩埚的正下方。高温氧化物熔渣具有较强的侵蚀性，最好选择非氧化物材料的坩埚。由于石墨坩埚和氧化物熔渣之间的浸润性比较差，对黏度的测量有一定的影响，因此采用钼坩埚。进行黏度测量的测头的材料也是金属钼，为了防止钼坩埚及钼测头在高温下被氧化，实验过程中通入氩气。

### 5.1.3　样品制备及黏度测量

分析纯的 $CaCO_3$ 在 1273K 煅烧 8h 后 106μm（150 目）过筛，根据称量煅烧后的失重情况可以推算 $CaCO_3$ 是否完全分解为 CaO。$Al_2O_3$、$SiO_2$、$Na_2CO_3$ 和 $K_2CO_3$ 均在 1273K 煅烧 8h，预处理后的原料按照各自配料表中的成分进行配比。

将配好的样品置于 Mo 坩埚内，在硅钼棒炉中 1823K 时预熔 2h，中间通 Ar 气保护。预熔后的渣连同 Mo 坩埚一起放入黏度测量装置的硅钼棒炉内，保持坩埚处于炉管的中心位置。达到指定温度后，先用 Mo 棒对熔化后的渣样搅拌 30min，然后把 Mo 测头放入到指定位置，利用测头对熔渣继续搅拌 60min。待熔池充分稳定后，对熔渣降温测量黏度，温度每下降 25K 测量一次。在每一个温度点进行测量之前，先在该温度下对熔渣搅拌 30min，待稳定后再测量。黏度测量完毕以后，升温到 1823K 拔出测头，对测头进行清理，以待下次测量。

## 5.2　$CaO$-$Al_2O_3$-$SiO_2$ 体系

表 5-1 中的 14 个成分点分为 A、B 和 C 三组，CaO 的摩尔分数分别为 0.35、0.4 和 0.45。每一组内 $Al_2O_3$ 含量从 0.05 以步长为 0.05 逐渐增加。

表 5-1　黏度测量的成分

| 成分点 | | $x_{CaO}$ | $x_{Al_2O_3}$ | $x_{SiO_2}$ |
| --- | --- | --- | --- | --- |
| A 组 | A1 | 0.35 | 0.05 | 0.6 |
| | A2 | | 0.1 | 0.55 |
| | A3 | | 0.15 | 0.5 |
| | A4 | | 0.2 | 0.45 |
| | A5 | | 0.25 | 0.4 |
| | A6 | | 0.3 | 0.35 |

续表 5-1

| 成分点 | | $x_{CaO}$ | $x_{Al_2O_3}$ | $x_{SiO_2}$ |
|---|---|---|---|---|
| B 组 | B1 | 0.4 | 0.05 | 0.55 |
| | B2 | | 0.1 | 0.5 |
| | B3 | | 0.15 | 0.45 |
| | B4 | | 0.2 | 0.4 |
| | B5 | | 0.25 | 0.35 |
| C 组 | C1 | 0.45 | 0.05 | 0.5 |
| | C2 | | 0.1 | 0.45 |
| | C3 | | 0.15 | 0.4 |

### 5.2.1　黏度测量结果

　　黏度与温度之间的关系如图 5-1~图 5-3 所示。从图可以看出, 黏度与温度之间满足 Arrhenius 方程, 并且黏度随温度的增加而减少。对于 A 组(见图 5-1) 来说, 黏度随着 Al$_2$O$_3$ 替代量的增加而增加, 当 Al$_2$O$_3$ 的含量达到 0.1 时, 黏度随着 Al$_2$O$_3$ 的继续替代而减少。也就是说, 随着 Al$_2$O$_3$/SiO$_2$ 的变化, 黏度出现最大值。对于 B 组(见图 5-2) 来说, 随着 Al$_2$O$_3$ 替代 SiO$_2$, 黏度也是先增加后减少。对于 C 组(见图 5-3) 来说, 从成分 C1 到 C3, 黏度随着 Al$_2$O$_3$ 含量的增加而增加。

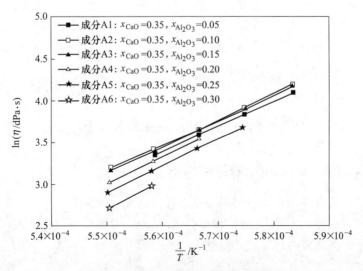

图 5-1　A 组各成分黏度随温度的变化

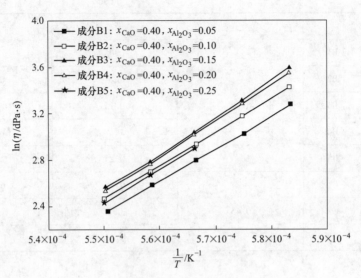

图 5-2　B 组各成分黏度随温度的变化

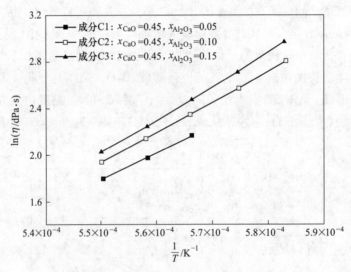

图 5-3　C 组各成分黏度随温度的变化

### 5.2.2　实验测量黏度和模型计算黏度的比较

本小节将结合第 4 章提出的黏度模型计算各成分的黏度，并与实验测量黏度进行比较。黏度与温度之间的关系根据 Arrhenius 关系计算，$CaO-Al_2O_3-SiO_2$ 体系指前因子和活化能的计算公式分别为：

$$\ln A = k(E - 572516) - 17.47 \qquad (5-4)$$

$$k = \frac{-2.088 \times 10^{-5} x_{CaO} - 2.594 \times 10^{-5} x_{Al_2O_3}}{x_{CaO} + x_{Al_2O_3}} \tag{5-5}$$

$$E = \frac{572516 \times 2}{n_{O_{Si}} + 5.671 n_{O_{Al}} + 17.34 n_{O_{Ca}} + 4.996 n_{O_{Al,Ca}} + 7.422 n_{O_{Si}^{Ca}} + 7.115 n_{O_{Al,Ca}^{Ca}}} \tag{5-6}$$

式中，各符号的意义参见 4.2 节。

表 5-1 所有的成分都满足 $x_{CaO} > x_{Al_2O_3}$，所以熔渣中不同类型的结构单元的数量为：

$$n_{O_{Si}^{Ca}} = 2(x_{CaO} - x_{Al_2O_3}) \frac{x_{SiO_2}}{2x_{Al_2O_3} + x_{SiO_2}} \tag{5-7}$$

$$n_{O_{Al,Ca}^{Ca}} = 2(x_{CaO} - x_{Al_2O_3}) \frac{2x_{Al_2O_3}}{2x_{Al_2O_3} + x_{SiO_2}} \tag{5-8}$$

$$n_{O_{Si}} = 2x_{SiO_2} - \frac{n_{O_{Si}^{Ca}}}{2} \tag{5-9}$$

$$n_{O_{Al,Ca}} = 4x_{Al_2O_3} - \frac{n_{O_{Al,Ca}^{Ca}}}{2} \tag{5-10}$$

$$n_{O_{Al}} = n_{O_{Ca}} = 0 \tag{5-11}$$

根据以上方程，可以计算表 5-1 中各成分在不同温度下的黏度值。1823K 时各成分的黏度随 Al$_2$O$_3$ 含量的变化如图 5-4 所示。实验测量黏度同时也在图中给出，对于某温度下未经测量的黏度值，可根据测量的黏度值按照 Arrhenius 定律进行差值计算。根据图 5-4，黏度模型计算的黏度值随着 Al$_2$O$_3$ 含量的增加而先增加后减少，与实验结果一致。Nakamoto 模型[2] 和修正的 Urbain 模型[3] 计算的理论曲线也在图 5-4 中给出。修正的 Urbain 模型预测的结果显示黏度随 Al$_2$O$_3$ 含量变化出现最大值，而 Nakamoto 模型只能给出黏度随 Al$_2$O$_3$ 含量增加而减少的趋势。这是因为：

（1）Nakamoto 模型无法区分非桥氧和自由氧离子对黏度的不同贡献。

（2）黏度活化能 $E$ 与指前因子的对数 $\ln A$ 之间的线性关系未予考虑，而是采用了一个恒定的指前因子 $A$ 描述所有体系。

（3）没有考虑不同金属阳离子对 Al$^{3+}$ 离子电荷补偿的优先顺序，从而不能很好地处理含多种碱性氧化物的硅铝酸盐熔渣。

（4）模型在计算不同类型的氧离子数量时采用 Susa[4] 近似，但是 Susa 近似认为熔渣中只存在三种类型的氧离子，即与 SiO$_4^{4-}$ 四面体相连的桥氧 Si-BO、与得到电荷补偿的 AlO$_4^{5-}$ 四面体相连的桥氧 Al-BO 以及与 Si$^{4+}$ 离子相连的非桥氧 Si-NBO，这显然无法客观地描述熔渣的结构。

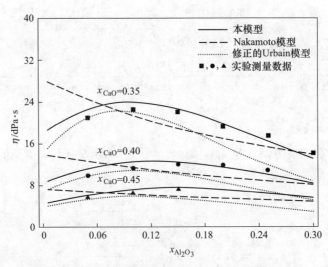

图 5-4　不同模型计算黏度值随 $Al_2O_3$ 含量的变化

本黏度模型和修正的 Urbain 模型计算的黏度值与实验测量黏度值比较，平均偏差分别为 12.0% 和 22.9%。因此，本模型可以很好地描述 $CaO-Al_2O_3-SiO_2$ 体系黏度的变化趋势。

### 5.2.3　讨论

考虑到 Al—O 键比 Si—O 键弱，一般认为熔渣体系中用 $Al_2O_3$ 替代 $SiO_2$ 会导致黏度下降[5]。$CaO-Al_2O_3-MgO-SiO_2$ 体系的黏度测量结果表明[7]，在一定范围内黏度随着 $Al_2O_3/SiO_2$ 比值的增加而减少。然后，根据实验的结果，当 $Al_2O_3$ 的含量较低时，黏度总是随着 $Al_2O_3$ 含量的增加而增加。虽然相对较弱的 Al—O 键替代 Si—O 键将导致弱的黏性流动的阻力，从而降低黏度值。但是，熔渣的黏度不仅仅由键强决定，在很大程度上还取决于熔渣的聚合度。具有较高聚合度的熔渣往往具有较大的黏度值，$Al_2O_3$ 替代 $SiO_2$ 对熔渣的聚合度影响很大。对于含 $Al_2O_3$ 的熔渣体系，当有足够的金属阳离子参与 $Al^{3+}$ 离子的电荷补偿时，$Al^{3+}$ 倾向于形成 $AlO_4^{5-}$ 四面体而融入 $SiO_2$ 的网络结构，这个过程需要消耗本来充当网络破坏者而产生非桥氧的 CaO。$Al_2O_3$ 替代 $SiO_2$ 导致的熔渣结构变化如图 5-5 所示。根据图 5-5，$Al_2O_3$ 替代 $SiO_2$ 将减少非桥氧的数量，并且通过形成 $AlO_4^{5-}$ 四面体而增加熔渣的聚合度。综上，随着 $Al_2O_3/SiO_2$ 比的增加，Al—O 键相对于 Si—O 键较弱，因此导致熔渣平均键强降低，这个因素使黏度减少；然而，熔渣非桥氧数量的减少和聚合度的增加使黏度增加。这两个因素对黏度的影响出现相反的趋势，这可能是黏度随 $Al_2O_3/SiO_2$ 比出现最大值的原因。黏度随 $Al_2O_3/SiO_2$ 比先增加的原因可能是当 $Al_2O_3$ 的含量比较少时，$Al_2O_3$ 的加入导致的聚合度的增加相对于平均键强的减少对黏度的影响更大。随着 $Al_2O_3/SiO_2$ 比的继续增加，更多的 Al—O 键代替 Si—O 键，此时 $Al_2O_3$ 的加入导致的熔渣平均键强的减少更为重要，所以此时表现为熔渣的黏度随着 $Al_2O_3$ 的继续增加而下降。综上所述，$Al_2O_3$ 替代 $SiO_2$ 而导致的熔渣平均键强和聚合度的变化是黏度出现先增加后减少的根本原因。

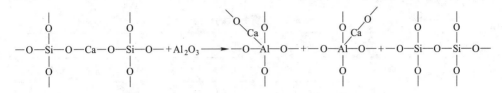

图 5-5　$Al_2O_3$ 替代 $SiO_2$ 导致的熔渣结构变化示意图

### 5.2.4　结论

通过旋转柱体法研究了不同 CaO 含量下，$Al_2O_3/SiO_2$ 比对 CaO-Al₂O₃-SiO₂ 熔渣黏度的影响规律，并通过黏度模型对该体系的黏度进行了模拟。研究发现：

（1）随着用 $Al_2O_3$ 逐渐替代 $SiO_2$，熔渣的黏度先增加后减少。在保持 CaO 含量不变的情况下，$Al_2O_3$ 替代 $SiO_2$ 将导致熔渣结构发生两方面的变化：第一个方面是强的 Si—O 键被较弱的 Al—O 键替代；第二个方面是加入的 $Al_2O_3$ 的电荷补偿效应消耗本来起网络破坏作用的 CaO，导致熔渣的非桥氧数量减少，聚合度增加。前者导致黏度减少，后者导致黏度增加。$Al_2O_3$ 的替代量比较低的时候，聚合度的变化起主要作用，替代量比较高的时候，键强的变化起主要作用。所以，熔渣黏度随着 $Al_2O_3/SiO_2$ 比先增加后减少。

（2）本黏度模型能够很好地描述黏度随 $Al_2O_3$ 替代量的增加而呈现先增加后减少的趋势，而其他黏度模型只能预测出黏度减少的趋势。

## 5.3　CaO-Al₂O₃-SiO₂-（Na₂O）体系

碱金属氧化物（如 $K_2O$、$Na_2O$ 等）在冶金过程中的含量虽然比较低，但是对冶炼过程有很大的影响，例如高炉渣以及连铸保护渣等熔渣中的少量碱金属氧化物对熔渣流动性具有很重要的影响。Sukenaga 等[6] 曾经研究了在高 $Al_2O_3$ 的 CaO-Al₂O₃-SiO₂ 渣中加入 $Na_2O$ 和 $K_2O$ 后黏度的变化情况，发现黏度随 $K_2O$ 的不断加入而升高，随 $Na_2O$ 的加入而下降。实际的高炉渣和连铸保护渣中 $Al_2O_3$ 的含量往往比较低。在以前的工作中[8]，研究了低 $Al_2O_3$ 的 CaO-Al₂O₃-SiO₂ 渣中加入 $K_2O$ 后的黏度变化规律，并基于熔渣结构给出了黏度随 $K_2O$ 含量升高的解释。这里将通过实验测量和模型预测的方法详细研究了 $Na_2O$ 对 CaO-Al₂O₃-SiO₂

渣的影响规律。

　　熔渣成分见表 5-2。表 5-2 中的 9 个成分点的 $SiO_2$ 的摩尔分数均为 0.5。为了研究低 $Al_2O_3$ 情况下 $CaO$-$Al_2O_3$-$SiO_2$ 渣中加入 $Na_2O$ 后黏度的变化行为，在第一组、第二组和第三组的实验中，$CaO$-$Al_2O_3$-$SiO_2$ 母渣中 $Al_2O_3$ 的摩尔分数分别为 2%、5%、10%。为了减少 $Na_2O$ 的挥发，$Na_2O$ 的摩尔分数均小于等于 8%，分别为 2%、5% 和 8%。

**表 5-2　黏度测量的成分**

| 成分点 | | $x_{SiO_2}$ | $x_{Al_2O_3}$ | $x_{CaO}$ | $x_{Na_2O}$ |
|---|---|---|---|---|---|
| A 组 | A1 | 0.5 | 0.02 | 0.46 | 0.02 |
| | A2 | 0.5 | 0.02 | 0.43 | 0.05 |
| | A3 | 0.5 | 0.02 | 0.40 | 0.08 |
| B 组 | B1 | 0.5 | 0.05 | 0.43 | 0.02 |
| | B2 | 0.5 | 0.05 | 0.49 | 0.05 |
| | B3 | 0.5 | 0.05 | 0.37 | 0.08 |
| C 组 | C1 | 0.5 | 0.10 | 0.38 | 0.02 |
| | C2 | 0.5 | 0.10 | 0.35 | 0.05 |
| | C3 | 0.5 | 0.10 | 0.32 | 0.08 |

## 5.3.1　黏度测量结果

### 5.3.1.1　$CaO/Al_2O_3$ 比对黏度的影响

　　在表 5-2 中，A1、B1 和 C1，A2、B2 和 C2，以及 A3、B3 和 C3 分别具有相同含量的 $SiO_2$ 和 $Na_2O$，故而可用来研究 $CaO$ 和 $Al_2O_3$ 之间的替代对黏度的影响规律。$Na_2O$ 摩尔分数分别为 2%、5% 和 8% 时，不同 $Al_2O_3$ 含量成分的黏度与温度的关系如图 5-6~图 5-8 所示。从图可知，黏度随温度的升高而降低，并且与温度之间的关系满足 Arrhenius 定律。同时，当 $Na_2O$ 和 $SiO_2$ 含量一定时，黏度随 $Al_2O_3$ 含量的增加而增加。这是因为 $Al_2O_3$ 是两性氧化物，它在熔渣中的行为与渣的碱度有关。当有足够的碱性氧化物时，$Al_2O_3$ 将通过 $Al^{3+}$ 离子电荷补偿而融入 $SiO_2$ 的网络结构，显示酸性。表 5-2 的所有成分，其 $Na_2O$ 和 $CaO$ 的摩尔分数之和都大于 $Al_2O_3$。因此，$Al_2O_3$ 将通过消耗碱性氧化物而融入 $SiO_2$ 的网络结构，所以随着 $Al_2O_3$ 替代 $CaO$ 的量的增加，更多的碱性氧化物被消耗，一方面增加了四面体的数量，另一方面减少了熔渣中的非桥氧的数量，从而熔渣的聚合度增加，黏度增加。

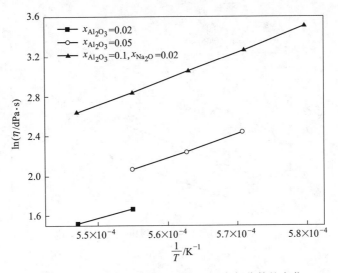

图 5-6 $x_{Na_2O}$ = 0.02 时黏度随 Al$_2$O$_3$ 摩尔分数的变化

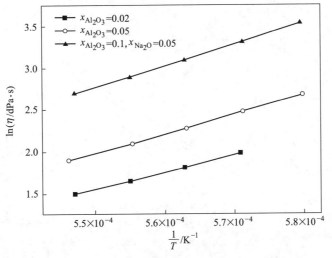

图 5-7 $x_{Na_2O}$ = 0.05 时黏度随 Al$_2$O$_3$ 的含量的变化

### 5.3.1.2 Na$_2$O/CaO 比对黏度的影响

当熔渣中 Al$_2$O$_3$ 和 SiO$_2$ 含量不变时，黏度随 Na$_2$O 含量和温度的变化关系如图 5-9~图 5-11 所示。对 A 组来说(见图 5-9)，所有成分的 Na$_2$O 的摩尔分数都高于 Al$_2$O$_3$ 的摩尔分数，并且从成分 A1 到 A3，黏度随着 Na$_2$O 替代 CaO 而逐渐减少。对于 B 组(见图 5-10)，B1 成分 Na$_2$O 的含量小于 Al$_2$O$_3$ 的含量，B3 中 Na$_2$O 的含量大于 Al$_2$O$_3$ 的含量。黏度测量结果表明从成分 B1 到 B3，黏度随着 Na$_2$O

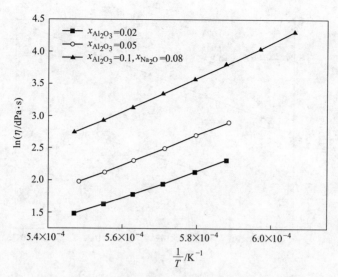

图 5-8　$x_{Na_2O} = 0.08$ 时黏度随 $Al_2O_3$ 摩尔分数的变化

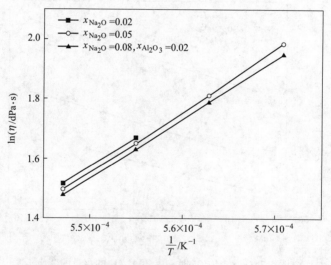

图 5-9　$x_{Al_2O_3} = 0.02$ 时黏度随 $Na_2O$ 摩尔分数的变化

替代 CaO 而逐渐增加。对于 C 组（见图 5-11），C1、C2 和 C3 三个成分的 $Na_2O$ 的摩尔分数都小于 $Al_2O_3$，从 C1 到 C3，黏度逐渐增加。因此，从黏度测量结果可以看出，对于 $CaO$-$Al_2O_3$-$SiO_2$-$Na_2O$ 体系（$Al_2O_3$ 和 $SiO_2$ 的含量不变），当 $Na_2O$ 的含量相对于 $Al_2O_3$ 的含量较低时，黏度随着 $Na_2O$ 含量的增加而增加，而当 $Na_2O$ 的含量足够多时，黏度随着 $Na_2O$ 含量的继续增加而降低。也就是说，当用等量的 $Na_2O$ 替代 CaO 时，黏度的变化趋势与 $Na_2O/Al_2O_3$ 的比值有关。当

Na$_2$O/Al$_2$O$_3$<1，熔渣黏度增加，直到 Na$_2$O 增加到一定程度，黏度随着 Na$_2$O 的继续替代而减少。根据 B 组的实验结果，黏度的最大值位置应该位于 Na$_2$O/Al$_2$O$_3$>1 一侧。

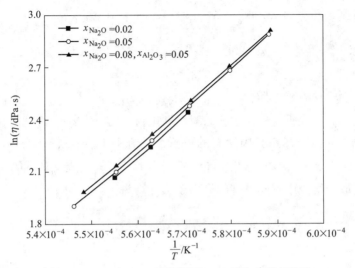

图 5-10　$x_{Al_2O_3}=0.05$ 时黏度随 Na$_2$O 摩尔分数的变化

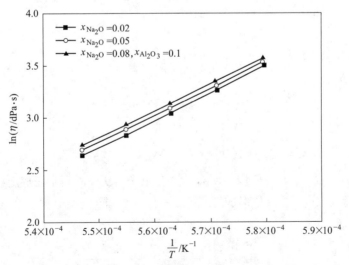

图 5-11　$x_{Al_2O_3}=0.08$ 时黏度随 Na$_2$O 摩尔分数的变化

## 5.3.2　实验测量黏度与模型计算黏度的比较

黏度与温度之间的关系根据 Arrhenius 关系式计算，CaO-Al$_2$O$_3$-SiO$_2$-Na$_2$O 体系指前因子和活化能的计算公式为：

$$k = \frac{\sum_{i, i = \text{CaO, Al}_2\text{O}_3, \text{Na}_2\text{O}} (x_i k_i)}{\sum_{i, i = \text{CaO, Al}_2\text{O}_3, \text{Na}_2\text{O}} x_i} \tag{5-12}$$

$$E = 572516 \times 2 / (n_{\text{O}_{\text{Si}}} + \alpha_{\text{Al}} n_{\text{O}_{\text{Al}}} + \alpha_{\text{Ca}} n_{\text{O}_{\text{Ca}}} + \alpha_{\text{Na}} n_{\text{O}_{\text{Na}}} + \alpha_{\text{Al,Ca}} n_{\text{O}_{\text{Al,Ca}}} + \alpha_{\text{Al,Na}} n_{\text{O}_{\text{Al,Na}}} +$$

$$\alpha_{\text{Si}}^{\text{Ca}} n_{\text{O}_{\text{Si}}^{\text{Ca}}} + \alpha_{\text{Si}}^{\text{Na}} n_{\text{O}_{\text{Si}}^{\text{Na}}} + \alpha_{\text{Al,Ca}}^{\text{Ca}} n_{\text{O}_{\text{Al,Ca}}^{\text{Ca}}} + \alpha_{\text{Al,Na}}^{\text{Na}} n_{\text{O}_{\text{Al,Na}}^{\text{Na}}} + \alpha_{\text{Al,Na}}^{\text{Ca}} n_{\text{O}_{\text{Al,Ca}}^{\text{Ca}}}) \tag{5-13}$$

式中，各符号的意义以及参数可参考 4.2 节。

表 5-2 中所有的成分都满足 $x_{\text{CaO}} + x_{\text{Na}_2\text{O}} > x_{\text{Al}_2\text{O}_3}$，且 $x_{\text{CaO}} + x_{\text{Na}_2\text{O}} - x_{\text{Al}_2\text{O}_3} <$ $2(x_{\text{SiO}_2} + 2x_{\text{Al}_2\text{O}_3})$，所以存在足够的碱性氧化物参与 $\text{Al}^{3+}$ 离子的电荷补偿，但是碱性氧化物的含量不足以打断所有的桥氧，熔渣中仍然有桥氧的存在。当 $x_{\text{Na}_2\text{O}}$ $< x_{\text{Al}_2\text{O}_3}$ 时，部分 $\text{Al}^{3+}$ 离子的电荷补偿首先由 $\text{Na}^+$ 离子完成，剩下的 $\text{Al}^{3+}$ 离子由 $\text{Ca}^{2+}$ 离子完成，熔渣中不同类型的氧离子可计算为：

$$n_{\text{O}_{\text{Si}}^{\text{Ca}}} = 2(x_{\text{CaO}} + x_{\text{Na}_2\text{O}} - x_{\text{Al}_2\text{O}_3}) \frac{x_{\text{SiO}_2}}{2x_{\text{Al}_2\text{O}_3} + x_{\text{SiO}_2}} \tag{5-14}$$

$$n_{\text{O}_{\text{Al,Na}}^{\text{Ca}}} = 2(x_{\text{CaO}} + x_{\text{Na}_2\text{O}} - x_{\text{Al}_2\text{O}_3}) \frac{2x_{\text{Na}_2\text{O}}}{2x_{\text{Al}_2\text{O}_3} + x_{\text{SiO}_2}} \tag{5-15}$$

$$n_{\text{O}_{\text{Al,Ca}}^{\text{Ca}}} = 2(x_{\text{CaO}} + x_{\text{Na}_2\text{O}} - x_{\text{Al}_2\text{O}_3}) \frac{2(x_{\text{Al}_2\text{O}_3} - x_{\text{Na}_2\text{O}})}{2x_{\text{Al}_2\text{O}_3} + x_{\text{SiO}_2}} \tag{5-16}$$

$$n_{\text{O}_{\text{Si}}} = 2x_{\text{SiO}_2} - \frac{n_{\text{O}_{\text{Si}}^{\text{Ca}}}}{2} \tag{5-17}$$

$$n_{\text{O}_{\text{Al,Na}}} = 4x_{\text{Na}_2\text{O}} - \frac{n_{\text{O}_{\text{Al,Na}}^{\text{Ca}}}}{2} \tag{5-18}$$

$$n_{\text{O}_{\text{Al,Ca}}} = 4(x_{\text{Al}_2\text{O}_3} - x_{\text{Na}_2\text{O}}) - \frac{n_{\text{O}_{\text{Al,Ca}}^{\text{Ca}}}}{2} \tag{5-19}$$

当 $x_{\text{Na}_2\text{O}} > x_{\text{Al}_2\text{O}_3}$ 时，熔渣中所有的 $\text{Al}^{3+}$ 离子均由 $\text{Na}^+$ 离子完成电荷补偿，剩余的 $\text{Na}_2\text{O}$ 和 CaO 共同参与形成非桥氧，熔渣中不同类型氧离子含量的计算公式为：

$$n_{\text{O}_{\text{Si}}^{\text{Na}}} = 2(x_{\text{Na}_2\text{O}} - x_{\text{Al}_2\text{O}_3}) \frac{x_{\text{SiO}_2}}{2x_{\text{Al}_2\text{O}_3} + x_{\text{SiO}_2}} \tag{5-20}$$

$$n_{\text{O}_{\text{Si}}^{\text{Ca}}} = 2x_{\text{CaO}} \frac{x_{\text{SiO}_2}}{2x_{\text{Al}_2\text{O}_3} + x_{\text{SiO}_2}} \tag{5-21}$$

$$n_{\text{O}_{\text{Al,Na}}^{\text{Na}}} = 2(x_{\text{Na}_2\text{O}} - x_{\text{Al}_2\text{O}_3}) \frac{2x_{\text{Al}_2\text{O}_3}}{2x_{\text{Al}_2\text{O}_3} + x_{\text{SiO}_2}} \tag{5-22}$$

$$n_{O_{Al,Na}^{Ca}} = 2x_{CaO} \frac{2x_{Al_2O_3}}{2x_{Al_2O_3} + x_{SiO_2}} \tag{5-23}$$

$$n_{O_{Si}} = 2x_{SiO_2} - \frac{n_{O_{Si}^{Na}}}{2} - \frac{n_{O_{Si}^{Ca}}}{2} \tag{5-24}$$

$$n_{O_{Al,Na}} = 4x_{Al_2O_3} - \frac{n_{O_{Al,Na}^{Na}}}{2} - \frac{n_{O_{Al,Na}^{Ca}}}{2} \tag{5-25}$$

根据以上各式及 4.2 中黏度模型的参数值，某特定成分在特定温度下的黏度值可以很方便地计算出来。Riboud 模型[9]、Ray 模型[10]和 Nakamoto 模型[2]也可用来计算含碱金属氧化物的熔渣体系的黏度。图 5-12 中给出了不同模型计算的黏度值与实验测量黏度值的比较。本模型、Riboud 模型、Nakamoto 模型和 Ray 模型计算黏度值的平均偏差分别为 16.1%、16.9%、25.8%和 38.8%。所以，本模型和 Riboud 模型都可以获得很好的计算结果。

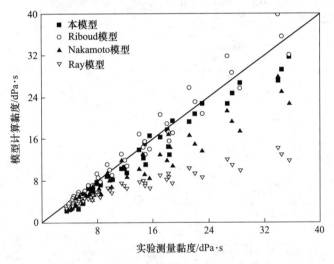

图 5-12 模型计算黏度和实验测量黏度的比较

1802K 时黏度随 Al$_2$O$_3$ 或 Na$_2$O 的变化如图 5-13～图 5-18 所示。为了便于比较，图中同时还给出了四个黏度模型计算的理论黏度曲线。从图 5-13～图 5-15 可以看出，四个模型预测的黏度的变化趋势都是随 Al$_2$O$_3$ 的含量单调递增，这也与实验结果相一致。从图 5-16～图 5-18 可以看出，根据本黏度模型，黏度随着 Na$_2$O 含量的增加而先增加后降低，然而其他的黏度模型却只能预测出黏度单调下降的趋势。虽然 Riboud 模型[9]有最小的平均偏差，但是在黏度的变化趋势上却给出了与实验测量结果相背的结论。而本黏度模型能够很好地预测 CaO-Al$_2$O$_3$-SiO$_2$-Na$_2$O 熔渣的黏度变化趋势。

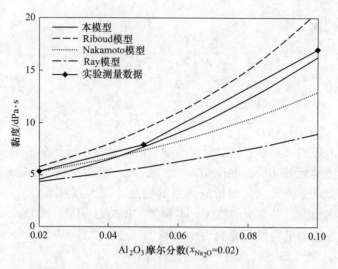

图 5-13  1802K 时黏度随 $Al_2O_3$ 摩尔分数的变化

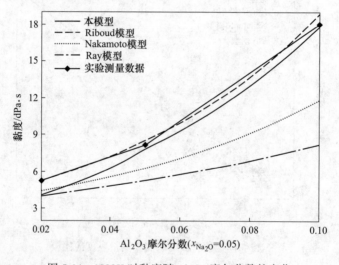

图 5-14  1802K 时黏度随 $Al_2O_3$ 摩尔分数的变化

### 5.3.3  讨论

一般认为，增加 $CaO-SiO_2-Al_2O_3-Na_2O$ 体系中 $Na_2O$ 的含量将导致熔渣的黏度下降。但是当前的研究结果却给出了不同的趋势，可能原因如下。

在 $CaO-Al_2O_3-SiO_2-Na_2O$ 体系中，一共有两种碱性氧化物 CaO 和 $Na_2O$。表 5-2 中所有成分的 CaO 和 $Na_2O$ 的摩尔分数的加和都超过 $Al_2O_3$，也就是说存在足够的金属阳离子参与 $Al^{3+}$ 离子的电荷补偿。鉴于 $Na^+$ 离子比 $Ca^{2+}$ 离子具有较高的

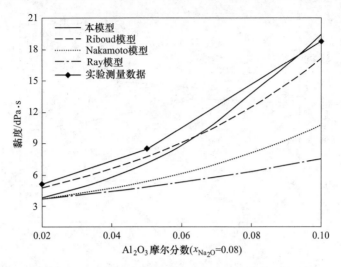

图 5-15  1802K 时黏度随 Al$_2$O$_3$ 摩尔分数的变化

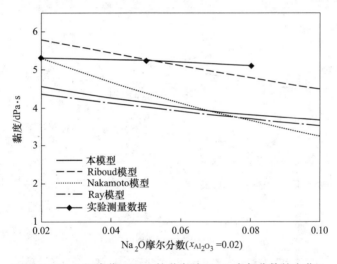

图 5-16  A 组成分 1802K 的黏度随 Na$_2$O 摩尔分数的变化

电荷补偿 Al$^{3+}$离子的优先权，所以，当增加 Na$_2$O/CaO 比例时，新加入的 Na$^+$将会取代 Ca$^{2+}$的位置而参与对 Al$^{3+}$离子的电荷补偿。Na$_2$O 替代 CaO 可能导致两方面的变化：一方面是桥氧 O$_{Al,Ca}$ 逐渐转化为 O$_{Al,Na}$；另一方面是非桥氧 O$_{Al,Na}^{Ca}$ 逐渐转化为非桥氧 O$_{Al,Na}^{Ca}$ 和 O$_{Al,Na}^{Na}$。由于桥氧 O$_{Al,Na}$ 附近化学键的变形能力弱于桥氧 O$_{Al,Ca}$ 附近的化学键（$\alpha_{Al,Ca}$ = 4.996 > $\alpha_{Al,Na}$ = 4.156），所以桥氧类型的转变将导致黏度增加。而非桥氧 O$_{Al,Ca}^{Ca}$ 附近化学键的变形能力要弱于非桥氧 O$_{Al,Na}^{Ca}$ 附近的化学键，所以非桥氧类型的转变将导致黏度下降（$\alpha_{Al,Ca}^{Ca}$ = 7.115 < $\alpha_{Al,Na}^{Ca}$ =

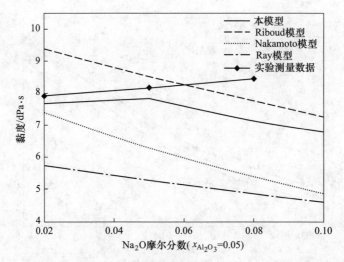

图 5-17　B 组成分 1802K 的黏度随 $Na_2O$ 摩尔分数的变化

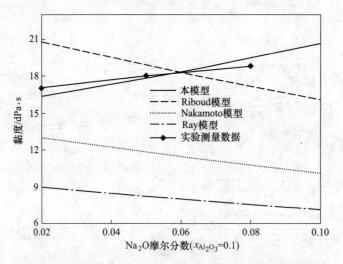

图 5-18　C 组成分 1802K 的黏度随 $Na_2O$ 摩尔分数的变化

$9.787 < \alpha_{Al,Na}^{Na} = 10.46$）。当 $Na_2O$ 的含量相对于 $Al_2O_3$ 的含量较低时，新替换的 $Na_2O$ 全部用来参与 $Al^{3+}$ 离子的电荷补偿，这时候 $Na_2O$ 替代 $CaO$ 主要改变桥氧的类型，非桥氧变化较少，所以此时黏度随 $Na_2O$ 含量的增加而增加。当所有的桥氧 $O_{Al,Ca}$ 都转变为桥氧 $O_{Al,Na}$，继续增加 $Na_2O/CaO$ 将不再增加 $O_{Al,Na}$ 的量，只是形成更多的 $O_{Al,Na}^{Ca}$ 和 $O_{Al,Na}^{Na}$，所以随着 $Na_2O$ 的进一步加入，黏度下降。因此，对于 $CaO$-$SiO_2$-$Al_2O_3$-$Na_2O$ 体系，当增加 $Na_2O/CaO$ 比率时，黏度先增加后减少。

根据实验结果，随着 $Na_2O/CaO$ 的逐渐增加，在 $Na_2O/Al_2O_3 > 1$ 时，黏度可

能出现最大值，而本黏度模型给出的黏度最大值的位置位于 Na$_2$O/Al$_2$O$_3$ = 1 处。该现象产生的原因分析如下。

如果 Na$^+$ 离子替代 Ca$^{2+}$ 离子从而对 Al$^{3+}$ 离子进行电荷补偿反应的平衡常数为无穷大，黏度最大值的位置将位于 Na$_2$O/Al$_2$O$_3$ = 1。因为在这种情况下，Na$^+$ 离子的数目刚好等于 Al$^{3+}$ 离子电荷平衡所需要的阳离子的数目，此时非桥氧 O$_{Al,Na}$ 的数目将达到最大，这也正是本黏度模型的基本假设(本黏度模型针对不同的金属阳离子设置了严格的对 Al$^{3+}$ 离子电荷补偿的优先顺序)，所以本黏度模型预测的黏度最大值位于 Na$_2$O/Al$_2$O$_3$ = 1 处。然而事实上，平衡常数并不是无穷大。即使在 Na$_2$O/Al$_2$O$_3$ ≤ 1 时，当用 Na$_2$O 替代 CaO 时，也会有部分的 Na$^+$ 离子为网络破坏者，而并不取代 Ca$^{2+}$ 的位置对 Al$^{3+}$ 离子进行电荷补偿。因此，当 Na$_2$O/Al$_2$O$_3$ = 1 时，将仍会存在部分桥氧 O$_{Al,Ca}$。继续增加 Na$_2$O 的替代量将会形成更多的 O$_{Al,Na}$，直到所有处于电荷补偿位置上的 Ca$^{2+}$ 离子均被替代。而此时，Na$_2$O 的含量已超过 Al$_2$O$_3$ 的含量，使得黏度最大值的位置位于 Na$_2$O/Al$_2$O$_3$>1 一侧。

### 5.3.4　结论

通过旋转柱体法测量了 CaO-Al$_2$O$_3$-SiO$_2$-Na$_2$O 熔渣的黏度随成分的变化规律，并通过黏度模型对该体系的黏度变化趋势进行了模拟，结论如下：

（1）当 SiO$_2$ 和 Na$_2$O 的含量不变时，增加 Al$_2$O$_3$/CaO 的比值会导致黏度增加；当保持 Al$_2$O$_3$ 和 SiO$_2$ 的含量不变时，增加 Na$_2$O/CaO 的比值，黏度先增加后减少，黏度最大值的位置位于 Na$_2$O/Al$_2$O$_3$>1 一侧。

（2）当用 Na$_2$O 替代 CaO 时，弱的桥氧键 O$_{Al,Ca}$ 将转变为强的桥氧键 O$_{Al,Na}$，这一因素增加黏度；同时，强的非桥氧键 O$_{Al,Ca}^{Ca}$ 转变为弱的非桥氧键 O$_{Al,Na}^{Ca}$ 和 O$_{Al,Na}^{Na}$，这一因素导致黏度下降。当 Na$_2$O 的含量相对于 Al$_2$O$_3$ 的含量较低时，第一个因素起主要作用；当 Na$_2$O 的含量较高时，后者起主要作用。这两个变化趋势相反的因素导致黏度先增加后减少。

（3）本黏度模型可以很好地描述 CaO-SiO$_2$-Al$_2$O$_3$-Na$_2$O 体系的黏度变化趋势。

## 5.4　CaO-Al$_2$O$_3$-SiO$_2$-(K$_2$O) 体系

熔渣成分见表 5-3，表中的 13 个成分点的 CaO 与 SiO$_2$ 的摩尔比均为 39∶61。为了研究低 Al$_2$O$_3$ 情况下 CaO-Al$_2$O$_3$-SiO$_2$ 渣中加入 K$_2$O 后黏度的变化行为，在第一组、第二组和第三组的实验中，CaO-Al$_2$O$_3$-SiO$_2$ 母渣中 Al$_2$O$_3$ 的摩尔百分比分别为 2%、4%、10%。为了防止 K$_2$O 的挥发，K$_2$O 的含量（摩尔分数）均小于等于 5%，分别为 0、1%、3%、5%。对黏度测量后的渣样进行 X 射线荧光光谱分析(XRF)，发现渣中 K$_2$O 含量变化不大，只有少量的挥发。表 5-3 的括号内给出了实验后进行渣成分分析得到的 $K_2O$ 的含量。

表 5-3  黏度测量的成分点

| 序号 | | 母渣成分（摩尔分数)/% | | | |
|---|---|---|---|---|---|
| | | CaO | SiO$_2$ | Al$_2$O$_3$ | K$_2$O |
| 第一组 | 1 | 39 | 61 | 0 | 0 |
| | 2 | | | | 0 |
| | 3 | 38.2 | 59.8 | 2.0 | 1.0(1.0) |
| | 4 | | | | 3.0(2.8) |
| | 5 | | | | 5.0(4.7) |
| 第二组 | 6 | 37.4 | 58.6 | 4.0 | 0 |
| | 7 | | | | 1.0(1.0) |
| | 8 | | | | 3.0(2.9) |
| | 9 | | | | 5.0(4.7) |
| 第三组 | 10 | 35.1 | 54.9 | 10.0 | 0 |
| | 11 | | | | 1.0(1.0) |
| | 12 | | | | 3.0(2.9) |
| | 13 | | | | 5.0(4.7) |

## 5.4.1  黏度测量结果及讨论

### 5.4.1.1  Al$_2$O$_3$ 含量的影响

表 5-4 给出了不同成分点在不同温度下的黏度值。成分点 1、2、6 和 10 均不含 $K_2O$，$Al_2O_3$ 的摩尔分数分别为 0、2%、4%、10%。把黏度的对数 $\ln\eta$ 与温度的倒数 $1/T$ 作图，如图 5-19 所示。由图 5-19 可知，对于各个成分点，其黏度与温度的关系满足 Arrhenius 方程；温度相同时，随着 $Al_2O_3$ 含量的增加，黏度逐渐增加。这是因为四个成分点的 CaO 的摩尔分数均大于 $Al_2O_3$ 的摩尔分数，此时 $Al_2O_3$ 在熔渣中显酸性，得到电荷补偿的 $Al^{3+}$ 离子可以融入 $SiO_4^{4-}$ 四面体结构中，随着 $Al_2O_3$ 含量的增加，熔渣的聚合度不断增大，从而导致黏度的增加。

表 5-4  黏度测量结果

| 序号 | | 黏度/dPa·s | | | | | | |
|---|---|---|---|---|---|---|---|---|
| | | 1813K | 1788K | 1763K | 1738K | 1713K | 1688K | 1663K |
| 第一组 | 1 | 10.9 | 12.9 | 15.5 | 19.1 | 23.9 | — | |
| | 2 | 12.6 | 15.3 | 18.6 | 23.0 | 28.7 | — | — |
| | 3 | 12.7 | 15.3 | 18.9 | 23.2 | 29.1 | | |

| 序号 | | 黏度/dPa·s | | | | | | |
| --- | --- | --- | --- | --- | --- | --- | --- | --- |
| | | 1813K | 1788K | 1763K | 1738K | 1713K | 1688K | 1663K |
| 第一组 | 4 | 13.5 | 16.7 | 20.5 | 25.1 | — | — | — |
| | 5 | 11.8 | 14.4 | 17.7 | 21.6 | 27.0 | | |
| 第二组 | 6 | 14.4 | 17.5 | 21.5 | 26.7 | 33.3 | — | — |
| | 7 | 14.6 | 17.8 | 21.7 | 27.0 | 34.1 | | |
| | 8 | 14.7 | 18.2 | 22.2 | 27.6 | 34.5 | | |
| | 9 | 15.2 | 18.7 | 22.8 | 28.5 | — | | |
| 第三组 | 10 | 21.3 | 26.5 | 33.4 | 42.5 | 55.1 | 72.2 | 96.9 |
| | 11 | 21.6 | 26.8 | 33.7 | 43.0 | 55.6 | 73.4 | 98.6 |
| | 12 | 21.8 | 27.5 | 34.3 | 44.6 | 57.1 | 74.6 | 100.2 |
| | 13 | 22.2 | 28.1 | 35.3 | 45.3 | 58.6 | 76.8 | 101.9 |

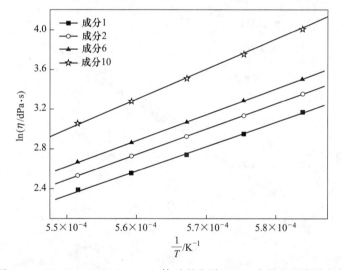

图 5-19 （39CaO-61SiO$_2$）-Al$_2$O$_3$ 体系黏度随 Al$_2$O$_3$ 含量和温度的变化

### 5.4.1.2 K$_2$O 含量的影响

（38.2CaO-59.8SiO$_2$-2.0Al$_2$O$_3$）-K$_2$O 体系（第一组）、（37.4CaO-58.6SiO$_2$-4.0Al$_2$O$_3$）-K$_2$O 体系（第二组）和（35.1CaO-54.9SiO$_2$-10.0Al$_2$O$_3$）-K$_2$O 体系（第三组）黏度随 K$_2$O 含量和温度的变化分别如图 5-20~图 5-22 所示。

由图 5-20 可知，对于各个成分点，其黏度和温度的关系都满足 Arrhenius 方

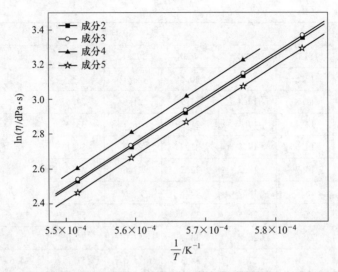

图 5-20　（38.2CaO-59.8SiO$_2$-2.0Al$_2$O$_3$）-K$_2$O 体系黏度与 K$_2$O 含量和温度的关系

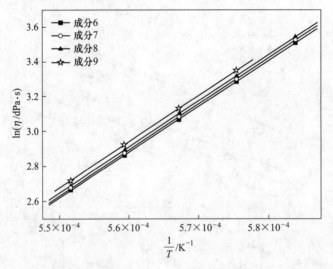

图 5-21　（37.4CaO-58.6SiO$_2$-4.0Al$_2$O$_3$）-K$_2$O 体系黏度与 K$_2$O 含量和温度的关系

程。对于（38.2CaO-59.8SiO$_2$-2.0Al$_2$O$_3$）-K$_2$O 体系，当 K$_2$O 含量小于 Al$_2$O$_3$ 含量时，随着 K$_2$O 含量的增加，相同温度下的黏度值逐渐增大；当 K$_2$O 摩尔分数为2.8%时，相对于母渣 38.2CaO-59.8SiO$_2$-2.0Al$_2$O$_3$，体系的黏度依然增加；当K$_2$O 摩尔分数为 4.7%时，相同温度下该成分的黏度相对于母渣下降。也就是说，对于（38.2CaO-59.8SiO$_2$-2.0Al$_2$O$_3$）-K$_2$O 体系，随着 K$_2$O 含量的增加，黏度出现最大值，且最大值出现在 K$_2$O/Al$_2$O$_3$>1 一侧。Sukenaga[6] 实验测量的所有成分点 K$_2$O 的摩尔分数都小于 Al$_2$O$_3$ 的摩尔分数，表现为随着 K$_2$O 含量的增加体系

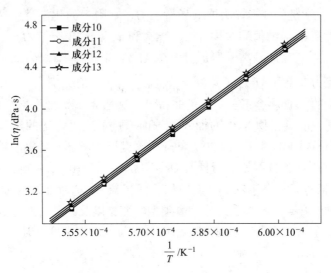

图 5-22　(35.1CaO-54.9SiO$_2$-10.0Al$_2$O$_3$)-K$_2$O 体系黏度与 K$_2$O 含量和温度的关系

的黏度增大。

由图 5-21 可知，(37.4CaO-58.6SiO$_2$-4.0Al$_2$O$_3$)-K$_2$O 体系在 K$_2$O 摩尔分数为 0、1.0%、2.9% 和 4.7% 时，相同温度下的黏度值随着 K$_2$O 含量的增加而增加。在本体系中，当 K$_2$O 的含量摩尔分数为 4.7% 时，含量已经超过 Al$_2$O$_3$ 的含量，体系的黏度相对于母渣 37.4CaO-58.6SiO$_2$-4.0Al$_2$O$_3$ 依然增加，故而该体系随 K$_2$O 含量变化黏度最大值可能也出现在 K$_2$O/Al$_2$O$_3$>1 一侧。

由图 5-22 可知，(35.1CaO-54.9SiO$_2$-10.0Al$_2$O$_3$)-K$_2$O 体系在 K$_2$O 含量摩尔分数为 0、1.0%、2.9% 和 4.7% 时，黏度随着 K$_2$O 含量的增加而不断增加。

在三组实验中，CaO 的摩尔含量都高于 Al$_2$O$_3$，也就是说，所有的 Al$^{3+}$ 离子均得到 Ca$^{2+}$ 离子的电荷补偿，以 AlO$_4^{5-}$ 的形式存在。在这种情况下，CaO-SiO$_2$-Al$_2$O$_3$ 母渣黏度随着 K$_2$O 的不断加入逐渐增加，直到出现极大值，而后黏度开始随着 K$_2$O 含量的增加而减少，黏度的极大值位于 K$_2$O/Al$_2$O$_3$>1 一侧。这里面有两个问题需要解释：第一个问题是为什么在 CaO-SiO$_2$-Al$_2$O$_3$ 母渣中加入 K$_2$O，黏度会出现随 K$_2$O 含量增加而增加的现象；第二个问题是为什么会有黏度极值点的出现且出现在 K$_2$O/Al$_2$O$_3$>1 一侧？

首先，如果 CaO-SiO$_2$-Al$_2$O$_3$ 熔渣中的 Al$_2$O$_3$ 含量为 0，那么随着往该熔渣中加入 K$_2$O，黏度应该是逐渐下降。这是因为熔渣的碱度在不断增加，而 SiO$_2$ 的绝对含量在不断下降。如果熔渣中存在一定量的 Al$_2$O$_3$，且 CaO 的摩尔分数大于 Al$_2$O$_3$ 的摩尔分数(所有的 Al$^{3+}$ 离子均可以得到电荷补偿)，当加入 K$_2$O 时，根据金属离子对 Al$^{3+}$ 离子电荷补偿的优先顺序，K$^+$ 离子优先参与电荷补偿，故而加入的 K$^+$ 离子将会置换出处于电荷补偿位置的 Ca$^{2+}$ 离子，如图 5-23 所示。然而，桥

氧 $O_{Al,K}$ 附近化学键的变形能力要低于桥氧 $O_{Al,Ca}$ 附近的化学键，这可以从衡量变形能力的参数 $\alpha_{Al,i}$ 的值的大小看出，$\alpha_{Al,K}$ 和 $\alpha_{Al,Ca}$ 的值分别为 4.156 和 4.996，这导致加入 $K_2O$ 后黏度升高。但是对于与 $Al^{3+}$ 离子相连的非桥氧，$O_{Al,Ca}^{Ca}$ 附近化学键的变形能力要低于 $O_{Al,K}^{Ca}$（参数 $\alpha_{Al,Ca}^{Ca}$ 和 $\alpha_{Al,K}^{Ca}$ 的值分别为 7.115 和 7.593），同时置换出来的 CaO 将会形成更多的非桥氧，这都会导致加入 $K_2O$ 后黏度降低。也就是说，高碱度氧化物 $K_2O$ 的加入一方面通过形成更稳定的桥氧键而增加黏度，另一方面通过形成变形能力更大的非桥氧键以及增加非桥氧的数量而降低黏度。当熔渣中 CaO 含量不是很高且 $CaO/Al_2O_3>1$ 时，由于熔渣仍会存在一定数量的桥氧（包括与 $Al^{3+}$ 离子和 $Si^{4+}$ 离子相连的桥氧），这时加入 $K_2O$ 后桥氧类型转变造成的黏度升高的趋势超过非桥氧类型转变，以及数量增加造成的黏度降低的趋势，故而在一定的成分范围内随着 $K_2O$ 含量的增加黏度上升。

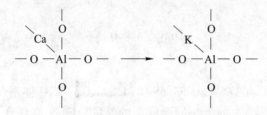

图 5-23　桥氧类型转变示意图

但是随着 $K_2O$ 的不断加入，非桥氧类型转变以及数量增加造成的黏度降低的趋势将超过桥氧类型转变造成的黏度升高的趋势，其表现为黏度下降，黏度出现极值。黏度的极值出现在 $K_2O/Al_2O_3>1$ 一侧，这可能是因为 $Al^{3+}$ 离子最初完全由 $Ca^{2+}$ 离子电荷补偿（$x_{CaO} > x_{Al_2O_3}$），而当加入 $K_2O$ 后，$K^+$ 离子部分取代 $Ca^{2+}$ 离子的位置而对 $Al^{3+}$ 离子进行电荷补偿。但是，$K^+$ 离子对 $Ca^{2+}$ 离子的取代可能存在一定的平衡关系，$2n$ mol 的 $K^+$ 离子并不能完全取代 $n$ mol 的 $Ca^{2+}$ 离子，只有过量 $K^+$ 离子的出现才会取代所有的处于电荷补偿位置的 $Ca^{2+}$ 离子。所以随着 $K^+$ 离子含量的增加，取代的比例逐渐增大，处于电荷补偿位置上的 $Ca^{2+}$ 离子逐渐减少。当 $K^+$ 离子含量到一定程度时，所有的 $Al^{3+}$ 离子都将由 $K^+$ 离子完成电荷补偿，桥氧类型的转变此时达到最大，黏度也达到最大，而此时的 $K_2O$ 的摩尔含量也已超过 $Al_2O_3$ 的摩尔含量。继续增加 $K^+$ 离子的含量，将造成黏度的下降。正是由于 $K^+$ 离子对 $Ca^{2+}$ 离子的不完全取代，才使得当 $K_2O$ 的含量高于 $Al_2O_3$ 的含量时才能实现所有的 $Al^{3+}$ 离子都由 $K^+$ 离子进行电荷补偿，即黏度的最大值偏向 $K_2O/Al_2O_3>1$ 一侧。

## 5.4.2　实验测量黏度和模型计算黏度的比较

其他的黏度模型由于没有考虑不同碱性氧化物金属离子对 $Al^{3+}$ 离子电荷补偿

的优先顺序，都无法给出 CaO-Al$_2$O$_3$-SiO$_2$ 熔渣中加入 K$_2$O 后黏度升高的趋势。下面根据本章测量的黏度数据对比研究 Nakamoto 模型[2] 和本节给出的黏度模型的预测效果。图 5-24 ~ 图 5-26 分别给出了模型预测的（38.2CaO-59.8SiO$_2$-2.0Al$_2$O$_3$）-K$_2$O 体系、（37.4CaO-58.6SiO$_2$-4.0Al$_2$O$_3$）-K$_2$O 体系和（35.1CaO-54.9SiO$_2$-10.0Al$_2$O$_3$）-K$_2$O 体系在 1738K 时随 K$_2$O 含量变化时黏度的变化趋势以及实验测量数据。由图可知，本模型可以反映出 CaO-SiO$_2$-Al$_2$O$_3$ 渣中加入 K$_2$O 黏度升高的趋势，而 Nakamoto 模型只能给出随 K$_2$O 含量增加黏度降低的趋势；本模型给出的黏度极值点出现在 K$_2$O/Al$_2$O$_3$ = 1，但是实验测量数据的最大值略偏向 K$_2$O/Al$_2$O$_3$ > 1 一侧。黏度的最大值偏向 K$_2$O/Al$_2$O$_3$ > 1 一侧是由 K$^+$ 离子对 Ca$^{2+}$ 离子的不完全取代所造成。而本黏度模型设置了严格的对 Al$^{3+}$ 离子电荷补偿的优先顺序。故而，当 K$_2$O/Al$_2$O$_3$ = 1 时 K$^+$ 离子将完全替代所有处于电荷补偿位置上的 Ca$^{2+}$ 离子，使黏度最大值出现在 K$_2$O/Al$_2$O$_3$ = 1 处。

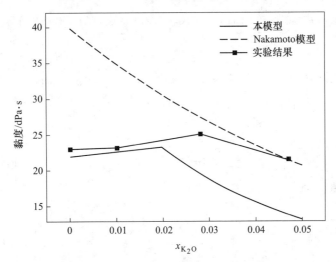

图 5-24 （38.2CaO-59.8SiO$_2$-2.0Al$_2$O$_3$）-K$_2$O 体系黏度随 K$_2$O 摩尔分数的变化

本模型和 Nakamoto 模型计算的黏度值与实验测量黏度值的比较如图 5-27 所示，模型计算黏度的平均偏差分别为 14.7% 和 26.8%。由于本模型针对不同的碱性氧化物金属离子设定了对 Al$^{3+}$ 离子电荷补偿的优先顺序，这在一定程度上符合了实际情况，故而本黏度模型的预测效果优于其他的黏度模型。

### 5.4.3 讨论

Sukenaga[6] 的研究表明，CaO-Al$_2$O$_3$-SiO$_2$ 熔渣中加入 Na$_2$O 导致黏度降低，而加入 K$_2$O 后黏度升高。经过分析可知，Al$_2$O$_3$ 的两性行为是造成这种现象的原因，尤其是 Sukenaga 的研究中 Al$_2$O$_3$ 的含量（质量分数）高达 20%。当存在

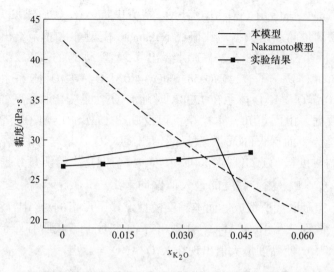

图 5-25　（37.4CaO-58.6SiO$_2$-4.0Al$_2$O$_3$）-K$_2$O 体系黏度随 K$_2$O 摩尔分数的变化

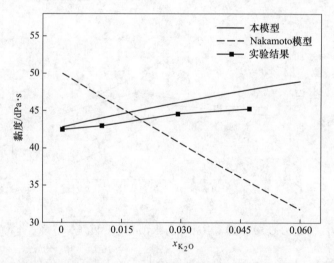

图 5-26　（35.1CaO-54.9SiO$_2$-10.0Al$_2$O$_3$）-K$_2$O 体系黏度随 K$_2$O 摩尔分数的变化

Al$_2$O$_3$ 时，碱性氧化物对熔渣的黏度有两方面的影响：一方面可以通过形成更稳定的铝氧四面体结构而增加黏度；另一方面通过形成更容易变形的非桥氧键而降低黏度。Al$_2$O$_3$ 的含量越高，阳离子电荷补偿 Al$^{3+}$ 离子的能力越强，则黏度升高的趋势越大。相对于 Na$^+$ 离子，K$^+$ 离子具有更强的对 Al$^{3+}$ 离子电荷补偿的能力，从而形成更稳定的铝氧四面体结构，这从黏度模型的参数 $\alpha_{Al,K}$（$\alpha_{Al,K}$ = 4.156）和 $\alpha_{Al,Na}$（$\alpha_{Al,Na}$ = 4.308）的大小可以看出。所以，在一定浓度范围内，往 CaO-Al$_2$O$_3$-SiO$_2$ 熔渣中加入 K$_2$O 导致黏度上升，而加入 Na$_2$O 后却未出现黏度上升的趋势。

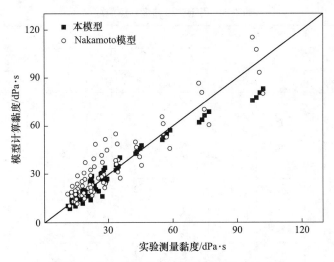

图 5-27　模型计算黏度和实验测量黏度的比较

### 5.4.4　结论

本节用内柱体旋转法测量了 CaO-Al$_2$O$_3$-SiO$_2$ 体系中加入 K$_2$O 后黏度的变化行为，并且讨论了黏度模型在该体系中的应用情况，得到以下结论：

（1）黏度与温度的关系满足 Arrhenius 方程。

（2）CaO-Al$_2$O$_3$-SiO$_2$ 体系中，当 CaO 的含量大于 Al$_2$O$_3$ 时，黏度随着 K$_2$O 的加入不断升高，直到出现黏度最大值，黏度最大值的位置在 K$_2$O/Al$_2$O$_3$ > 1 一侧。

（3）由于考虑了不同的碱性氧化物金属离子对 Al$^{3+}$ 离子电荷补偿的优先顺序，本黏度模型可以很好地反映 CaO-Al$_2$O$_3$-SiO$_2$ 体系中加入 K$_2$O 后黏度先升高后下降的现象，这是其他黏度模型所无法实现的。

## 5.5　CaO-Al$_2$O$_3$-SiO$_2$-(Li$_2$O，Na$_2$O，K$_2$O) 体系

熔渣成分见表 5-5，所有成分的 CaO/SiO$_2$ 摩尔比相同，碱金属氧化物 R$_2$O 与 Al$_2$O$_3$ 的摩尔比 R$_2$O/Al$_2$O$_3$ 设定为 1.5 或 0.75。除了 A0 和 F0 两个不含碱金属氧化物的样品以外，其余样品的碱金属氧化物（R$_2$O）的总摩尔分数均为 6%。根据不同的碱金属氧化物的成分，样品被分为十组：A 组中，A0 为不含碱金属氧化物的 CaO-SiO$_2$-Al$_2$O$_3$ 熔渣，A1、A2 和 A3 分别添加了 6% 摩尔分数的 Li$_2$O，Na$_2$O 或 K$_2$O；在 B 组中，使用 Li$_2$O 逐渐取代 Na$_2$O；在 C 组中，使用 Li$_2$O 逐渐取代 K$_2$O；在 D 组中，使用 Na$_2$O 逐渐取代 K$_2$O；E1 的三种碱金属氧化物的摩尔分数

相同；F、G、H、I 和 J 为高 $Al_2O_3$ 组，其分组的方式与 A、B、C、D、E 组相同。

表 5-5　用于测量黏度的熔渣成分

| 成分点 | 摩尔分数/% | | | | | | | |
|:---:|:---:|:---:|:---:|:---:|:---:|:---:|:---:|:---:|
| | CaO | $SiO_2$ | $Al_2O_3$ | $Li_2O$ | $Na_2O$ | $K_2O$ | $CaO/SiO_2$ | $R_2O/Al_2O_3$ |
| A0 | 48 | 48 | 4 | 0 | 0 | 0 | 1 | 0 |
| A1 | 45 | 45 | 4 | 6 | 0 | 0 | 1 | 1.5 |
| A2 | 45 | 45 | 4 | 0 | 6 | 0 | 1 | 1.5 |
| A3 | 45 | 45 | 4 | 0 | 0 | 6 | 1 | 1.5 |
| B1 | 45 | 45 | 4 | 2 | 4 | 0 | 1 | 1.5 |
| B2 | 45 | 45 | 4 | 4 | 2 | 0 | 1 | 1.5 |
| C1 | 45 | 45 | 4 | 2 | 0 | 4 | 1 | 1.5 |
| C2 | 45 | 45 | 4 | 4 | 0 | 2 | 1 | 1.5 |
| D1 | 45 | 45 | 4 | 0 | 2 | 4 | 1 | 1.5 |
| D2 | 45 | 45 | 4 | 0 | 4 | 2 | 1 | 1.5 |
| E1 | 45 | 45 | 4 | 2 | 2 | 2 | 1 | 1.5 |
| F0 | 46 | 46 | 8 | 0 | 0 | 0 | 1 | 0 |
| F1 | 43 | 43 | 8 | 6 | 0 | 0 | 1 | 0.75 |
| F2 | 43 | 43 | 8 | 0 | 6 | 0 | 1 | 0.75 |
| F3 | 43 | 43 | 8 | 0 | 0 | 6 | 1 | 0.75 |
| G1 | 43 | 43 | 8 | 2 | 4 | 0 | 1 | 0.75 |
| G2 | 43 | 43 | 8 | 4 | 2 | 0 | 1 | 0.75 |
| H1 | 43 | 43 | 8 | 2 | 0 | 4 | 1 | 0.75 |
| H2 | 43 | 43 | 8 | 4 | 0 | 2 | 1 | 0.75 |
| I1 | 43 | 43 | 8 | 0 | 2 | 4 | 1 | 0.75 |
| I2 | 43 | 43 | 8 | 0 | 0 | 2 | 1 | 0.75 |
| J1 | 43 | 43 | 8 | 2 | 2 | 2 | 1 | 0.75 |

## 5.5.1　黏度测量结果

各成分在不同温度下的所有黏度测量值见表 5-6 和表 5-7。从表 5-6 和表 5-7 可以看出，低 $R_2O/Al_2O_3$ 比熔渣的黏度值总是大于高 $R_2O/Al_2O_3$ 摩尔比的黏度。在测量过程中，当温度降至临界温度（近似为液相线温度）以下时，少量的固相会从液态熔体中沉淀出来，黏度会急剧增加。黏度与温度之间的关系如图 5-28 ~ 图 5-32 所示。从图 5-28 ~ 图 5-30 及图 5-32(a) 和 (b) 可以看出，随着温度的升高，熔渣的黏度先急剧下降，随后下降速度减慢。由图 5-28 ~ 图 5-30 及图 5-32(c) 和

(d)可知，除用虚线圈标记的数据点外，各组分的黏度取对数后与温度的倒数之间始终存在线性关系。当温度降至临界温度以下时，黏度与温度将偏离 Arrhenius 定律。

表 5-6 不同温度下 R$_2$O/Al$_2$O$_3$ = 1.5 的黏度测量值

| A0 | $T$/K($℃$) | 1779(1506) | 1771(1498) | 1761(1488) | — | — |
| | $\eta$/dPa·s | 5.2 | 5.57 | 8 | — | — |
| A1 | $T$/K($℃$) | 1715(1442) | 1690(1417) | 1665(1392) | 1639(1366) | 1613(1340) |
| | $\eta$/dPa·s | 3.78 | 4.45 | 5.26 | 6.31 | 9 |
| A2 | $T$/K($℃$) | 1713(1440) | 1688(1415) | 1662(1389) | 1635(1362) | 1613(1340) |
| | $\eta$/dPa·s | 4.83 | 5.89 | 7.28 | 9.46 | 15 |
| A3 | $T$/K($℃$) | 1713(1440) | 1686(1413) | 1660(1387) | 1636(1363) | — |
| | $\eta$/dPa·s | 7.61 | 9.6 | 12.26 | 18.03 | — |
| B1 | $T$/K($℃$) | 1714(1441) | 1686(1413) | 1662(1389) | 1636(1363) | — |
| | $\eta$/dPa·s | 4.29 | 5.18 | 6.17 | 8.5 | — |
| B2 | $T$/K($℃$) | 1716(1443) | 1687(1414) | 1661(1388) | 1635(1362) | — |
| | $\eta$/dPa·s | 3.99 | 4.82 | 5.72 | 7.58 | — |
| C1 | $T$/K($℃$) | 1715(1442) | 1688(1415) | 1662(1389) | 1635(1362) | 1611(1338) |
| | $\eta$/dPa·s | 5.25 | 6.41 | 7.95 | 10.16 | 15 |
| C2 | $T$/K($℃$) | 1711(1438) | 1686(1413) | 1660(1387) | 1635(1362) | 1612(1339) |
| | $\eta$/dPa·s | 4.53 | 5.36 | 6.46 | 7.96 | 11 |
| D1 | $T$/K($℃$) | 1718(1445) | 1690(1417) | 1665(1392) | 1640(1367) | 1615(1342) |
| | $\eta$/dPa·s | 6.22 | 7.79 | 9.64 | 12.18 | 18.5 |
| D2 | $T$/K($℃$) | 1718(1445) | 1690(1417) | 1663(1390) | 1638(1365) | 1615(1342) |
| | $\eta$/dPa·s | 5.48· | 6.84 | 8.49 | 10.61 | 16.5 |
| E1 | $T$/K($℃$) | 1714(1441) | 1689(1416) | 1662(1389) | 1637(1364) | 1614(1341) |
| | $\eta$/dPa·s | 4.78 | 5.79 | 7.13 | 8.79 | 13.5 |

表 5-7 不同温度下 R$_2$O/Al$_2$O$_3$ = 0.75 的黏度测量值

| F0 | $T$/K($℃$) | 1768(1495) | 1743(1470) | 1719(1446) | 1691(1418) | 1666(1393) | — | — | — |
| | $\eta$/dPa·s | 8.82 | 11.13 | 14.23 | 18.73 | 30 | — | — | — |
| F1 | $T$/K($℃$) | 1717(1444) | 1689(1416) | 1664(1391) | 1639(1366) | 1612(1339) | 1586(1313) | 1559(1286) | 1534(1261) |
| | $\eta$/dPa·s | 4.49 | 5.52 | 6.7 | 8.24 | 10.46 | 13.39 | 17.76 | 25.14 |
| F2 | $T$/K($℃$) | 1717(1444) | 1690(1417) | 1663(1390) | 1637(1364) | 1611(1338) | 1586(1313) | 1559(1286) | — |
| | $\eta$/dPa·s | 7.54 | 9.63 | 12.43 | 16.02 | 21.16 | 28.1 | 38.56 | — |

| | | | | | | | | | |
|---|---|---|---|---|---|---|---|---|---|
| F3 | $T/K(℃)$ | 1715(1442) | 1688(1415) | 1662(1389) | — | — | — | — | — |
| | $\eta/dPa·s$ | 12.86 | 16.82 | 27.61 | — | — | — | — | — |
| G1 | $T/K(℃)$ | 1717(1444) | 1689(1416) | 1663(1390) | 1637(1364) | 1611(1338) | 1584(1311) | 1558(1285) | 1537(1264) |
| | $\eta/dPa·s$ | 6.29 | 7.85 | 9.86 | 12.4 | 15.8 | 21.11 | 28.65 | 38.65 |
| G2 | $T/K(℃)$ | 1716(1443) | 1688(1415) | 1663(1390) | 1637(1364) | 1611(1338) | 1585(1312) | 1558(1285) | 1534(1261) |
| | $\eta/dPa·s$ | 5.51 | 6.85 | 8.37 | 10.4 | 13.29 | 17.31 | 23.16 | 33.33 |
| H1 | $T/K(℃)$ | 1717(1444) | 1689(1416) | 1663(1390) | 1638(1365) | 1612(1339) | 1586(1313) | — | — |
| | $\eta/dPa·s$ | 8.57 | 10.96 | 14.16 | 18.35 | 24.42 | 41 | — | — |
| H2 | $T/K(℃)$ | 1715(1442) | 1687(1414) | 1662(1389) | 1636(1363) | 1609(1336) | 1584(1311) | 1557(1284) | 1530(1257) |
| | $\eta/dPa·s$ | 7.25 | 8.93 | 10.79 | 13.39 | 17.22 | 22.38 | 29.81 | 45.34 |
| I1 | $T/K(℃)$ | 1715(1442) | 1687(1414) | 1663(1390) | 1637(1364) | 1610(1337) | 1585(1312) | — | — |
| | $\eta/dPa·s$ | 10.89 | 14.01 | 17.72 | 23.69 | 32.03 | 52 | — | — |
| I2 | $T/K(℃)$ | 1715(1442) | 1686(1413) | 1660(1387) | 1635(1362) | 1609(1336) | 1582(1309) | 1557(1284) | — |
| | $\eta/dPa·s$ | 9.46 | 12.05 | 15.23 | 19.67 | 25.79 | 35.54 | 60 | — |
| J1 | $T/K(℃)$ | 1716(1443) | 1687(1414) | 1661(1388) | 1636(1363) | 1610(1337) | — | — | — |
| | $\eta/dPa·s$ | 7.78 | 9.79 | 12.07 | 15.13 | 19.77 | — | — | — |

　　如图 5-28(a)和(c)所示，对于仅包含一种碱金属氧化物的熔渣，在相同温度下，含有 $Li_2O$、$Na_2O$ 和 $K_2O$ 的 A1、A2、A3 的黏度低于没有碱金属氧化物的熔渣 A0 的黏度。如图 5-28(b)和(d)所示，F 组也有同样的规律，在相同温度下，熔渣 F1、F2、F3 的黏度低于熔渣 F0 的黏度。此外，在添加相同数量的碱金属氧化物的情况下，$CaO$-$SiO_2$-$Al_2O_3$ 熔渣的黏度降低程度遵循 $Li_2O > Na_2O > K_2O$ 的顺序。从图 5-29 可以看出，对于同时包含 $Li_2O$ 和 $Na_2O$ 的 B 组和 G 组，随着 $Na_2O$ 逐渐被 $Li_2O$ 代替，熔渣的黏度逐渐降低。由图 5-30 和图 5-31 可以看出，同时含有 $Li_2O$ 和 $K_2O$ 的 C 组和 H 组，以及同时包含 $Na_2O$ 和 $K_2O$ 的 D 组和 I 组，当 $K_2O$ 逐渐被 $Li_2O$ 或 $Na_2O$ 取代时，熔渣黏度也逐渐降低。因此，对于包含两种碱金属氧化物的熔渣，当一种碱金属氧化物逐渐被另一种碱金属氧化物替代时，没有出现黏度极值。为了保证实验数据的准确性，分别重复测量了 B1、B2、G1 和 G2 的黏度，重复实验的结果在图 5-29 中用虚线表示。从图 5-29 可以看出，B1、B2、G1 和 G2 的黏度数据具有良好的可重复性，从而证明了实验数据的准确性。

　　由图 5-32 可以看出，对于同时含有 $Li_2O$、$Na_2O$ 和 $K_2O$ 的 E 组和 J 组，E1 的黏度高于 C2 的黏度，但低于 C1 的黏度。J1 的黏度大小介于 H1 和 H2 的黏度之间。这表明当改变三种碱氧化物的相对含量时，熔渣的黏度并不会出现极值。

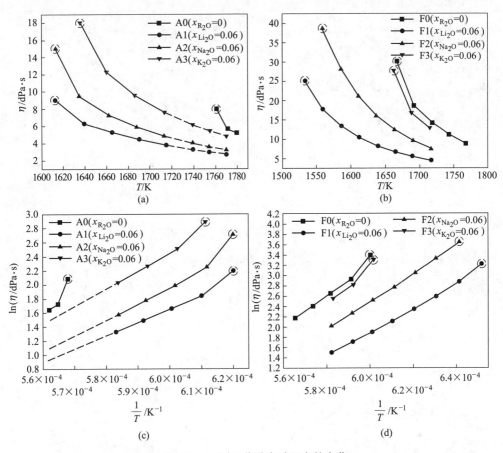

图 5-28 不同组分黏度随温度的变化

(a) A 组, $\eta$ VS $T$; (b) F 组, $\eta$ VS $T$; (c) A 组, $\ln\eta$ VS $\dfrac{1}{T}$; (d) F 组, $\ln\eta$ VS $\dfrac{1}{T}$

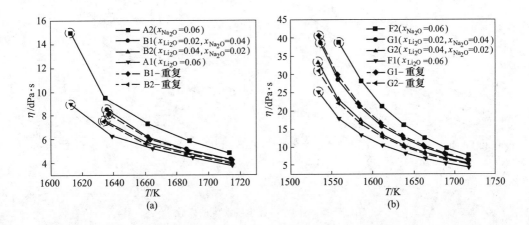

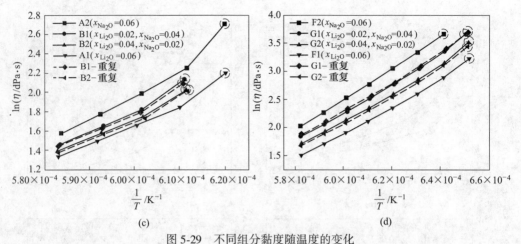

(c)　　　　　　　　　　　　　　　　　　(d)

图 5-29　不同组分黏度随温度的变化

（a）B 组，$\eta$ VS $T$；（b）G 组，$\eta$ VS $T$；（c）B 组，$\ln\eta$ VS $\dfrac{1}{T}$；（d）G 组，$\ln\eta$ VS $\dfrac{1}{T}$

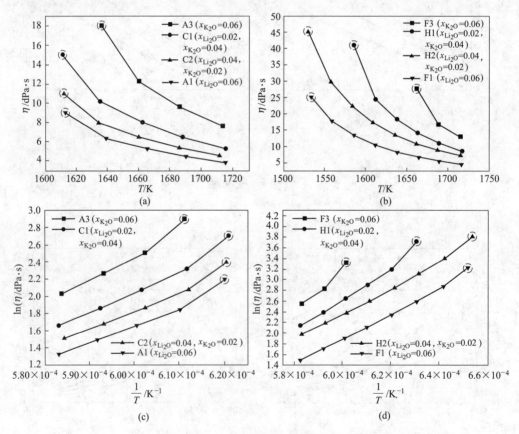

图 5-30　不同组分黏度随温度的变化

（a）C 组，$\eta$ VS $T$；（b）H 组，$\eta$ VS $T$；（c）C 组，$\ln\eta$ VS $\dfrac{1}{T}$；（d）H 组，$\ln\eta$ VS $\dfrac{1}{T}$

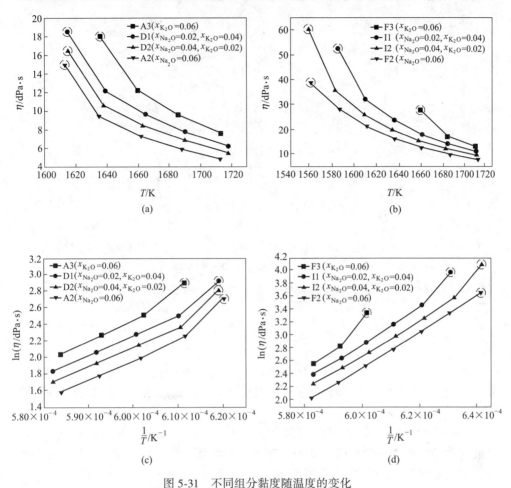

图 5-31　不同组分黏度随温度的变化

（a）D 组，$\eta$ VS $T$；（b）I 组，$\eta$ VS $T$；（c）D 组，ln$\eta$ VS $\dfrac{1}{T}$；（d）I 组，ln$\eta$ VS $\dfrac{1}{T}$

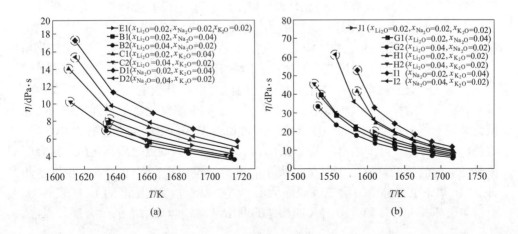

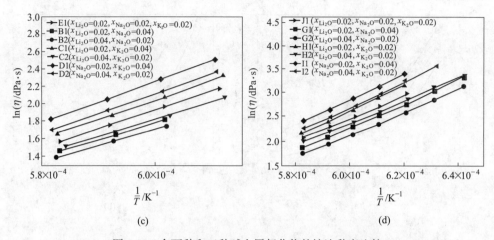

(c)　　　　　　　　　　　　　　(d)

图 5-32　含两种和三种碱金属氧化物的熔渣黏度比较

(a) B1-B2-C1-C2-D1-D2-E1 组，$\eta$ VS $T$；(b) G1-G2-H1-H2-I1-I2-J1 组，$\eta$ VS $T$；

(c) B1-B2-C1-C2-D1-D2-E1 组，$\ln\eta$ VS $\dfrac{1}{T}$；(d) G1-G2-H1-H2-I1-I2-J1 组，$\ln\eta$ VS $\dfrac{1}{T}$

### 5.5.2　讨论

由图 5-28 可以看出，当向 A0 和 F0 中加入碱金属氧化物后，黏度会降低。加入相同摩尔比的碱金属氧化物，无论是低 $Al_2O_3$ 还是高 $Al_2O_3$ 的熔渣，黏度的降低趋势都遵循 $Li_2O > Na_2O > K_2O$。

熔渣的聚合度是影响黏度的主要因素。通常情况下，当几种碱金属氧化物存在于含有 $Al_2O_3$ 的熔渣中时，场强较低的碱金属阳离子在 $Al^{3+}$ 离子的电荷补偿过程中具有较高的优先级，优先级顺序为 $K^+ > Na^+ > Li^+ > Ca^{2+}$[11]。因此，将 $Li_2O$、$Na_2O$ 或 $K_2O$ 添加到 $CaO-Al_2O_3-SiO_2$ 熔渣中后，$R^+$ 离子将取代 $Ca^{2+}$ 离子对 $Al^{3+}$ 离子进行电荷补偿，并形成 [$AlO_4$] 四面体。在 A 组中，$Al_2O_3$ 的摩尔分数低于 $R_2O$ 的摩尔分数，因此有足够的 $R^+$ 离子对 $Al^{3+}$ 离子进行电荷补偿，并形成稳定的 [$AlO_4$] 四面体，从而导致黏度增加。但是，在对 $Al^{3+}$ 离子进行电荷补偿后，剩余的 $R_2O$ 又将破坏熔渣的结构，起到降低黏度作用。也就是说，碱性氧化物对含有 $Al_2O_3$ 的熔渣的黏度具有两个矛盾的影响：一方面，碱金属氧化物的碱性越强，对 $Al^{3+}$ 离子的电荷补偿能力越强，因此被电荷补偿的 [$AlO_4$] 四面体将具有更稳定的结构，导致黏度增加；另一方面，碱金属氧化物的碱性越强，破坏网络结构的能力越强，导致黏度降低。当向 $CaO-Al_2O_3-SiO_2$ 熔渣中添加 $R_2O$ 时，熔渣的黏度降低。其原因可能是由于 $R_2O/Al_2O_3 > 1$，因此通过破坏熔渣的聚合度来降低黏度的效果要比由于对 $Al^{3+}$ 离子的电荷补偿而提高黏度的效果更强。此外，$Al^{3+}$ 离子电荷补偿的优先级顺序为 $Li^+ < Na^+ < K^+$，因此更多的 $Li_2O$ 和 $Na_2O$ 会参与破坏 [$SiO_4$] 和 [$AlO_4$] 四面体的网络结构，降低熔渣的聚合度。因此，

低 Al$_2$O$_3$ 含量的熔渣的黏度下降幅度依次为 Li$_2$O>Na$_2$O>K$_2$O。

在 F 组中，Al$_2$O$_3$ 的摩尔分数大于 R$_2$O 的摩尔分数，结果与 Sukenaga 等[6] 的测量结果一致。Sukenaga 等[6] 研究了添加 R$_2$O（$w_{R_2O}$ = 5%，10%，15%）对 CaO-SiO$_2$-Al$_2$O$_3$（CaO/SiO$_2$ = 0.67、1.00 或 1.22，$w_{Al_2O_3}$ = 20%）熔渣的黏度的影响。研究发现，随着 Li$_2$O 或 Na$_2$O 添加剂含量的增加，CaO-SiO$_2$-Al$_2$O$_3$-R$_2$O 四元熔体的黏度降低，对$^{27}$Al MAS-NMR 谱图和$^{29}$Si MAS-NMR 谱图的分析表明，随着 Li$_2$O 或 Na$_2$O 的添加，玻璃中的硅酸盐阴离子的聚合度降低，含 Li$_2$O 的熔渣的黏度和聚合度低于含 Na$_2$O 的熔渣的黏度和聚合度。对于添加 K$_2$O 的情况，CaO-SiO$_2$-8%Al$_2$O$_3$-6%K$_2$O 体系(F3) 的黏度低于 CaO-SiO$_2$-8%Al$_2$O$_3$ 体系(F0) 的黏度。Higo 等[18] 研究了温度为 1673 ~ 1873K（1400 ~ 1600℃）时添加 K$_2$O（$x_{K_2O}$ = 0 ~ 17.4%），对 CaO-SiO$_2$-Al$_2$O$_3$-K$_2$O [ CaO/SiO$_2$ = 0.68 ± 0.04，$x_{Al_2O_3}$ = （13.4 ± 0.6)%] 熔渣的黏度的影响，发现随着 K$_2$O 的增加，熔渣黏度先升高然后降低，并且在 K$_2$O/Al$_2$O$_3$ = 0.7 ~ 0.9 出现最大值。F 组熔渣的 R$_2$O/Al$_2$O$_3$ 摩尔比为 0.75，含碱金属氧化物的熔渣的黏度低于不含碱金属氧化物的 F0 熔渣的黏度，这表明黏度最大值可能出现在 K$_2$O/Al$_2$O$_3$<0.75。

之前研究了[11] Na$_2$O 和 K$_2$O 的添加对 CaO-SiO$_2$-(Al$_2$O$_3$) 熔渣电导率的影响，发现对于 R$_2$O/Al$_2$O$_3$ 摩尔比大于 1 的熔渣，随着 Na$_2$O 逐渐取代 K$_2$O，电导率出现最小值。Jain 和 Downing[12] 研究发现，当 Na$_2$O/(Na$_2$O+Li$_2$O) = 0.6 时，Li$_2$O-Na$_2$O-B$_2$O$_3$ 玻璃的电导率最小。Balaya 和 Sunandana[13] 通过电导率测量研究了碲酸盐玻璃体系 30[(1-$x$)Li$_2$O-$x$Na$_2$O]：70TeO$_2$($x$ = 0，0.2，0.4，0.6，0.8，1.0) 中的混合碱效应，发现电导率先下降，然后在一个碱金属离子被另一个碱金属离子取代后，电导率又开始增大。Swenson 等[14] 认为 Na$^+$、K$^+$ 这两种阳离子在熔渣结构中主要是随机分布的。因此，在不同的碱金属离子位点之间存在较大的错配，这使可用于离子移动的位点更少，离子跃迁到不同位点时活化能较高，从而导致电导率最小值的存在。

一般来说，电导率和黏度趋于具有相反的变化趋势[15]。因此，随着两种碱金属氧化物相对含量的改变，熔渣的黏度可能达到最大值。但是，从图 5-29 和图5-30 的实验结果可以看出，该结论并不总是正确的。Kim 和 Lee[16] 在 1673 ~ 1273K(1400 ~ 1000℃) 测量了 (25-$x$)Na$_2$O-$x$K$_2$O-$y$Al$_2$O$_3$-(75-$y$)SiO$_2$ 玻璃的黏度，发现对于不含 Al$_2$O$_3$(Al$_2$O$_3$/R$_2$O = 0) 的混合碱玻璃熔体，当用 Na$_2$O 代替 K$_2$O 时存在黏度最小值；但是对于碱金属铝硅酸盐混合玻璃熔体，当用 Na$_2$O 代替 K$_2$O 时，黏度并没有出现最小值。Kim 和 Lee[16] 认为，随着非桥氧含量的降低，混合碱对黏度的影响变弱或消失。Seo 和 Sohn[17] 研究了用 K$_2$O 代替 Na$_2$O 对 CaO-SiO$_2$-CaF$_2$ 含碱金属氧化物熔渣[ CaO/SiO$_2$ = 0.8，$w_{CaF_2}$ = 10%，总碱金属氧化物含量（质量分数）为 20%］黏度的影响，发现随着 $Na_2O$ 被 $K_2O$ 取代，熔渣黏度增加。对于混合碱效应在黏度中的"异常行为"，可能是由于黏度和电导率的影响因素不同所致。黏度的影响因素包括熔渣的聚合度和离子半径[8]，影响电导率的因素除了以上因素之外，还涉及离子的迁移能力。这种微小的差异可能导致黏度和电导率并不总是具有相反的变化趋势。

由图 5-28、图 5-29 和图 5-31 可以看出，两种不同的碱金属氧化物的组合显示出相同的变化趋势。当大半径的碱金属离子被另一种小半径的碱金属离子替代时，熔渣的黏度在所有温度下单调降低。图 5-33~图 5-35 可以清楚地表示这一下降趋势，在不同温度下，黏度随 $Li_2O/\Sigma(Li_2O+Na_2O)$、$Li_2O/\Sigma(K_2O+Li_2O)$ 和 $Na_2O/\Sigma(K_2O+Na_2O)$ 的改变而变化。在图 5-33~图 5-35 中，无论 $Al_2O_3$ 含量高或

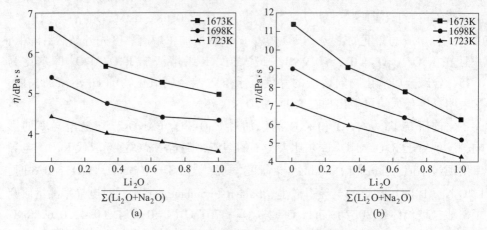

图 5-33　B 组和 G 组黏度随 $Li_2O$ 取代量的变化

（a）B 组；（b）G 组

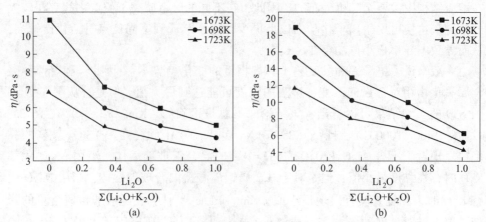

图 5-34　C 组和 H 组黏度随 $Li_2O$ 取代量的变化

（a）C 组；（b）H 组

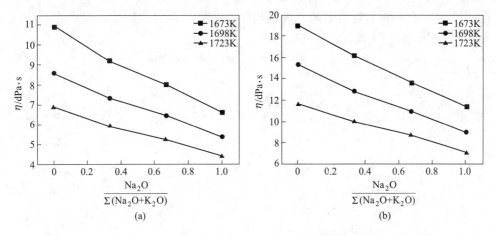

图 5-35　D 组和 I 组黏度随 Na$_2$O 取代量的变化

（a）D 组；（b）I 组

低,当一种碱金属氧化物逐步被另一种碱金属氧化物替代时，熔渣的黏度均没有表现出极值，而是表现出负偏差的线性行为。此外，通过观察发现，两个碱金属离子之间的半径差异越大，则线性偏差越大。这证明了除聚合度外，碱金属离子的半径可能也会对黏度产生影响，而且两个碱金属离子的半径差较大的熔渣具有更显著的混合碱效应。另外，黏度的线性行为也与 Al$_2$O$_3$ 含量有关，即 Al$_2$O$_3$ 含量高的熔渣其黏度具有较好的线性行为，其原因是混合碱效应可能与非桥氧含量有关[12]，即保持其他成分和含量不变，Al$_2$O$_3$ 含量高的熔渣具有更多的桥氧，这会削弱混合碱效应。

### 5.5.3　由含一种碱金属氧化物熔渣黏度计算含有二三种碱金属氧化物熔渣黏度

为了方便实际应用，通过推导得到了从包含一种碱金属氧化物熔渣黏度，计算包含几种碱金属氧化物熔渣黏度的经验公式。图 5-36 中的实线显示了在不同温度下，黏度取对数后与 Li$_2$O/$\Sigma$(Li$_2$O+Na$_2$O)、Li$_2$O/$\Sigma$(K$_2$O+Li$_2$O) 和 Na$_2$O/$\Sigma$(K$_2$O+Na$_2$O) 之间的关系。从图 5-36 中可以看出，大多数数据具有良好的线性相关性，而少数数据则具有相对较大的线性负偏差，这可能是由于 K$^+$离子和 Li$^+$离子之间的半径差异较大所致。下面给出了从含一种碱金属氧化物熔渣的黏度出发计算含两种碱金属氧化物熔渣黏度的简单数学公式，即：

$$\ln\eta_{12} = x_1\ln\eta_1 + x_2\ln\eta_2 \qquad (5-26)$$

式中　$\eta_{12}$——含有两种碱金属氧化物 1 和 2 的熔体的黏度；

$\eta_1$，$\eta_2$——含单一碱金属氧化物 1 和 2 的熔体的黏度；

$x_1$，$x_2$——碱金属氧化物 1 和 2 的摩尔分数，$x_1 + x_2 = 1$。

由式(5-26) 计算得到的含两种碱金属氧化物的熔体的黏度如图 5-36 中的虚

线所示。从图 5-36 中可以看出，大多数计算结果与实验数据具有很好的拟合效果，这表明经验公式具有一定的可靠性。

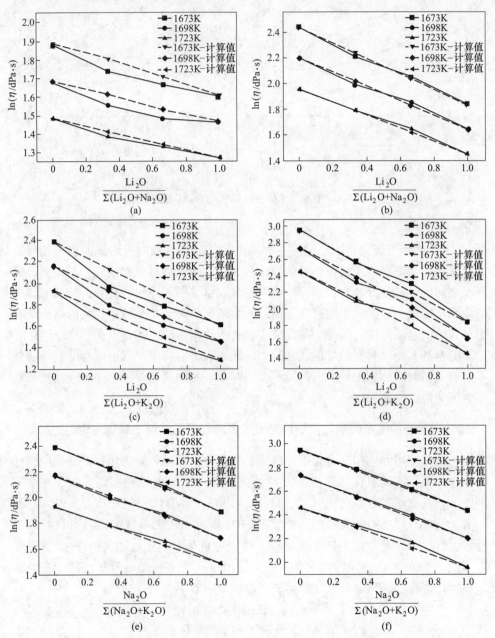

图 5-36  不同的温度下黏度取对数后与 $Li_2O/\Sigma(Li_2O + Na_2O)$、
$Li_2O/\Sigma(K_2O + Li_2O)$ 和 $Na_2O/\Sigma(K_2O + Na_2O)$ 之间的关系

(a) (c) (e) 低 $Al_2O_3$；(b) (d) (f) 高 $Al_2O_3$

——实验数据；- - - 计算数据

对于含有三种碱金属氧化物的熔渣，其黏度也可以由含有一种碱金属氧化物的熔渣的黏度来计算，即：

$$\ln\eta_{123} = x_1\ln\eta_1 + x_2\ln\eta_2 + x_3\ln\eta_3 \qquad (5-27)$$

式中 $\eta_{123}$——含有三种碱金属氧化物 1、2 和 3 的熔渣的黏度；

$x_3$, $\eta_3$——包含单一碱金属氧化物 3 的熔渣的摩尔分数和黏度，$x_1+x_2+x_3=1$。

由式(5-27) 计算得到的黏度值如图 5-37 所示。从图 5-37 可以看出，Al$_2$O$_3$ 含量高的熔渣的黏度计算结果比低 Al$_2$O$_3$ 含量的熔渣的拟合效果更好。

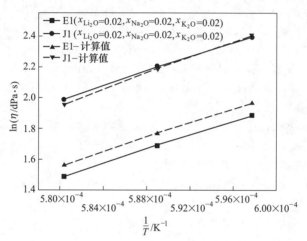

图 5-37 含三种碱金属氧化物熔渣黏度随温度的变化
——实验数据；－－－计算数据

综上所述，式(5-26) 和式(5-27) 可用于从含有一种或多种碱金属氧化物的熔渣的黏度估算出含有两种或三种碱金属氧化物的熔渣的黏度。

### 本章小结

本章主要对 CaO-Al$_2$O$_3$-SiO$_2$ 均相熔渣体系的黏度进行概述，并谈论了碱金属氧化物 Li$_2$O，Na$_2$O，K$_2$O 的一元、二元和三元添加对 CaO-Al$_2$O$_3$-SiO$_2$ 体系黏度的影响。得出以下结论：

（1）在保持 CaO 含量不变的情况下，随着用 Al$_2$O$_3$ 逐渐替代 SiO$_2$，熔渣的黏度先增加后减少。

（2）当 SiO$_2$ 和 Na$_2$O 的含量不变时，增加 Al$_2$O$_3$/CaO 的比值导致黏度增加；当保持 Al$_2$O$_3$ 和 SiO$_2$ 的含量不变时，增加 Na$_2$O/CaO 的比值，黏度先增加后减少，黏度最大值的位置位于 Na$_2$O/Al$_2$O$_3$>1 一侧。

（3）当 CaO 的含量大于 Al$_2$O$_3$ 时，黏度随着 K$_2$O 的加入不断升高，黏度最

大值的位置在 $K_2O/Al_2O_3>1$ 一侧。

（4）用小的碱金属离子等量替代大的碱金属离子时，熔渣黏度逐渐降低，无极值出现。

---

## 参 考 文 献

［1］王常珍. 冶金物理化学研究方法［M］.北京：冶金工业出版社,2002.

［2］Nakamoto M,Miyabayashi Y,Holappa L,et al. A model for estimating viscosities of aluminosilicate melts containing alkali oxides［J］.ISIJ International,2007,47(10):1409-1415.

［3］Kondratiev A,Jak E. Review of experimental data and modeling of the viscosities of fully liquid slags in the $Al_2O_3$-CaO-'FeO'-$SiO_2$ system［J］.Metallurgical and Materials Transactions B,2001, 32(6):1015-1025.

［4］Susa M,Kamijo Y,Kusano K,et al. A predictive equation for the refractive indices of silicate melts containing alkali,alkaline earth and aluminium oxides［J］.Glass Technology-European Journal of Glass Science and Technology,2005,46(2):55-61.

［5］Mysen B O. Structure and Properties of Silicate Melts［M］.Amsterdam：Elsevier Science Publishers B. V. ,1988.

［6］Sukenaga S,Saito N,Kawakami K,et al. Viscosities of CaO-$SiO_2$-$Al_2O_3$-($R_2O$ or RO)melts［J］. ISIJ International,2006,46(3):352-358.

［7］Liao J L,Zhang Y Y,Sridhar S,et al. Effect of $Al_2O_3/SiO_2$ ratio on the viscosity and structure of slags［J］.ISIJ International,2012,52(5):753-758.

［8］Zhang G H,Chou K C. Measuring and modeling ciscosity of CaO-$Al_2O_3$-$SiO_2$(-$K_2O$) melt［J］. Metallurgical and Materials Transactions B,2012,43(4):841-848.

［9］Riboud P V,Roux Y, Lucas L D,et al. Improvement of continuous casting powders［J］.Fachberichte Huettenpraxis Metallweiterverarbeitung,1981,19(10):859-869.

［10］Ray H S,Pal S. Simple method for theoretical estimation of viscosity of oxide melts using optical basicity［J］.Ironmaking & Steelmaking,2004,31(2):125-130.

［11］Zhang G H,Zheng W W,Chou K C. Influences of $Na_2O$ and $K_2O$ additions on electrical conductivity of CaO-MgO-$Al_2O_3$-$SiO_2$ melts［J］.Metallurgical and Materials Transactions B,2017,48 (2):1134-1138.

［12］Jain H,Downing H L,Peterson N L. The mixed alkali effect in lithium-sodium borate glasses ［J］.Journal of Non-Crystalline Solids,1984,64(3):335-349.

［13］Balaya P,Sunandana C S. Mixed alkali effect in the $30[(1-x)Li_2O \cdot xNa_2O]$：$70TeO_2$ glass system［J］.Journal of Non-Crystalline Solid,1994,175(1):51-58.

［14］Swenson J,Matic A,Karlsson C,et al. Random ion distribution model：A structural approach to the mixed-alkali effect in glasses［J］.Physical Review B,2001,63(13):1-4.

［15］Zhang G H,Yan B J,Chou K C,et al. Relation between viscosity and electrical conductivity of silicate melts [J].Metallurgical and Materials Transactions B,2011,42(2):261-264.

[16] Kim K D,Lee S H. Viscosity behavior and mixed alkali effect of alkali aluminosilicate glass melts [J].Journal of the Ceramic Society of Japan,1997,105(1226):827-832.

[17] Seo M S,Sohn I. Substitutional effect of $Na_2O$ with $K_2O$ on the viscosity and structure of CaO-$SiO_2$-$CaF_2$-based mold flux systems [J]. Journal of the American Ceramic Society, 2019, 102 (10):6275-6283.

[18] Higo T,Sukenaga S,Kanehashi K,et al. Effect of potassium oxide addition on viscosity of calcium aluminosilicate melts at 1673-1873K[J].ISIJ International,2014,54(9):2039-2044.

# 6　非均相熔渣黏度测量

## 6.1　非均相熔渣黏度的重要性研究现状及研究进展

### 6.1.1　研究现状

在现代钢铁冶金以及有色冶金过程中，都需要用到大量的硅铝酸盐炉渣。炉渣在这些冶金过程中起着至关重要的作用，比如吸收冶炼产生的杂质、调节金属成分、保温、防止金属氧化等。炉渣的性能由炉渣的物理化学性质决定，因而炉渣性质的精确掌握，对于生产工艺的优化以及产品质量的提高非常重要。为了使炉渣保持足够的流动性，冶炼温度的选取一般都高于炉渣的液相线温度，此时炉渣处于纯液相状态。但是在某些冶炼过程中，由于矿石成分、气氛以及温度控制的原因，渣中往往存在一定的固体不溶物。例如，攀枝花钒钛磁铁矿高炉冶炼过程中，在高温以及还原条件下，渣中的 $TiO_2$ 被部分还原成低价钛氧化物，以及高熔点相 TiC、TiN 和固溶体。TiC 和 TiN 的高熔点及其在熔渣中的低溶解度使其在炉渣中以固体不溶物的形式存在，并使得渣的流动性变得很差，甚至达到不能流动的程度[1]。含钛炉渣还原变稠出现的不稳定现象是影响钒钛矿冶炼的重要因素。在氧气转炉炼钢的造渣过程中，石灰在炉渣中溶解时，初渣中的 $SiO_2$ 与石灰外围的 CaO 晶粒或者刚刚溶入初渣的 CaO 反应，生成高熔点的固态化合物 $Ca_2SiO_4$，沉淀在石灰块外围，经过一段时间，析出的 $Ca_2SiO_4$ 积聚成一定厚度的壳层[2]。这些外裹 $Ca_2SiO_4$ 的颗粒对石灰的溶解以及渣的流动性具有很重要的影响。铜冶炼的造锍过程中，炉渣一般属于 $FeO\text{-}SiO_2$ 或 $FeO\text{-}SiO_2\text{-}CaO$（或 MgO）体系，个别情况下可得到 $Al_2O_3$ 系炉渣。如果操作过程中的氧化性比较高，炉渣中会有 $Fe_3O_4$ 生成。$FeO\text{-}SiO_2$ 体系中，在 1473～1573K 时，$Fe_3O_4$ 的饱和溶解度为 10%～20%[3]。冰铜吹炼所产生的炉渣，可以认为是一种 $Fe_3O_4$ 饱和的 $FeO\text{-}SiO_2$ 渣。$Fe_3O_4$ 固相的析出导致炉渣黏度增大和熔点升高，渣中含铜升高等许多问题出现。综上所述，在很多冶炼过程中，都会遇到含有固体不溶颗粒的非均相炉渣，研究这种流体的性质对于实际生产过程具有很重要的作用。

### 6.1.2　研究进展

黏度是熔渣最受关注的性质之一，其决定熔渣的流动性、渣中传质速度的快慢，并影响渣-金分离的效果，是决定金属收得率的重要因素。同时，由于黏度对炉渣的结构很敏感，黏度的变化在某种程度上能够反映结构的变化，从而也可作为研究炉渣结构的途径之一。所以，炉渣黏度行为的精确掌握，对于实际生产和理论研究都具有很重要的意义。但是目前文献中有关炉渣黏度的研究主要集中于纯液相区域[4-9]，对于存在固体不溶物的非均相熔渣的黏度的理论和实验研究则很少。下面简要地介绍一下主要的非均相熔渣黏度模型。

### 6.1.2.1 Einstein 模型[10]

Einstein 模型认为非均相熔渣的黏度与固相的体积百分数成正比，其计算公式为：

$$\frac{\eta}{\eta_0} = 1 + 2.5f \tag{6-1}$$

式中　$\eta$——固液两相区的黏度；

$\eta_0$——液相的黏度；

$f$——固体颗粒所占的体积百分比。

### 6.1.2.2 Einstein-Roscoe 模型[11]

经研究后发现[10]，Einstein 方程只有在固相的体积分数比较低的时候才适用。Roscoe[11]提出了更为精确的描述非均相熔渣黏度的方程，即

$$\frac{\eta}{\eta_0} = (1 - af)^{-n} \tag{6-2}$$

式中　$a$，$n$——经验参数，对于均匀的球形颗粒，其值分别为 1.35 和 2.5。

方程(6-2)能够很好地描述非均相硅铝酸盐熔渣的黏度变化。另外，多项式也被用来描述黏度与固相体积分数之间的关系[10]，即

$$\frac{\eta}{\eta_0} = 1 + k_1 f_S + k_2 f_S^2 + k_3 f_S^3 + \cdots \tag{6-3}$$

式中　$k_i$——常数，$i = 1, 2, 3, \cdots$。

一般来说，非均相炉渣的黏度应该由液相成分、温度、固相成分、固相颗粒的大小、形状，以及体积百分比等因素决定，但是上述方程都无法体现颗粒大小和形状的影响。研究表明，固体颗粒的形状对黏度的影响不大[12]，但是在固相体积分数一定的情况下，颗粒的大小对黏度具有一定的影响。白晨光等[13]研究了高钛渣中 TiC 和 TiN 颗粒对其黏度的影响，发现在体积分数一定的情况下，TiC(或 TiN)的颗粒粒径越小，黏度增加的幅度越大。Wright 等[14]研究了 $MgAl_2O_4$ 颗粒对 $CaO\text{-}MgO\text{-}Al_2O_3\text{-}SiO_2$ 熔渣黏度的影响规律，发现 $MgAl_2O_4$ 颗粒的尺寸越大，黏度增加的幅度越大。张国华和甄玉兰等[15-17]研究发现非氧化物

固体颗粒对黏度的影响远远大于 Einstein-Roscoe 方程计算得出的黏度，因此在 Einstein-Roscoe 模型中，需要考虑固体颗粒粒径的影响，并使方程中的参数 $a$ 随转速和固体颗粒粒径变化，取得了不错的计算结果。

## 6.2　讨论

### 6.2.1　CaO-MgO-Al$_2$O$_3$-SiO$_2$-TiC 非均相熔渣黏度

表 6-1 中，A0 组分为原渣。A 组添加的 TiC 粒径为 1.0μm，B 组添加的 TiC 粒径为 10μm。A1~A3 和 B1~B3 组成均是在保持原渣的配比不变的情况下，添加不同体积分数的 TiC 固体颗粒，分别为 2%、4%和 6%。

**表 6-1　黏度测量的成分点**

| 样品 | 摩尔分数 $x$ | | | | 体积分数 $\varphi/\%$ |
|---|---|---|---|---|---|
| | CaO | MgO | Al$_2$O$_3$ | SiO$_2$ | TiC |
| A0 | 0.42 | 0.12 | 0.09 | 0.37 | 0 |
| A1 和 B1 | — | — | — | — | 2 |
| A2 和 B2 | — | — | — | — | 4 |
| A3 和 B3 | — | — | — | — | 6 |

由表 6-1 可以看出，对于 A0($\varphi_{TiC}=0$)，即不存在 TiC 固体颗粒时，体系为牛顿流体。在图 6-1 和图 6-2 中，虽然所有的组分依然满足 Arrhenius 方程，但是对于 A 和 B 两个组，都表现为随着 TiC 体积分数的增加，转速对黏度的影响越明显。当 TiC 的体积分数较小(A1 和 B1)时，黏度随转速变化并不大。随着 TiC 体积分数的逐渐增大，体系越来越偏离牛顿流体。

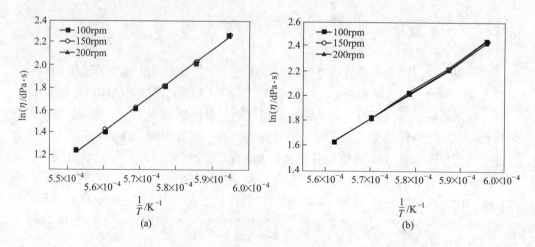

(a)　　　　　　　　　　　(b)

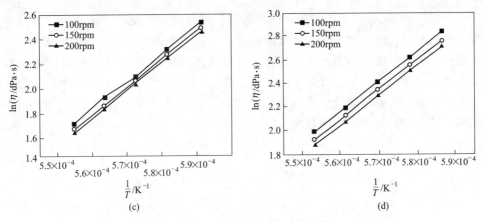

图 6-1 A0~A3 黏度随温度的变化

（a）A0；（b）A1；（c）A2；（d）A3

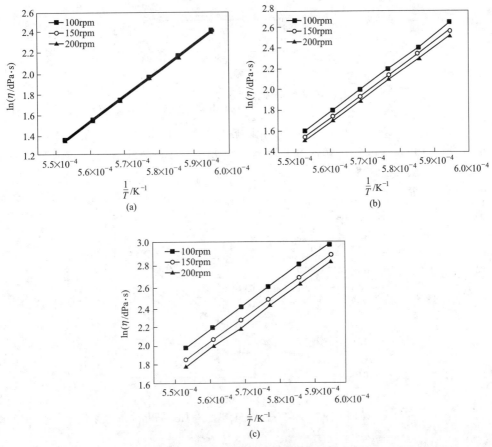

图 6-2 B1~B3 黏度随温度的变化

（a）B1；（b）B2；（c）B3

　　根据图 6-1 和图 6-2 中数据，计算得到各成分的相对黏度（固液混合物的黏度与纯液相黏度的比值）与温度之间的关系，结果如图 6-3 所示。从图 6-3 中可以看出，相对黏度基本不随温度变化。这对高温下固-液两相体系的黏度测量有着重要的意义，意味着没有必要测量很多温度下的黏度值，只需要再测定一个温度下的数据，再通过测量或者计算纯液体的黏度，然后通过计算就可以得到固-液两相体系中其他温度下的黏度数据。

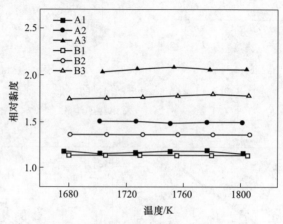

图 6-3　各组分的相对黏度与温度的关系

　　根据上述分析，相对黏度与温度无影响。因此，将不同温度下的数据取平均值，并计算相对黏度与旋转速度、固体颗粒大小和 TiC 体积分数之间的变化关系，结果如图 6-4 所示。

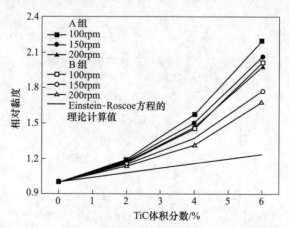

图 6-4　不同条件下，各组分的相对黏度与 TiC 体积分数的关系

　　由图 6-4 可知，相对黏度随着转速的增加而降低，含有 TiC 固体颗粒的体系表现为剪切变薄熔渣；相对黏度随着 TiC 体积分数的增大而增加，且 TiC 体

积分数越大，黏度增加的幅度越大。与此同时，在 TiC 体积分数相同时，TiC 的粒径越小，对相对黏度的影响越大。通过与模型计算黏度的比较，TiC 固体颗粒对黏度的影响远远大于根据描述非均相熔渣黏度的 Einstein-Roscoe 方程计算的黏度。

无论有没有 TiC 固体颗粒的加入，黏度与温度的关系均符合 Arrhenius 定律，可以得到各组分的表观活化能，见表 6-2。从表 6-2 中可以看出，表观活化能几乎不受转速、TiC 颗粒尺寸和 TiC 体积分数的影响，也就是说，液相的组成才是影响该体系表观活化能的主要因素。

表 6-2　各成分点的表观活化能

| 活化能/kJ·mol$^{-1}$ | A0 | A1 | A2 | A3 |
|---|---|---|---|---|
| 100rpm | 199.75 | 200.02 | 201.81 | 201.52 |
| 150rpm | 201.95 | 201.02 | 203.96 | 199.70 |
| 200rpm | 202.01 | 200.44 | 204.35 | 196.29 |
| 平均值 | 201.24 | 200.49 | 203.37 | 199.17 |

| 活化能/kJ·mol$^{-1}$ | B1 | B2 | B3 |
|---|---|---|---|
| 100rpm | 202.70 | 201.54 | 203.84 |
| 150rpm | 202.71 | 200.43 | 196.65 |
| 200rpm | 202.02 | 197.41 | 197.93 |
| 平均值 | 202.48 | 199.79 | 199.47 |

图 6-4 给出了相对黏度与 TiC 体积分数的对应关系。从图 6-4 可以看出，计算的相对黏度比实测值要小很多，对 Einstein-Roscoe 方程的参数进行优化。可以假定固体颗粒为球形固体颗粒，则 $n$ 取为常数 2.5；$a$ 的倒数（$f_{max}$）表示体系黏度达到无限大时液相中含有的固体颗粒的最大量，因此对 $a$ 进行优化。优化的结果见表 6-3，150rpm 时，相对黏度与固体颗粒体积分数的关系的拟合曲线如图 6-5 所示。

表 6-3　参数优化结果

| 参数 | 组 | 100rpm | 150rpm | 200rpm |
|---|---|---|---|---|
| $a$ | A 组 | 4.43 | 4.09 | 3.87 |
| | B 组 | 3.95 | 3.29 | 2.98 |
| $f_{max}$ | A 组 | 0.226 | 0.244 | 0.258 |
| | B 组 | 0.253 | 0.304 | 0.336 |

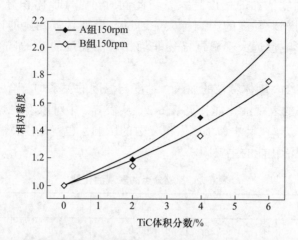

图 6-5　参数优化后，相对黏度与固体颗粒体积分数的拟合曲线

## 6.2.2　CaO-MgO-Al$_2$O$_3$-SiO$_2$-TiN 非均相熔渣黏度

表 6-4 中，A0 组分为原渣。A 组添加的 TiN 粒径为 1.0μm，B 组添加的 TiN 粒径为 10μm。A1~A6 和 B1~B6 组成均是在保持原渣的配比不变的情况下，添加不同体积分数的 TiN 固体颗粒，分别为 2%、2.7%、4%、5.3%、6% 和 7.9%。

表 6-4　黏度测量的成分点

| 样品 | 摩尔分数 $x$ | | | | TiN | |
| --- | --- | --- | --- | --- | --- | --- |
| | CaO | MgO | Al$_2$O$_3$ | SiO$_2$ | 体积分数/% | 粒径/μm |
| A0 | 0.42 | 0.12 | 0.09 | 0.37 | 0 | — |
| A1 | — | — | — | — | 2 | 1.0 |
| A2 | — | — | — | — | 2.7 | 1.0 |
| A3 | — | — | — | — | 4 | 1.0 |
| A4 | — | — | — | — | 5.3 | 1.0 |
| A5 | — | — | — | — | 6 | 1.0 |
| A6 | — | — | — | — | 7.9 | 1.0 |
| B1 | — | — | — | — | 2 | 10 |
| B2 | — | — | — | — | 2.7 | 10 |
| B3 | — | — | — | — | 4 | 10 |
| B4 | — | — | — | — | 5.3 | 10 |
| B5 | — | — | — | — | 6 | 10 |
| B6 | — | — | — | — | 7.9 | 10 |

在图 6-6 和图 6-7 中，所有的组分依然满足 Arrhenius 方程，但是 A 和 B 两个组都表现为随着 TiN 体积分数的增加，转速对黏度的影响越明显。当 TiN 的体积

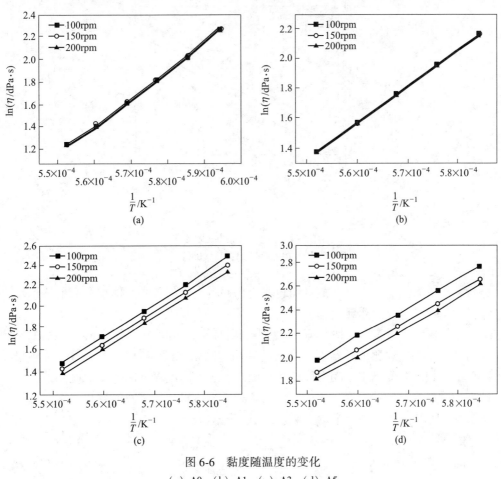

图 6-6 黏度随温度的变化

(a) A0; (b) A1; (c) A3; (d) A5

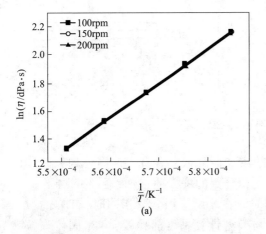

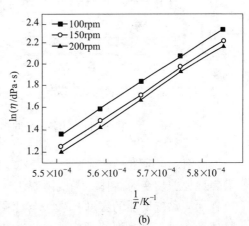

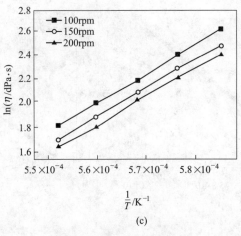

(c)

图 6-7　黏度随温度的变化

(a) B1；(b) B3；(c) B5

分数较小（A1 和 B1）时，黏度随转速变化并不大。随着 TiN 体积分数的逐渐增大，体系越来越偏离牛顿流体。

根据图 6-6 和图 6-7 中数据，计算得到各成分的相对黏度（固液混合物的黏度与纯液相黏度的比值）与温度之间的关系，结果如图 6-8 所示。从图 6-8 中可以看出，相对黏度基本不随温度变化。因此，将不同温度下的数据取平均值，并计算相对黏度与旋转速度、固体颗粒大小和 TiN 体积分数之间的变化关系，结果如图 6-9 所示。

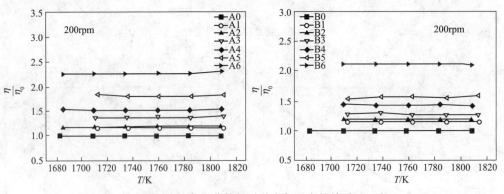

图 6-8　各组分的相对黏度与温度的关系

由图 6-9 可知，相对黏度随着转速的增加而降低，含有 TiN 固体颗粒的体系表现为剪切变薄熔体；黏度随着 TiN 体积分数的增大而增加，且 TiN 体积分数越大，黏度增加的幅度越大。与此同时，在 TiN 体积分数相同时，TiN 的粒径越小，对相对黏度的影响越大。通过与模型计算黏度的比较，TiN 固体颗粒

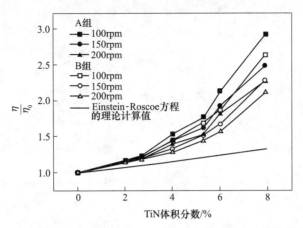

图 6-9　不同条件下各组分的相对黏度与 TiN 体积分数的关系

对黏度的影响远远大于根据描述非均相熔渣黏度的 Einstein-Roscoe 方程计算的
黏度。

　　无论有没有 TiN 固体颗粒的加入，黏度与温度的关系均符合 Arrhenius 定律，
可以得到各组分的表观活化能，见表 6-5。从表 6-5 中可以看出，表观活化能几
乎不受转速、TiN 颗粒尺寸和 TiN 体积分数的影响。也就是说，液相的组成才是
影响该体系表观活化能的主要因素。

表 6-5　各成分点的表观活化能

| 活化能/kJ·mol$^{-1}$ | A0 | A1 | A2 | A3 | A4 | A5 | A6 |
|---|---|---|---|---|---|---|---|
| 100rpm | 199.75 | 199.95 | 202.61 | 205.27 | 200.36 | 199.12 | 200.87 |
| 150rpm | 201.95 | 200.62 | 199.78 | 203.03 | 201.78 | 200.12 | 200.53 |
| 200rpm | 202.01 | 200.78 | 200.37 | 200.12 | 202.28 | 201.78 | 197.95 |
| 平均值 | 201.24 | 200.45 | 200.92 | 202.81 | 201.47 | 200.34 | 199.78 |

| 活化能/kJ·mol$^{-1}$ | B1 | B2 | B3 | B4 | B5 | B6 |
|---|---|---|---|---|---|---|
| 100rpm | 201.19 | 199.54 | 201.78 | 199.20 | 202.53 | 197.29 |
| 150rpm | 201.86 | 202.86 | 201.95 | 207.85 | 197.71 | 198.71 |
| 200rpm | 201.28 | 200.87 | 204.27 | 205.36 | 196.38 | 201.95 |
| 平均值 | 201.45 | 201.09 | 202.67 | 204.14 | 198.87 | 199.31 |

　　对比图 6-4 和图 6-9，可以得到 TiN 或 TiC 体积分数对相对黏度的影响，如图
6-10 所示。可以很明显地看出，在相同体积分数和相同粒径的情况下，含 TiC 的
体系的相对黏度大于含 TiN 的体系。由于 N 原子的电负性大于 C 原子，N 原子能
吸收更多的钛离子中的电子。相比之下，TiC 颗粒表面的 Ti 离子则比 TiN 更能吸
收附近的阴离子，从而导致了 TiC 的表观体积更大，具有更高的相对黏度。也就

是说，不同的固相类型对于非均相熔渣黏度也具有不同的影响。

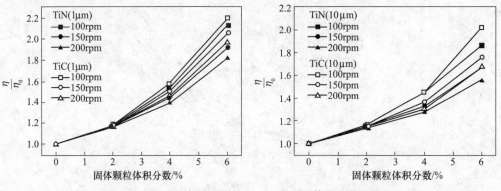

图 6-10　相对黏度随不同粒径 TiN 和 TiC 体积分数的变化

图 6-11 给出了相对黏度与 TiN 体积分数的对应关系。从图 6-9 和图 6-11 可以看出，计算的相对黏度比实测值要小很多，因此考虑对 Einstein-Roscoe 方程的参数进行优化。假定固体颗粒为球形固体颗粒，则 $n$ 取为常数 2.5；$a$ 的倒数（$f_{max}$）表示体系黏度达到无限大时液相中含有的固体颗粒的最大量，因此对 $a$ 进行优化。优化的结果见表 6-6，100rpm 时，相对黏度与固体颗粒体积分数的关系的拟合曲线如图 6-11 所示。

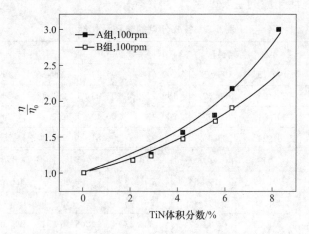

图 6-11　参数优化后，相对黏度与固体颗粒体积分数的拟合曲线

表 6-6　参数优化结果

| Parameter | 组分 | 100rpm | 150rpm | 200rpm |
|---|---|---|---|---|
| $a$ | A 组 | 4.32 | 3.77 | 3.43 |
| | B 组 | 3.63 | 3.02 | 2.68 |

| Parameter | 组分 | 100rpm | 150rpm | 200rpm |
|---|---|---|---|---|
| $f_{max}$ | A 组 | 0.232 | 0.265 | 0.292 |
| | B 组 | 0.275 | 0.331 | 0.373 |

## 本章小结

本章主要对 CaO-MgO-Al$_2$O$_3$-SiO$_2$-(TiC，TiN) 非均相熔渣体系的黏度进行概述，谈论了 TiC、TiN 固体颗粒的添加对 CaO-MgO-Al$_2$O$_3$-SiO$_2$ 体系黏度的影响。得出以下结论：

（1）随着固体颗粒体积分数的逐渐增大，体系越来越偏离牛顿流体。

（2）熔渣黏度随着固体颗粒体积分数的增大而增加，且固体颗粒体积分数越大，黏度增加的幅度越大。

（3）不同的固体颗粒类型对于非均相熔渣黏度也具有不同的影响。

---

## 参 考 文 献

[1] 白晨光. 含钛高炉渣的若干物理化学问题研究[D].重庆:重庆大学,2003.

[2] 陈家祥. 钢铁冶金学[M].北京:冶金工业出版社,2001.

[3] 邱竹贤. 有色金属冶金[M].沈阳:东北大学出版社,2001.

[4] Zhang G H, Chou K C, Xue Q G,et al. modeling viscosities of CaO-MgO-FeO-MnO-SiO$_2$ molten slags [J]. Metallurgical and Materials Transactions B,2012,43(1): 64-72.

[5] Zhang G H, Chou K C. Measuring and modeling viscosity of CaO-Al$_2$O$_3$-SiO$_2$-(K$_2$O) melt [J]. Metallurgical and Materials Transactions B,2012, 43(4):841-848.

[6] Zhang G H,Chou K C. Influence of Al$_2$O$_3$/SiO$_2$ ratio on viscosities of CaO-Al$_2$O$_3$-SiO$_2$ melt [J]. ISIJ International, 2013, 53(1):177-180.

[7] Zhang G H,Chou K C, Mills K. Modeling viscosities of CaO-MgO-Al$_2$O$_3$-SiO$_2$ molten slags [J]. ISIJ International, 2012,52(3):355-362.

[8] Zhang G H, Chou K C. Viscosity model for aluminosilicate melt[J]. Journal of Mining and Metallurgy B, 2012,48(3): 433-442.

[9] Zhang G H, Chou K C. Simple method for estimating the electrical conductivity of oxide melts with optical basicity [J]. Metallurgical and Materials Transactions B,2010,41(1):131-136.

[10] Jinescu V V. The rheology of suspensions[J]. International Chemical Engineering,1974,14(3): 397-420.

[11] Roscoe R. The viscosity of a concentrated suspension of spherical particles[J]. British Journal of

Applied Physics,1952,3:267-269.

[12] Lejeune A M,Richet P. Rheology of crystal-bearing silicate melts: an experimental study at high viscosities[J]. Journal of Geophysical Research B,1995,100(3):4215-4229.

[13] 白晨光,裴鹤年,赵诗金,等. 碳氮化钛粒度与熔渣黏度关系的研究[J]. 钢铁钒钛, 1995, 16(3): 6-9.

[14] Wright S,Zhang L, Sun S,et al. Viscosity of a CaO-MgO-Al$_2$O$_3$-SiO$_2$ melt containing spinel [J]. Metallurgical and Materials Transactions B,2000,31(1):97-104.

[15] Zhen Y L,Zhang G H,Chou K C. Viscosity of CaO-MgO-Al$_2$O$_3$-SiO$_2$-TiO$_2$ melts containing TiC particles[J].Metallurgical and Materials Transactions B,2015,46(1):155-161.

[16] Zhang G H,Zhen Y L,Chou K C. Influence of TiC on the viscosity of CaO-MgO-Al$_2$O$_3$-SiO$_2$-TiC suspension system[J]. ISIJ International,2015,55(5):922-927.

[17] Zhen Y L,Zhang G H,Chou K C. Influence of TiN on viscosity of CaO-MgO-Al$_2$O$_3$-SiO$_2$-(TiN) suspension system[J]. Canadian Metallurgical Quarterly,2015,54(3):340-348.

# 7 熔渣电导率及其预测模型

硅铝酸盐熔渣的结构比较复杂，而电导率和黏度是对熔渣结构很敏感的性质，并且对于生产过程具有至关重要的作用。利用局部互溶区模型的计算方法在范围较小的区域内可以给出比较精确的计算结果，但是难以描述较大成分范围内电导率和黏度随成分的非线性变化行为，且只能基于相同温度下的数据进行预测。近年来，人们在电导率和黏度方面积累了大量的实验数据，使得对二者进行较为系统的研究成为可能。

很多冶金反应都是基于电化学原理进行。研究表明，在渣钢之间施加电场可以极大地促进钢液的脱硫[1]、脱氧[2]和脱碳[3]的速度。Wang[4]研究通过氧化物熔渣的高温电解获取金属和氧气，在这个过程中可靠的电导率数据更为重要。同时，电导率又与熔渣的结构密切相关，故而研究熔渣的电导率具有很大的实际和理论意义。但是，目前还没有可以很好地描述硅铝酸盐熔渣电导率随成分和温度变化关系的理论模型，尤其是对于含 $Al_2O_3$ 体系。本章主要介绍火法冶金过程的基础渣系 $CaO\text{-}MgO\text{-}Al_2O_3\text{-}SiO_2$ 渣的电导率变化行为。

## 7.1 $CaO\text{-}MgO\text{-}Al_2O_3\text{-}SiO_2$ 体系电导率模型

### 7.1.1 修正光学碱度的引入

一般来说，电导率随温度的变化关系常用 Arrhenius 公式来表述，而在成分对电导率的影响方面，只有少数的研究者给出了恒定温度下电导率随成分变化的线性或指数关系[5]。由于渣中往往存在很多组元，如何把成分的影响以一种简单的方式表达出来，是理论模型的核心问题。传统上，冶金领域常用二元碱度（$CaO/SiO_2$），三元碱[$(CaO + MgO)/SiO_2$] 等来衡量不同成分的影响。但是这些参数与性质之间往往并不存在很好的关系，比如在含 $Al_2O_3$ 的硅铝酸盐熔渣中，$Al^{3+}$ 离子电荷补偿的那部分 CaO 并不能参与脱硫的任务[6]。后来基于熔渣分子理论提出过剩碱的概念，即炉渣中的 CaO 的全量减去结合成复杂化合物那部分 CaO 的量。但是在假定生成的复合化合物方面存在着意见分歧，对同一炉渣可能会有不同的过剩碱计算值[7]。此外，分子理论有着很多不合理的地方，比如炉渣的电导现象便是分子理论所无法解释的，故而过剩碱也不是一个合适的指标。如何简单地把不同的化合物统一到同一个量里面？Duffy[8-10]提出的光学碱度很好地解决了这个问题。光学碱度与熔渣的很多性质存在着关联，比如硫容量[11]、磷容量[12]、$P_2O_5$ 的活度[13]、CaO 和 $Na_2O$ 的活度[14]以及熔渣的物理性质如黏度[15]和密度[16]等。用光学碱度处理电导率的问题，大部分的非过渡金属氧化物的光学碱度都已经得到实验测定，严格地说多元熔渣的光学碱度也需实验测定。Duffy[8]发现在一定的组成范围内，实验所得的光学碱度与理论计算所得的光学碱度一致，可以用理论光学碱度近似代替真实的光学碱度。不同研究者[11-13]在利用光学碱度来标定熔渣的不同性质时采用的也是理论光学碱度。

氧化铝的两性行为使含 $Al_2O_3$ 渣系的性质在 $M_xO/Al_2O_3 = 1$ 附近出现极值。以 $CaO-Al_2O_3-SiO_2$ 三元系为例，当固定 $SiO_2$ 的摩尔分数时，黏度随 $CaO/Al_2O_3$ 的变化在 $CaO/Al_2O_3 = 1$ 附近出现最大值[17]。根据第 9 章的内容可知，黏度的对数和电导率的对数之间满足线性关系，从而电导率随 $CaO/Al_2O_3$ 的变化可能也会有极值出现。这时如果依然以理论光学碱度［见式(7-1)］来衡量电导率，则很容易看出在 $SiO_2$ 含量一定时，随着 $CaO/Al_2O_3$ 的增加，光学碱度 $\Lambda$ 单调递增，无法描述电导率出现极值的现象，故而使用理论光学碱度对熔渣的物理性质进行预测肯定有失准确。

$$\Lambda = \frac{x_{CaO} \cdot 1 + 3x_{Al_2O_3} \cdot 0.6 + 2x_{SiO_2} \cdot 0.48}{x_{CaO} + 3x_{Al_2O_3} + 2x_{SiO_2}} \tag{7-1}$$

式中　1，0.6，0.48 —— CaO、$Al_2O_3$、$SiO_2$ 的光学碱度；

　　　　$x_i$ —— 组元 $i$ 的摩尔分数。

$Al_2O_3$ 作为两性氧化物，在熔渣碱度较高时显酸性，碱度较低时显碱性。在碱性氧化物含量较高时，$Al_2O_3$ 以酸性氧化物的形式融入 $SiO_2$ 的空间网络结构，由于 $Al^{3+}$ 离子为+3 价，替代 $Si^{4+}$ 的位置时会出现局部电荷不平衡，因此需要低静电强度的金属阳离子参与电荷补偿。参与电荷补偿的这部分金属阳离子在外电场作用下的移动能力较弱；同时一个 $Al_2O_3$ 分子可以产生两个 $Al^{3+}$ 离子，替代两个 $Si^{4+}$ 离子的位置。因此，在熔渣碱度较高时，$Al_2O_3$ 对熔渣电导率的负面作用更大，应该比 $SiO_2$ 更能降低熔渣的电导率。Segers[18]通过实验测量 $CaO-MgO-MnO-Al_2O_3-SiO_2$ 的电导率也发现，$Al_2O_3$ 替代 $SiO_2$ 造成体系的电导率下降。光学碱度作为一个碱度的标尺，定性地讲其值越高，代表熔渣的碱性氧化物含量越大，故而电导率也应越高。而根据式(7-1)，等摩尔的 $Al_2O_3$ 替代 $SiO_2$ 使得熔渣的光学碱度值升高，意味着电导率升高，这显然与实验测量和理论分析结果不符。故而无论从性质随成分出现极值点，还是从 $SiO_2$ 和 $Al_2O_3$ 的不同影响考虑，使用式(7-1)标定电导率随成分的变化都不能反映实际情况。Mills[15]曾提出修正光学碱度的概念，按照 Mills 的定义，在 $CaO-MgO-Al_2O_3-SiO_2$ 四元系中，修正的光学碱度可以表示为：

当 $x_{CaO} > x_{Al_2O_3}$ 时，

$$\Lambda^{\text{corr}} = \frac{(x_{\text{CaO}} - x_{\text{Al}_2\text{O}_3}) \cdot 1 + x_{\text{MgO}} \cdot 0.78 + 3x_{\text{Al}_2\text{O}_3} \cdot 0.6 + 2x_{\text{SiO}_2} \cdot 0.48}{x_{\text{CaO}} - x_{\text{Al}_2\text{O}_3} + x_{\text{MgO}} + 3x_{\text{Al}_2\text{O}_3} + 2x_{\text{SiO}_2}}$$

$$(7-2)$$

或

$$\Lambda^{\text{corr}} = \frac{x_{\text{CaO}} + 0.78x_{\text{MgO}} + 0.8x_{\text{Al}_2\text{O}_3} + 0.96x_{\text{SiO}_2}}{x_{\text{CaO}} + x_{\text{MgO}} + 2x_{\text{Al}_2\text{O}_3} + 2x_{\text{SiO}_2}}$$

$$(7-3)$$

冶金熔渣中 MgO 的含量一般不高，且常常满足 $x_{\text{CaO}} > x_{\text{Al}_2\text{O}_3}$。根据式(7-3)可知，在 $x_{\text{CaO}} > x_{\text{Al}_2\text{O}_3}$ 时，等摩尔含量的 Al$_2$O$_3$ 替代 SiO$_2$ 时将导致修正光学碱度 $\Lambda^{\text{corr}}$ 降低，满足进行电导率建模的需要。

### 7.1.2 电导率模型及其预测效果

Winterhager[19]、Nesterenko[20]、Sarkar[21,22] 等对 CaO-Al$_2$O$_3$-SiO$_2$ 三元系和 CaO-MgO-Al$_2$O$_3$-SiO$_2$ 四元系进行了研究，实验数据见表 7-1~表 7-3。各个表中同时给出了按照式(7-2) 计算的修正光学碱度值。

分析表中的数据发现，表 7-2 中 Nesterenko[20] 的数据有很大的不兼容性，例如成分点（Al$_2$O$_3$, CaO, MgO, SiO$_2$) = (5, 43, 3, 49), (5, 46, 3, 46), (5, 49, 3, 43), (5, 52, 3, 40), (5, 55, 3, 37), (5, 58, 3, 34), 在 1773K 时的电导率分别为 0.18、0.307、0.364、0.198、0.034、0.057。前三个成分点的规律还算正常，但是后三个成分点与前三个成分点相比，Al$_2$O$_3$ 和 MgO 的含量不变，而 CaO 的含量逐渐增加，SiO$_2$ 的含量逐渐减少。按常理推算，应该是 CaO 的含量越高，电导率越高，但是文献中的规律却相反。即使考虑到 Al$_2$O$_3$ 的电荷补偿效应需要消耗一定的 CaO，但是各成分点的 Al$_2$O$_3$ 含量都不高，不足以消耗所有的 CaO，故而随着 CaO 含量的增加，电导率应该增加。Nesterenko 实验数据不符合规律，在本章中不采用 Nesterenko 的数据。

**表 7-1 CaO-Al$_2$O$_3$-SiO$_2$ 三元系不同成分点的电导率[19]**

| 成分（质量分数)/% | | | $\Lambda^{\text{corr}}$ | $\sigma/\Omega^{-1} \cdot \text{cm}^{-1}$ | | | | |
| CaO | Al$_2$O$_3$ | SiO$_2$ | | 1623K | 1673K | 1723K | 1773K | 1823K |
| --- | --- | --- | --- | --- | --- | --- | --- | --- |
| 35 | 5 | 60 | 0.596 | 0.035 | 0.051 | 0.071 | 0.095 | 0.119 |
| 35 | 10 | 55 | 0.597 | 0.032 | 0.047 | 0.066 | 0.09 | 0.116 |
| 35 | 15 | 50 | 0.597 | 0.034 | 0.049 | 0.07 | 0.094 | 0.118 |
| 35 | 18 | 47 | 0.597 | 0.033 | 0.048 | 0.069 | 0.093 | 0.117 |
| 35 | 19 | 46 | 0.597 | 0.036 | 0.052 | 0.072 | 0.097 | 0.123 |
| 35 | 20 | 45 | 0.597 | 0.031 | 0.046 | 0.064 | 0.085 | 0.107 |

| 成分（质量分数）/% | | | $\Lambda^{corr}$ | $\sigma/\Omega^{-1} \cdot cm^{-1}$ | | | | |
|---|---|---|---|---|---|---|---|---|
| CaO | $Al_2O_3$ | $SiO_2$ | | 1623K | 1673K | 1723K | 1773K | 1823K |
| 40 | 5 | 55 | 0.617 | 0.053 | 0.076 | 0.106 | 0.145 | 0.186 |
| 40 | 10 | 50 | 0.618 | 0.049 | 0.072 | 0.101 | 0.137 | 0.176 |
| 40 | 13 | 47 | 0.618 | 0.048 | 0.071 | 0.099 | 0.135 | 0.174 |
| 40 | 14 | 46 | 0.619 | 0.055 | 0.078 | 0.109 | 0.146 | 0.187 |
| 40 | 15 | 45 | 0.619 | 0.052 | 0.075 | 0.105 | 0.144 | 0.185 |
| 40 | 20 | 40 | 0.619 | 0.047 | 0.066 | 0.089 | 0.129 | 0.169 |
| 45 | 5 | 50 | 0.64 | 0.082 | 0.166 | 0.159 | 0.207 | 0.26 |
| 45 | 6 | 49 | 0.64 | 0.081 | 0.114 | 0.157 | 0.206 | 0.258 |
| 45 | 8 | 47 | 0.64 | 0.078 | 0.112 | 0.155 | 0.202 | 0.25 |
| 45 | 9 | 46 | 0.641 | 0.085 | 0.118 | 0.163 | 0.214 | 0.272 |
| 45 | 10 | 45 | 0.641 | 0.075 | 0.111 | 0.153 | 0.2 | 0.249 |
| 45 | 15 | 40 | 0.642 | 0.081 | 0.113 | 0.156 | 0.203 | 0.252 |
| 45 | 20 | 35 | 0.644 | 0.068 | 0.099 | 0.142 | 0.191 | 0.242 |
| 50 | 5 | 45 | 0.663 | 0.09 | 0.128 | 0.188 | 0.254 | 0.349 |
| 50 | 10 | 40 | 0.665 | 0.064 | 0.123 | 0.181 | 0.247 | 0.343 |
| 50 | 15 | 35 | 0.667 | 0.089 | 0.126 | 0.185 | 0.253 | 0.347 |
| 50 | 20 | 30 | 0.669 | — | — | 0.126 | 0.238 | 0.32 |
| 43.6 | 11.4 | 45 | 0.635 | 0.063 | 0.089 | 0.128 | 0.167 | 0.215 |
| 42.6 | 11.4 | 46 | 0.63 | 0.076 | 0.094 | 0.138 | 0.183 | 0.23 |
| 41.6 | 11.4 | 47 | 0.625 | 0.066 | 0.092 | 0.131 | 0.175 | 0.226 |
| 38 | 20 | 42 | 0.61 | 0.032 | 0.043 | 0.07 | 0.1 | 0.14 |
| 45.3 | 17.6 | 37.1 | 0.644 | 0.05 | 0.074 | 0.106 | 0.15 | 0.201 |
| 43.6 | 18.2 | 38.2 | 0.636 | 0.046 | 0.069 | 0.1 | 0.143 | 0.2 |
| 41.9 | 18.7 | 39.4 | 0.628 | 0.04 | 0.06 | 0.089 | 0.129 | 0.182 |
| 40 | 19.4 | 40.6 | 0.619 | 0.038 | 0.057 | 0.084 | 0.121 | 0.171 |
| 36.8 | 19.3 | 43.9 | 0.605 | 0.031 | 0.045 | 0.066 | 0.094 | 0.132 |
| 35.2 | 18.5 | 46.3 | 0.598 | 0.027 | 0.041 | 0.061 | 0.038 | 0.125 |
| 32.8 | 17.2 | 50 | 0.587 | 0.022 | 0.033 | 0.05 | 0.073 | 0.104 |
| 29.4 | 15.5 | 55.1 | 0.573 | 0.016 | 0.024 | 0.035 | 0.051 | 0.072 |
| 35.2 | 25.9 | 38.9 | 0.598 | 0.024 | 0.037 | 0.056 | 0.083 | 0.121 |
| 33.4 | 29.7 | 36.9 | 0.589 | 0.02 | 0.034 | 0.051 | 0.077 | 0.112 |
| 31.7 | 33.3 | 35 | 0.581 | 0.019 | 0.03 | 0.046 | 0.069 | — |

| 成分（质量分数）/% | | | $\Lambda^{corr}$ | $\sigma/\Omega^{-1} \cdot cm^{-1}$ | | | | |
|---|---|---|---|---|---|---|---|---|
| CaO | Al$_2$O$_3$ | SiO$_2$ | | 1623K | 1673K | 1723K | 1773K | 1823K |
| 30 | 37 | 33 | 0.573 | 0.017 | 0.027 | 0.042 | 0.063 | 0.093 |
| 30 | 20 | 50 | 0.575 | 0.026 | 0.024 | 0.035 | 0.049 | 0.069 |
| 45 | 13 | 42 | 0.642 | 0.062 | 0.091 | 0.13 | 0.182 | 0.251 |
| 45 | 17 | 38 | 0.643 | 0.059 | 0.056 | 0.124 | 0.174 | 0.241 |
| 32 | 22 | 46 | 0.584 | 0.018 | 0.027 | 0.04 | 0.057 | 0.081 |
| 36 | 22 | 42 | 0.601 | 0.025 | 0.059 | 0.057 | 0.082 | 0.115 |
| 40 | 22 | 38 | 0.62 | 0.038 | 0.056 | 0.08 | 0.214 | 0.157 |

**表 7-2 CaO-MgO-Al$_2$O$_3$-SiO$_2$ 四元系不同成分点的电导率 1**

| 文献序号 | 成分（质量分数）/% | | | | $\Lambda^{corr}$ | $\sigma/\Omega^{-1} \cdot cm^{-1}$ | | | | | |
|---|---|---|---|---|---|---|---|---|---|---|---|
| | Al$_2$O$_3$ | CaO | MgO | SiO$_2$ | | 1623K | 1673K | 1723K | 1773K | 1823K | 1873K |
| [19] | 18.9 | 35.8 | 5.7 | 39.6 | 0.62 | 0.048 | 0.071 | 0.103 | 0.147 | 0.205 | — |
| | 17.9 | 33.9 | 10.7 | 37.5 | 0.628 | 0.06 | 0.097 | 0.14 | 0.199 | 0.274 | — |
| | 5.0 | 35.0 | 10.0 | 50.0 | 0.629 | 0.083 | 0.116 | 0.159 | 0.216 | 0.287 | — |
| | 4.5 | 31.7 | 9.0 | 54.8 | 0.611 | 0.052 | 0.076 | 0.107 | 0.147 | 0.199 | — |
| | 4.0 | 28.3 | 8.1 | 59.6 | 0.594 | 0.034 | 0.05 | 0.072 | 0.101 | 0.139 | — |
| | 3.5 | 25.0 | 7.4 | 64.1 | 0.579 | 0.022 | 0.032 | 0.046 | 0.065 | 0.091 | — |
| | 4.7 | 38.4 | 9.5 | 47.4 | 0.642 | 0.091 | 0.135 | 0.186 | 0.254 | 0.341 | — |
| | 4.5 | 41.6 | 9.0 | 44.9 | 0.655 | 0.11 | 0.159 | 0.215 | 0.292 | 0.385 | — |
| | 4.2 | 45.8 | 8.3 | 41.7 | 0.673 | 0.197 | 0.266 | 0.355 | 0.461 | — | — |
| | 4.8 | 33.7 | 13.4 | 48.1 | 0.634 | 0.097 | 0.141 | 0.192 | 0.257 | 0.335 | — |
| | 4.6 | 32.3 | 16.9 | 46.2 | 0.64 | 0.122 | 0.16 | 0.224 | 0.299 | 0.389 | — |
| | 4.4 | 30.7 | 21.1 | 43.8 | 0.646 | — | 0.191 | 0.263 | 0.354 | 0.46 | — |
| | 10.4 | 33.0 | 9.5 | 47.1 | 0.619 | 0.06 | 0.091 | 0.129 | 0.175 | 0.234 | — |
| | 15.0 | 31.3 | 8.9 | 44.8 | 0.61 | 0.052 | 0.079 | 0.11 | 0.151 | 0.104 | — |
| [20] | 5 | 43 | 3 | 49 | 0.641 | — | — | — | 0.18 | 0.191 | 0.23 |
| | 5 | 40 | 6 | 49 | 0.637 | — | — | — | 0.212 | 0.239 | 0.258 |
| | 5 | 46 | 3 | 46 | 0.655 | — | — | — | 0.307 | 0.359 | 0.42 |
| | 5 | 43 | 6 | 46 | 0.651 | — | — | — | 0.331 | 0.412 | 0.45 |
| | 5 | 40 | 9 | 46 | 0.648 | — | — | — | 0.35 | 0.438 | 0.462 |
| | 5 | 49 | 3 | 43 | 0.669 | — | — | — | 0.364 | 0.438 | 0.502 |
| | 5 | 46 | 6 | 43 | 0.666 | — | — | — | 0.387 | 0.472 | 0.535 |

| 文献序号 | 成分（质量分数）/% | | | | $\Lambda^{corr}$ | $\sigma/\Omega^{-1} \cdot cm^{-1}$ | | | | | |
|---|---|---|---|---|---|---|---|---|---|---|---|
| | $Al_2O_3$ | CaO | MgO | $SiO_2$ | | 1623K | 1673K | 1723K | 1773K | 1823K | 1873K |
| [20] | 5 | 43 | 9 | 43 | 0.662 | — | — | — | 0.412 | 0.496 | 0.557 |
| | 5 | 40 | 12 | — | 0.658 | — | — | — | 0.44 | 0.506 | 0.591 |
| | 5 | 52 | 3 | 40 | 0.684 | — | — | — | 0.198 | 0.350 | 0.438 |
| | 5 | 49 | 6 | 40 | 0.680 | — | — | — | 0.220 | 0.410 | 0.475 |
| | 5 | 46 | 9 | 40 | 0.676 | — | — | — | 0.248 | 0.435 | 0.482 |
| | 5 | 43 | 12 | 40 | 0.673 | — | — | — | 0.269 | 0.451 | 0.500 |
| | 5 | 55 | 3 | 37 | 0.700 | — | — | — | 0.034 | 0.050 | 0.230 |
| | 5 | 52 | 6 | 37 | 0.696 | — | — | — | 0.060 | 0.110 | 0.268 |
| | 5 | 49 | 9 | 37 | 0.692 | — | — | — | 0.095 | 0.160 | 0.306 |
| | 5 | 46 | 12 | 37 | 0.688 | — | — | — | 0.128 | 0.213 | 0.310 |
| | 5 | 58 | 3 | 34 | 0.712 | — | — | — | 0.057 | 0.090 | 0.110 |
| | 5 | 49 | 9 | 34 | 0.707 | — | — | — | 0.054 | 0.110 | 0.190 |
| [21] | 20 | 38 | 4 | 38 | 0.624 | — | — | — | 0.19 | 0.246 | 0.282 |
| | 20 | 36 | 8 | 36 | 0.629 | — | — | — | 0.234 | 0.28 | 0.344 |
| | 26 | 35 | 4 | 35 | 0.611 | — | — | — | 0.15 | 0.212 | 0.27 |
| | 26 | 33 | 8 | 33 | 0.616 | — | — | — | 0.19 | 0.27 | 0.315 |

**表 7-3　$CaO\text{-}MgO\text{-}Al_2O_3\text{-}SiO_2$ 四元系不同成分点的电导率 2[22]**

| 成分（质量分数）/% | | | | $\Lambda^{corr}$ | $T/K$ | $\sigma/\Omega^{-1} \cdot cm^{-1}$ |
|---|---|---|---|---|---|---|
| $Al_2O_3$ | CaO | MgO | $SiO_2$ | | | |
| 20 | 40 | 0 | 40 | 0.648 | 1773 | 0.142 |
| 20 | 40 | 0 | 40 | 0.648 | 1800 | 0.158 |
| 20 | 40 | 0 | 40 | 0.648 | 1825 | 0.165 |
| 20 | 40 | 0 | 40 | 0.648 | 1848 | 0.194 |
| 20 | 40 | 0 | 40 | 0.648 | 1873 | 0.232 |
| 20 | 38 | 4 | 38 | 0.652 | 1783 | 0.192 |
| 20 | 38 | 4 | 38 | 0.652 | 1798 | 0.235 |
| 20 | 38 | 4 | 38 | 0.652 | 1823 | 0.246 |
| 20 | 38 | 4 | 38 | 0.652 | 1846 | 0.262 |
| 20 | 38 | 4 | 38 | 0.652 | 1868 | 0.281 |
| 20 | 36 | 8 | 36 | 0.657 | 1773 | 0.234 |
| 20 | 36 | 8 | 36 | 0.657 | 1798 | 0.266 |

| 成分（质量分数）/% | | | | $\Lambda^{corr}$ | $T/K$ | $\sigma/\Omega^{-1}\cdot cm^{-1}$ |
|---|---|---|---|---|---|---|
| Al$_2$O$_3$ | CaO | MgO | SiO$_2$ | | | |
| 20 | 36 | 8 | 36 | 0.657 | 1829 | 0.28 |
| 20 | 36 | 8 | 36 | 0.657 | 1843 | 0.324 |
| 20 | 36 | 8 | 36 | 0.657 | 1873 | 0.344 |
| 26 | 37 | 0 | 37 | 0.644 | 1773 | 0.114 |
| 26 | 37 | 0 | 37 | 0.644 | 1803 | 0.126 |
| 26 | 37 | 0 | 37 | 0.644 | 1823 | 0.15 |
| 26 | 37 | 0 | 37 | 0.644 | 1848 | 0.162 |
| 26 | 37 | 0 | 37 | 0.644 | 1868 | 0.204 |
| 26 | 35 | 4 | 35 | 0.648 | 1783 | 0.155 |
| 26 | 35 | 4 | 35 | 0.648 | 1802 | 0.196 |
| 26 | 35 | 4 | 35 | 0.648 | 1823 | 0.212 |
| 26 | 35 | 4 | 35 | 0.648 | 1853 | 0.258 |
| 26 | 35 | 4 | 35 | 0.648 | 1868 | 0.27 |
| 26 | 33 | 8 | 33 | 0.653 | 1778 | 0.195 |
| 26 | 33 | 8 | 33 | 0.653 | 1798 | 0.21 |
| 26 | 33 | 8 | 33 | 0.653 | 1813 | 0.262 |
| 26 | 33 | 8 | 33 | 0.653 | 1848 | 0.295 |
| 26 | 33 | 8 | 33 | 0.653 | 1868 | 0.314 |

下面给出电导率模型的推导过程。

假定电导率和温度的关系满足 Arrhenius 方程，即：

$$\ln\sigma = \ln A - \frac{E}{RT} \tag{7-4}$$

式中　$\sigma$——电导率，$\Omega^{-1}\cdot cm^{-1}$；

　　　$A$——指前因子，$\Omega^{-1}\cdot cm^{-1}$；

　　　$E$——活化能，J/mol。

一般来说，Arrhenius 方程的指前因子 $A$ 和活化能 $E$ 之间满足：

$$\ln A = mE + n \tag{7-5}$$

式中　$m$，$n$——常数。

式(7-5) 被称为温度补偿效应，这是满足 Arrhenius 方程的性质中普遍的规律，适用于反应动力学速率常数[23]、电导率[24]、黏度[25]、扩散系数[26]等性质。统计分析表 7-1~表 7-3 中的数据，得到 $\ln A$ 与 $E$ 的关系如图 7-1 所示。

图 7-1 中 lnA 与 E 的关系可以表示为：

$$lnA = 0.356 + 5.384 \times 10^{-5}E \tag{7-6}$$

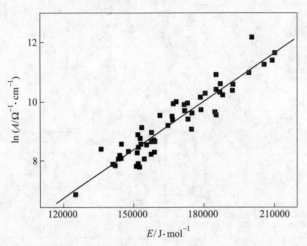

图 7-1　CaO-MgO-Al$_2$O$_3$-SiO$_2$ 体系 lnA 与 E 的关系

为了研究电导率与光学碱度的关系，以 1773K 为例，把 CaO-Al$_2$O$_3$-SiO$_2$ 和 CaO-MgO-Al$_2$O$_3$-SiO$_2$ 体系电导率的对数 ln$\sigma$ 对修正光学碱度 $\Lambda^{corr}$ 作图，如图 7-2 和图 7-3 所示。根据图 7-2 和图 7-3 可知，在温度恒定时 ln$\sigma$ 和 $\Lambda^{corr}$ 存在较好的线性关系，即：

$$E = m'\Lambda^{corr} + n' \tag{7-7}$$

式中　　$m'$，$n'$——常数，J/(mol·K)。

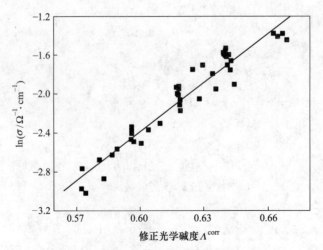

图 7-2　1773K 时 CaO-Al$_2$O$_3$-SiO$_2$ 三元系 ln$\sigma$ 与 $\Lambda^{corr}$ 的关系

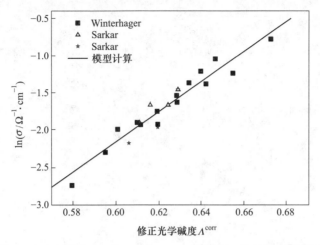

图 7-3 1773K 时 CaO-MgO-Al$_2$O$_3$-SiO$_2$ 四元系 $\ln\sigma$ 与 $\Lambda^{corr}$ 的关系

根据式(7-4)、式(7-6) 和式(7-7) 回归分析表 7-1～表 7-3 中的数据，以优化参数 $m'$, $n'$ 的值，得到 CaO-MgO-Al$_2$O$_3$-SiO$_2$ 四元系电导率活化能 $E$ 的表达式为：

$$E = - 1141550\Lambda^{corr} + 873006 \tag{7-8}$$

式(7-4)、式(7-6) 和式(7-8) 即为描述电导率随温度和成分变化的模型。根据式 (3-16)，利用本模型计算的 CaO-Al$_2$O$_3$-SiO$_2$ 三元系的电导率的平均偏差为 16.7%，CaO-MgO-Al$_2$O$_3$-SiO$_2$ 四元系的平均偏差为 19.6%。实验测量电导率和理论计算电导率的比较如图 7-4 和图 7-5 所示。由图可知，理论计算电导率与实验测量电导率符合得较好，模型可以描述 CaO-Al$_2$O$_3$-SiO$_2$ 三元系和 CaO-MgO-Al$_2$O$_3$-SiO$_2$ 四元系电导率随成分和温度的变化行为。

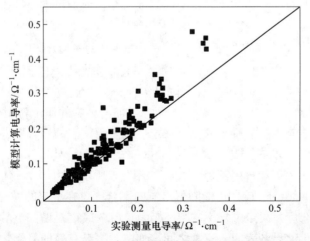

图 7-4 CaO-Al$_2$O$_3$-SiO$_2$ 三元系模型计算和实验测量电导率的比较

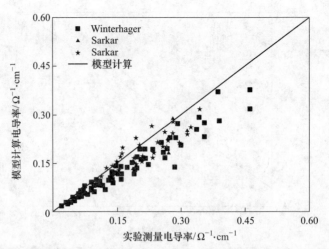

图 7-5　CaO-MgO-Al$_2$O$_3$-SiO$_2$ 四元系模型计算和实验测量电导率的比较

## 7.2　讨论

### 7.2.1　不同氧化物对电导率的影响

根据 CaO-MgO-Al$_2$O$_3$-SiO$_2$ 体系修正光学碱度［见式(7-2)］表示的活化能［见式(7-8)］可以看出，Al$_2$O$_3$ 相对于 SiO$_2$ 使活化能升高，也就是说等摩尔量的 Al$_2$O$_3$ 替代 SiO$_2$ 将导致体系电导率下降。这主要是因为在碱度较高时，Al$_2$O$_3$ 融入 SiO$_2$ 网络结构，这个过程需要消耗碱性氧化物进行电荷补偿，而参与电荷补偿的这部分碱性氧化物的阳离子在电场下的迁移能力较弱，对电导率的贡献也较低；同时，1mol Al$_2$O$_3$ 可以形成 2mol AlO$_4^{5-}$ 四面体。因此，Al$_2$O$_3$ 的加入降低了熔渣中参与电荷传导的金属阳离子的浓度，并且增加了熔渣的聚合度，故而使电导率下降。

由于 MgO 的光学碱度低于 CaO，根据 CaO-MgO-Al$_2$O$_3$-SiO$_2$ 体系的电导率预测模型可知，当存在足够的碱性氧化物金属离子参与对 Al$^{3+}$ 离子的电荷补偿时，等摩尔数的 MgO 替代 CaO 使电导率降低。Segers[27] 通过实验测量发现，等摩尔数的 MnO 替代 CaO 使电导率升高。故而，增加电导率的作用为 MnO>CaO>MgO。

一般常用熔渣中的非桥氧的比例来定性地表示熔渣的聚合度，根据单胞模型 (Cell Model)[28]，Zhang[29] 计算了 MO-SiO$_2$ (M = Ca，Mg，Mn) 二元系的三种氧，即桥氧、非桥氧和自由氧的含量，如图 7-6 所示。由图 7-6 可知，相同含量的 MgO、CaO 和 MnO，CaO 更能降低熔渣的聚合度。在熔渣的碱性氧化物含量相等时，如果聚合度是决定电导率的唯一因素，CaO 应该对增加电导率更有效，但是电导率的测量结果却表明，三者之间增加电导率最有效的氧化物为 MnO。这可能是由不同离子的半径所决定（离子的电荷数相同时）。$Ca^{2+}$离子、$Mn^{2+}$离子和$Mg^{2+}$离子的半径分别是 $0.99\text{Å}$[❶]、$0.80\text{Å}$ 和 $0.66\text{Å}$[30]。$Mn^{2+}$离子相对于 $Ca^{2+}$离子更能增加电导率，这可能是由于半径小的离子更容易穿过离子间的空隙而完成迁移。但是如果说半径小的离子更容易导致较大的电导率，与 $Mn^{2+}$离子情况类似，$Mg^{2+}$离子的半径也小于 $Ca^{2+}$离子半径，但是 $Ca^{2+}$离子却比 $Mg^{2+}$离子更能增加电导率。为什么它们都小于 $Ca^{2+}$离子的半径，但对电导率的影响却出现截然相反的规律呢？

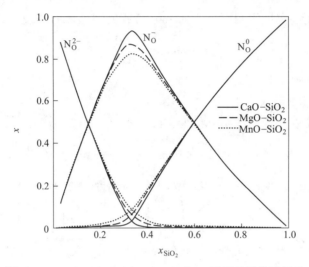

图 7-6　$MO-SiO_2$（$M = Ca$，$Mg$，$Mn$）二元系三种类型氧的含量随 $SiO_2$ 变化[31]

对于离子导电的熔渣来说，其电导率主要依靠离子的迁移引起，半径对离子的迁移能力有两方面的作用：一方面半径较小的离子更容易穿过空隙，这对增加电导率有利；另一方面，由于离子间相互作用的影响，半径较小的离子受到其他离子的静电作用 $I$［见式(1-16)］更大，极化也就更严重。这在离子半径较小，电荷数较大时更为明显。$Ca^{2+}$、$Mg^{2+}$、$Mn^{2+}$三者的电荷数相同，$Mg^{2+}$离子半径最小，这时 $Mg^{2+}$离子极化要更显著，从而不利于在电场作用下的迁移，使电导率降低。而 $Mn^{2+}$离子和 $Ca^{2+}$离子由于半径较大，离子的尺寸因素起主要作用，故而小尺寸的 $Mn^{2+}$离子更能增大电导率。

## 7.2.2　电导率与温度的关系

分析表 7-1～表 7-3 中的电导率数据可知，对于任何成分，温度越高，升高单

---

❶ $1\text{A} = 10^{-10}\text{m}$。

位温度其电导率的增量越大。以表 7-1 中第二个成分点 CaO（35%）-Al$_2$O$_3$（10%）-SiO$_2$（55%）为例，在 1623K、1673K、1723K、1773K 和 1823K 时的电导率分别为 0.032Ω$^{-1}$ · cm$^{-1}$、0.047Ω$^{-1}$ · cm$^{-1}$、0.066Ω$^{-1}$ · cm$^{-1}$、0.090Ω$^{-1}$ · cm$^{-1}$ 和 0.116Ω$^{-1}$ · cm$^{-1}$。从 1623K 开始，温度每增加 50K，电导率的增量分别为 0.015Ω$^{-1}$ · cm$^{-1}$、0.019Ω$^{-1}$ · cm$^{-1}$、0.024Ω$^{-1}$ · cm$^{-1}$ 和 0.026Ω$^{-1}$ · cm$^{-1}$，即温度越高，升高单位温度对电导率的影响越大。但是对于黏度，温度越高，升高单位温度对黏度的影响越小。下面结合理论方程分析温度对电导率以及黏度等性质的影响，对于与温度之间满足 Arrhenius 方程的物理量 $P$ 来说，满足：

$$P = A\exp\left(-\frac{E}{RT}\right) \tag{7-9}$$

式中　$A$——指前因子，大于零的常数；

　　　$E$——活化能，J/mol。

为讨论随温度增加，性质 $P$ 的变化，对式（7-9）求导，得：

$$P' = A\exp\left(-\frac{E}{RT}\right)\frac{E}{RT^2} \tag{7-10}$$

升高单位温度，性质 $P$ 增加的幅度与 $P$ 对温度的二阶导数有关，即：

$$P'' = A\exp\left(-\frac{E}{RT}\right)\frac{E^2}{R^2T^4} - A\exp\left(-\frac{E}{RT}\right)\frac{2E}{RT^3} \tag{7-11}$$

当 $P'' > 0$ 时，温度越高，升高单位温度，性质 $P$ 变化的幅度越大；当 $P'' < 0$ 时，温度越高，升高单位温度，性质 $P$ 变化的幅度越小。令 $P'' > 0$，则：

$$A\exp\left(-\frac{E}{RT}\right)\frac{E^2}{R^2T^4} - A\exp\left(-\frac{E}{RT}\right)\frac{2E}{RT^3} > 0 \tag{7-12}$$

或

$$E > 2RT \tag{7-13}$$

即活化能与温度满足 $E > 2RT$ 时，温度越高，升高单位温度时 $P$ 的增量越大；反之当 $E < 2RT$ 时，温度越高，$P$ 随温度升高的变化越小。对于满足式（7-9），但随温度增加而减少的性质（如黏度等），可以假想其活化能为负值，故而对于这类性质，温度越高，升高单位温度其降低越小。在一般的冶金温度下，对于硅铝酸盐熔渣，其电导率的活化能 $E$ 满足 $E > 2RT$，所以电导率随温度升高变化越来越显著。

### 7.2.3　CaO-Al$_2$O$_3$-SiO$_2$ 体系电导率与电荷传导离子扩散系数的关系

欲计算熔渣中电荷传导离子的扩散系数，首先需要明确熔渣中哪些离子是电荷的主要载体。Bockris 通过实验证明不含过渡族金属氧化物的硅铝酸盐渣系是离子导电，不存在电子导电行为[31]。熔渣在外电场下的导电行为是由熔渣中离子的定向迁移造成的。在外电场下，不同的离子具有不同的迁移能力。一般来说，电荷数越小的离子越容易迁移，这是由于电荷数越大的离子受到附近离子的作用也越大（包括离子键之间的静电作用和共价键之间的作用）。而半径对离子迁移性具有双重作用：从几何尺寸上考虑，半径小的离子易于穿过其他离子形成的空隙，这种作用在离子的电荷数较低时更明显；从离子间交互作用角度考虑，离子的半径越小，其与附近离子的静电相互作用也就越大，或者通过共价键形成大的离子团（如 $SiO_4^{4-}$），从而不利于其迁移，尺寸的这种作用在离子的电荷数越高时越明显，所以电荷数高时尺寸大的离子更容易迁移。以 $CaO-Al_2O_3-SiO_2$ 熔渣体系中的 $Al^{3+}$ 离子和 $Si^{4+}$ 离子为例，根据 Shannon 提供的离子半径数据[30]，$Al^{3+}$ 离子的半径为 0.51Å ❶，$Si^{4+}$ 离子的半径为 0.42Å，由于两个离子的电荷数都很高，离子极化能力较强，这时半径大的离子受到其他离子的交互作用要小些，故而 $Al^{3+}$ 离子应该具有较大的扩散系数。而 $Si^{4+}$ 离子由于电荷数较高，半径较小，与周围 $O^{2-}$ 离子的交互作用很大，一般均以 $SiO_4^{4-}$ 四面体的形式存在，或者四面体之间再结合成更复杂的硅阴离子团，显然这些大的硅阴离子团的迁移能力很弱。实验测量[33,34]也证明了 $Al^{3+}$ 离子的扩散系数高于相同成分的 $Si^{4+}$ 离子的扩散系数，$CaO-SiO_2-Al_2O_3$（$w_{CaO}$ = 43.75%，$w_{SiO_2}$ = 43.75%，$w_{Al_2O_3}$ = 12.5%）成分的 $Al^{3+}$ 和 $Si^{4+}$ 离子的扩散系数分别为 $4.0 \times 10^{-7} cm^2/s$ 和 $1.2 \times 10^{-7} cm^2/s$。

　　$O^{2-}$ 离子和 $Ca^{2+}$ 离子由于电荷数低，且离子半径相对 $Al^{3+}$ 离子和 $Si^{4+}$ 离子较大，故而受到其他离子的作用力较小，应具有较高的迁移能力（$O^{2-}$ 离子和 $Ca^{2+}$ 离子的离子半径分别为 1.44Å 和 0.99Å）。实验测量[33,34] $CaO-SiO_2-Al_2O_3$（$w_{CaO}$ = 43.75%，$w_{SiO_2}$ = 43.75%，$w_{Al_2O_3}$ = 12.5%）成分的 $O^{2-}$ 和 $Ca^{2+}$ 离子的扩散系数分别为 $8.0 \times 10^{-6} cm^2/s$ 和 $1.2 \times 10^{-6} cm^2/s$，高于 $Al^{3+}$ 离子和 $Si^{4+}$ 离子扩散系数，所以在电荷传导过程中 $Al^{3+}$ 离子和 $Si^{4+}$ 离子的贡献可以忽略；同时可以看出 $O^{2-}$ 离子的扩散系数大于 $Ca^{2+}$ 离子。其他的一些研究者[32,35]也发现，在一般的硅铝酸盐熔渣中，$O^{2-}$ 离子的扩散系数往往高于 $Ca^{2+}$、$S^{2-}$、$Si^{4+}$ 和 $Al^{3+}$ 离子的扩散系数。对此 Koros[35]提出，$O^{2-}$ 离子的迁移可能是通过相邻的硅氧阴离子团之间相互交换氧离子，或者通过这些阴离子团的旋转实现，或者通过空位扩散的形式迁移。尽管 $O^{2-}$ 离子的扩散系数高于 $Ca^{2+}$ 离子，但研究发现，这类渣的电导率几乎完全是通过阳离子传导完成[31]。Fincham[6]将硅酸盐熔渣中氧离子类型划分为桥氧、非桥氧和自由氧。桥氧和非桥氧由于和 $Si^{4+}$ 离子相连，其移动能力肯定要远远弱于自由氧，氧离子对电荷传导的贡献应该主要是通过自由氧的迁移完成。而一般的熔渣，尤其是含 $Al_2O_3$ 的体系，由于 $Al_2O_3$ 融入 $SiO_2$ 空间网络结构需要消耗更多的碱性氧化物参与电荷补偿，故而自由氧的含量很低。虽然其扩散系数较

---

❶　$1Å = 10^{-10} m$。

高，但是由于浓度较低，按照 Nernst-Einstein 方程式，其对电导率的贡献也会很小，即：

$$\sigma = \frac{C_i D_i z_i^2 F^2}{t_i RT} \tag{7-14}$$

式中　$C_i$——离子浓度，$mol/cm^3$；

　　　　$D_i$——离子扩散系数，$cm^2/s$；

　　　　$z_i$——离子电荷数；

　　　　$F$——Faraday 常数，$F=96485C/mol$；

　　　　$t_i$——离子的迁移数。

　　根据以上的论述，在 $CaO$-$Al_2O_3$-$SiO_2$ 熔渣中，$Ca^{2+}$ 离子对电导起主要作用，可以近似认为其迁移数为 1。欲根据式（7-14）计算 $Ca^{2+}$ 离子的扩散系数，首先需要得到 $CaO$-$Al_2O_3$-$SiO_2$ 熔渣中 $Ca^{2+}$ 离子的浓度。$Ca^{2+}$ 离子浓度为：

$$C_{Ca^{2+}} = \frac{x_{CaO}}{V} \tag{7-15}$$

式中　$V$——摩尔体积，$cm^3/mol$。

　　根据式（7-15）可知，欲计算 $Ca^{2+}$ 离子的浓度，熔渣的摩尔体积数据不可或缺。Winterhager[19] 同时测定了 $CaO$-$Al_2O_3$-$SiO_2$ 熔渣的密度和电导率（见表 7-4）。根据式（4-22）和表 7-4 中的密度数据计算摩尔体积，进而根据式（7-15）计算 $Ca^{2+}$ 离子浓度，从而得出各个温度下电导率随 $Ca^{2+}$ 离子浓度的变化关系，如图 7-7 所示。

表 7-4　$CaO$-$Al_2O_3$-$SiO_2$ 三元系不同温度下的密度和电导率

| CaO | $Al_2O_3$ | $SiO_2$ | 密度/$g \cdot cm^{-3}$ | | | | | 电导率/$\Omega^{-1} \cdot cm^{-1}$ | | | | |
|---|---|---|---|---|---|---|---|---|---|---|---|---|
| | | | 1623K | 1673K | 1723K | 1773K | 1823K | 1623K | 1673K | 1723K | 1773K | 1823K |
| 35 | 5 | 60 | 2.531 | 2.526 | 2.520 | 2.513 | 2.507 | 0.035 | 0.051 | 0.071 | 0.095 | 0.119 |
| 35 | 10 | 55 | 2.545 | 2.537 | 2.530 | 2.524 | 2.517 | 0.032 | 0.047 | 0.066 | 0.090 | 0.116 |
| 35 | 15 | 50 | 2.554 | 2.546 | 2.539 | 2.532 | 2.525 | 0.034 | 0.049 | 0.070 | 0.094 | 0.118 |
| 35 | 18 | 47 | 2.559 | 2.550 | 2.545 | 2.540 | 2.533 | 0.033 | 0.048 | 0.069 | 0.093 | 0.117 |
| 35 | 19 | 46 | 2.562 | 2.553 | 2.547 | 2.542 | 2.534 | 0.036 | 0.052 | 0.072 | 0.097 | 0.123 |
| 35 | 20 | 45 | 2.563 | 2.555 | 2.549 | 2.543 | 2.537 | 0.031 | 0.046 | 0.064 | 0.085 | 0.107 |
| 40 | 5 | 55 | 2.566 | 2.559 | 2.550 | 2.543 | 2.535 | 0.053 | 0.076 | 0.106 | 0.145 | 0.186 |
| 40 | 10 | 50 | 2.573 | 2.565 | 2.559 | 2.552 | 2.543 | 0.049 | 0.072 | 0.101 | 0.137 | 0.176 |
| 40 | 13 | 47 | 2.586 | 2.577 | 2.570 | 2.562 | 2.555 | 0.048 | 0.071 | 0.099 | 0.135 | 0.174 |
| 40 | 14 | 46 | 2.588 | 2.581 | 2.573 | 2.565 | 2.558 | 0.055 | 0.078 | 0.109 | 0.146 | 0.187 |
| 40 | 15 | 45 | 2.591 | 2.584 | 2.576 | 2.567 | 2.561 | 0.052 | 0.075 | 0.105 | 0.144 | 0.185 |

| CaO | Al$_2$O$_3$ | SiO$_2$ | 密度/g·cm$^{-3}$ | | | | | 电导率/Ω$^{-1}$·cm$^{-1}$ | | | | |
|---|---|---|---|---|---|---|---|---|---|---|---|---|
| | | | 1623K | 1673K | 1723K | 1773K | 1823K | 1623K | 1673K | 1723K | 1773K | 1823K |
| 40 | 20 | 40 | 2.604 | 2.596 | 2.589 | 2.581 | 2.574 | 0.047 | 0.066 | 0.089 | 0.129 | 0.169 |
| 45 | 5 | 50 | 2.609 | 2.601 | 2.594 | 2.587 | 2.580 | 0.082 | 0.166 | 0.159 | 0.207 | 0.260 |
| 45 | 6 | 49 | 2.610 | 2.603 | 2.595 | 2.588 | 2.580 | 0.081 | 0.114 | 0.157 | 0.206 | 0.258 |
| 45 | 8 | 47 | 2.613 | 2.605 | 2.599 | 2.591 | 2.584 | 0.078 | 0.112 | 0.155 | 0.202 | 0.250 |
| 45 | 9 | 46 | 2.614 | 2.606 | 2.601 | 2.593 | 2.585 | 0.085 | 0.118 | 0.163 | 0.214 | (0.272) |
| 45 | 10 | 45 | 2.615 | 2.609 | 2.602 | 2.594 | 2.587 | 0.075 | 0.111 | 0.153 | 0.200 | 0.249 |
| 45 | 15 | 40 | 2.624 | 2.616 | 2.608 | 2.601 | 2.594 | 0.081 | 0.113 | 0.156 | 0.203 | 0.252 |
| 45 | 20 | 35 | 2.628 | 2.620 | 2.614 | 2.607 | 2.600 | 0.068 | 0.099 | 0.142 | 0.191 | 0.242 |
| 50 | 5 | 45 | 2.647 | 2.640 | 2.632 | 2.624 | 2.617 | 0.090 | 0.128 | 0.188 | 0.254 | 0.349 |
| 50 | 10 | 40 | 2.657 | 2.650 | 2.643 | 2.635 | 2.627 | 0.064 | 0.123 | 0.181 | 0.247 | 0.343 |
| 50 | 15 | 35 | — | — | 2.656 | 2.648 | 2.640 | — | — | 0.185 | 0.253 | 0.347 |
| 50 | 20 | 30 | — | — | — | 2.661 | 2.653 | — | — | — | 0.238 | 0.320 |
| 29.4 | 15.5 | 55.1 | 2.501 | 2.496 | 2.491 | 2.486 | 2.482 | 0.016 | 0.024 | 0.035 | 0.051 | 0.072 |
| 30 | 20 | 50 | 2.526 | 2.521 | 2.517 | 2.513 | 2.508 | 0.026 | 0.024 | 0.035 | 0.049 | 0.069 |
| 32.8 | 17.2 | 50 | 2.538 | 2.533 | 2.525 | 2.524 | 2.520 | 0.022 | 0.033 | 0.050 | 0.073 | 0.104 |
| 32 | 22 | 46 | 2.559 | 2.552 | 2.546 | 2.540 | 2.534 | 0.018 | 0.027 | 0.040 | 0.057 | 0.081 |
| 33.4 | 29.7 | 36.9 | 2.593 | 2.588 | 2.583 | 2.578 | 2.573 | 0.020 | 0.034 | 0.051 | 0.077 | 0.112 |
| 31.7 | 33.3 | 35 | 2.593 | 2.588 | 2.583 | 2.578 | — | 0.019 | 0.030 | 0.046 | 0.069 | — |
| 35.2 | 18.5 | 46.3 | 2.564 | 2.559 | 2.554 | 2.549 | 2.544 | 0.027 | 0.041 | 0.061 | 0.088 | 0.125 |
| 36.8 | 19.3 | 43.9 | 2.575 | 2.574 | 2.569 | 2.564 | 2.559 | 0.031 | 0.045 | 0.066 | 0.094 | 0.132 |
| 35.2 | 25.9 | 38.9 | 2.590 | 2.585 | 2.586 | 2.575 | 2.570 | 0.024 | 0.037 | 0.056 | 0.083 | 0.121 |
| 38 | 20 | 42 | 2.592 | 2.586 | 2.580 | 2.573 | 2.567 | 0.032 | 0.043 | 0.070 | 0.100 | 0.140 |
| 40 | 19.4 | 40.6 | 2.604 | 2.598 | 2.591 | 2.584 | 2.578 | 0.038 | 0.057 | 0.084 | 0.121 | 0.171 |
| 41.6 | 11.4 | 47 | 2.600 | 2.593 | 2.586 | 2.580 | 2.574 | 0.066 | 0.092 | 0.131 | 0.175 | 0.226 |
| 42.6 | 11.4 | 46 | 2.605 | 2.597 | 2.590 | 2.584 | 2.578 | 0.076 | 0.094 | 0.138 | 0.183 | 0.230 |
| 43.6 | 11.4 | 45 | 2.609 | 2.602 | 2.595 | 2.583 | 2.582 | 0.063 | 0.089 | 0.128 | 0.167 | 0.215 |
| 45.3 | 17.6 | 37.1 | 2.627 | 2.620 | 2.613 | 2.606 | 2.598 | 0.050 | 0.074 | 0.106 | 0.150 | 0.201 |
| 43.6 | 18.2 | 38.2 | 2.620 | 2.613 | 2.606 | 2.598 | 2.591 | 0.046 | 0.069 | 0.100 | 0.143 | 0.200 |
| 41.9 | 18.7 | 39.4 | 2.614 | 2.606 | 2.599 | 2.592 | 2.584 | 0.040 | 0.060 | 0.089 | 0.129 | 0.182 |

从图 7-7 可以看出，电导率随 Ca$^{2+}$ 离子浓度的增加不是线性增加，钙离子浓度越高，电导率的增加越快。Nernst-Einstein 方程 ［见式(7-14)］ 在 Ca$^{2+}$ 离子的迁移数为 1 的时候转化为：

$$\sigma = \frac{4C_{Ca^{2+}}D_{Ca^{2+}}F^2}{RT} \tag{7-16}$$

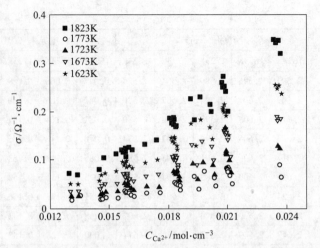

图 7-7　CaO-Al$_2$O$_3$-SiO$_2$ 体系电导率与钙离子浓度的关系

根据式(7-16) 可知，当 Ca$^{2+}$ 离子的扩散系数为定值时，电导率随 Ca$^{2+}$ 离子浓度应线性增加，这与图 7-7 中的规律不一致，所以扩散系数 $D_{Ca^{2+}}$ 也应该与 Ca$^{2+}$ 离子浓度有关。扩散系数的计算公式为：

$$D_{Ca^{2+}} = \sigma \frac{RT}{4C_{Ca^{2+}}F^2} \tag{7-17}$$

根据式(7-17) 计算 Ca$^{2+}$ 离子的扩散系数，并对 $C_{Ca^{2+}}$ 作图，如图 7-8 所示。从图 7-8 可以看出，扩散系数随离子浓度的增加单调递增，这是由于熔渣中主要存在两种类型的 Ca$^{2+}$ 离子（示意图见图 7-9），其分别为参与 Al$^{3+}$ 离子电荷补偿的 Ca$^{2+}$ 离子和参与形成非桥氧的 Ca$^{2+}$ 离子，且前者的扩散能力要低于后者。根

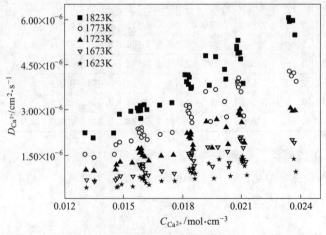

图 7-8　CaO-Al$_2$O$_3$-SiO$_2$ 体系钙离子扩散系数与浓度的关系

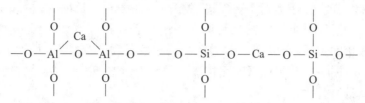

图 7-9 参与 $Al^{3+}$ 离子电荷补偿和参与形成非桥氧的 $Ca^{2+}$ 离子示意图

据表 7-1 给出的数据，所有的成分都满足 $x_{CaO} > x_{Al_2O_3}$，在这种情况下可近似认为所有的 $Al^{3+}$ 离子均以 $AlO_4^{5-}$ 四面体的形式存在。继续增加 CaO 的浓度，新增加的 $Ca^{2+}$ 离子将不再充当电荷补偿的角色，而是参与形成非桥氧。并且 CaO 含量越高，这部分 $Ca^{2+}$ 离子的比例也就越高，所以宏观表现出来的 $Ca^{2+}$ 离子的扩散系数也就越大，从而电导率也就越大。同时，随着 CaO 浓度的增加，熔渣的聚合度也在下降，有利于 $Ca^{2+}$ 离子的迁移。这两个因素都使得扩散系数随着 CaO 浓度的增加而增加。

结合 $CaO-Al_2O_3-SiO_2$ 体系的电导率模型以及式(7-17)，可以估算该体系任意成分下 $Ca^{2+}$ 离子的扩散系数。Goto[37] 统计了用示踪原子法测定的 $CaO-Al_2O_3-SiO_2$ （$w_{CaO} = 40\%$，$w_{Al_2O_3} = 20\%$，$w_{SiO_2} = 40\%$）体系中 $Ca^{2+}$ 离子在不同温度下的扩散系数 （见表 7-5），同时表中也给出了根据式(7-17) 计算的扩散系数。

表 7-5 不同温度下的扩散系数

| 温度/K | 1623 | 1673 | 1723 | 1773 |
|---|---|---|---|---|
| 实验值/$cm^2 \cdot s^{-1}$ | $3.3 \times 10^{-7}$ | $6.8 \times 10^{-7}$ | $1.3 \times 10^{-6}$ | $2.1 \times 10^{-6}$ |
| | $3.3 \times 10^{-7}$ | $6.2 \times 10^{-7}$ | $9.5 \times 10^{-7}$ | — |
| | $3.9 \times 10^{-7}$ | $6.9 \times 10^{-7}$ | $1.0 \times 10^{-6}$ | — |
| 计算值/$cm^2 \cdot s^{-1}$ | $9.4 \times 10^{-7}$ | $1.3 \times 10^{-6}$ | $1.9 \times 10^{-6}$ | $2.7 \times 10^{-6}$ |

根据表 7-5 的计算数据可知，通过 Nernst-Einstein 方程计算的扩散系数要高于实测的结果，且计算值与测量值的相对偏差随温度升高而降低。Goto[36] 和 Keller[37] 在其他的硅酸盐熔渣中也发现，实验测量的扩散系数要小于计算得到的扩散系数。其原因如下。

在 $CaO-Al_2O_3-SiO_2$ 熔渣中，由于 $CaO-Al_2O_3-SiO_2$ 中 $O^{2-}$ 离子的扩散系数大于 $Ca^{2+}$ 离子的扩散系数，所以 $Ca^{2+}$ 离子和 $O^{2-}$ 离子组成离子团进行耦合扩散的比例不会很高，否则二者的扩散系数应该比较接近。如果不考虑离子之间的耦合扩散，则按照 Nernst-Einstein 方程计算得到的扩散系数可以近似认为是自扩散系数。自扩散系数规定离子每一次的迁移都是完全随机的，并且与上一次的迁移无关。而通过示踪原子法测量原子的扩散系数时，若原子以空位机理迁移，由于原子每一次跳动以后都会在后面留下一个新的空位，原子再次返回原位置的可能性很大，下一次的迁移受上一次的迁移影响，使得表观扩散系数降低。故而一般来说，实验测量的扩散系数要小于计算得到的扩散系数。晶体中一般引入修正因子 $f$(Correlation Factor)[38]来联系实测扩散系数与通过 Nernst-Einstein 方程计算的扩散系数，其计算公式为：

$$f = \frac{D_{\text{mea}}}{D_{\text{cal}}} \qquad\qquad (7\text{-}18)$$

式中　　$D_{\text{mea}}$——实测扩散系数，$cm^2/s$；

　　　　$D_{\text{cal}}$——计算扩散系数，$cm^2/s$；

　　　　$f$——修正因子。

在晶体中，$f$ 与晶体的晶型有关，对以空位机理扩散的离子来说，满足：

$$f = 1 - \frac{2}{c} \qquad\qquad (7\text{-}19)$$

式中　　$c$——离子的配位数。

一般情况下，离子的最近邻离子数越多，离子附近的空位越多且分布得越均匀，则离子下一次迁移时跳入原先位置的概率将越低，这时的扩散系数与通过 Nernst-Einstein 方程计算所得的扩散系数也就越接近。虽然硅铝酸盐熔渣失去了晶体中存在的长程有序，但是熔渣中仍然存在着成分和结构等涨落，这些涨落会使得测量的扩散系数偏小。温度越高，热运动越强，这些涨落存在的时间也就越短，熔渣在各方面也就越容易均匀化。故而对于一个扩散的离子来说，温度越高，离子本次扩散与上一次扩散时所处的环境也就越相似，受上一次扩散的影响也就越小，从而与完全随机的自扩散越接近，所以测量的扩散系数与自扩散系数也就越接近。

## 本章小结

通过模拟了 $CaO\text{-}MgO\text{-}Al_2O_3\text{-}SiO_2$ 体系电导率与成分和温度的关系，并讨论了电导率与扩散系数之间的联系，可得出如下结论：

（1）用 Arrhenius 公式表示的 $CaO\text{-}MgO\text{-}Al_2O_3\text{-}SiO_2$ 体系电导率和温度的关系中，指前因子的对数 $\ln A$ 和电导率活化能 $E$ 之间存在线性关系；电导率的活化能可以表示成修正光学碱度的线性函数。

（2）不同的氧化物对电导率有不同的影响。当存在足够的碱性氧化物金属离子参与 $Al^{3+}$ 离子的电荷补偿时，碱性氧化物 CaO、MgO 和 MnO 增加电导率的次序为 MnO>CaO>MgO，$Al_2O_3$ 和 $SiO_2$ 降低电导率的次序为 $Al_2O_3>SiO_2$。

（3）满足 Arrhenius 公式的各种性质随温度的变化趋势。对于随温度升高而增加的性质，当活化能满足 $E>2RT$ 时，温度越高，升高单位温度时该性质的增量越大，反之越小；对于随温度升高而降低的性质，温度越高，升高单位温度，对该性质造成的影响越小。

（4）$Ca^{2+}$ 离子在 $CaO$-$Al_2O_3$-$SiO_2$ 渣中的扩散系数随 $CaO$ 含量的增加而增加；根据 Nernst-Einstein 方程计算的扩散系数大于利用原子示踪法测量的扩散系数，并且相对偏差随着温度的增加而减少。

---

## 参 考 文 献

[1] Ohtani O,Gokcen N A. Effects of applied current on desulfurization[C]. International Symposium on the Physical Chemistry of Process Metallurgy Pittsburgh,1959,1213-1227.

[2] 张国华,周国治,李丽芬,等. 钢液中电化学脱氧新方法[J]. 钢铁,2010,45(5):30-33.

[3] 鲁雄刚,李福燊,李丽芬,等. 外加电势与电极对钢渣反应的影响 [J].化工冶金,1999,20(4):402-404.

[4] Wang D H,Gmitter A J,Sadoway D R. Production of oxygen gas and liquid metal by electrochemical decomposition of molten iron oxide[J]. Journal of the Electrochemical Society,2011,158(6):51-54.

[5] Jiao Q,Themelis N J. Correlations of electrical conductivity to slag composition and temperature [J]. Metallurgical Transactions B,1988,19(1):133-140.

[6] Fincham F,Richardson F D. The behaviour of sulphur in silicate and aluminate melts[J]. Proceedings of the Royal Society of London,1952,223(1152):40-62.

[7] 张家芸. 冶金物理化学[M]. 北京：冶金工业出版社,2007.

[8] Duffy J A,Ingram M D. The behaviour of basicity indicator ions in relation to the ideal optical basicity of glasses[J].Glass Technology,1975,16(6):119-123.

[9] Duffy J A,Ingram M D. An interpretation of glass chemistry in terms of the optical basicity concept [J]. Journal of Non-Crystalline Solids,1976,21(3):373-340.

[10] Duffy J A,Ingram M D. Comments on the application of optical basicity to glass[J]. Journal of Non-Crystalline Solids,1992,144(1):76-80.

[11] Sosinsky D J,Sommerville I D. Composition and temperature dependence of the sulfide capacity of metallurgical slags[J]. Metallurgical Transactions B,1986,17(2):331-337.

[12] Gaskell D R. On the correlation between the distribution of phosphorus between slag and metal and the theoretical optical basicity of the slag[J].Transactions of the Iron and Steel Institute of Japan, 1982,22(12):997-1000.

[13] Mori T. On the phosphorus distribution between slag and metal[J]. Transactions of the Japan Institute of Metals,1984,25(11):761-771.

[14] Gaskell D R. Optical basicity and the thermodynamic properties of slags[J]. Metallurgical Transactions B,1989,20(1):113-118.

[15] Mills K C, Sridhar S. Viscosities of ironmaking and steelmaking slags[J]. Ironmaking & Steelmaking, 1999, 26(4):262-268.

[16] Zhang G H, Chou K C. Model for evaluating density of molten slag with optical basicity [J]. Journal of Iron and Steel Research International, 2010, 17(4):1-4.

[17] Toplis M J, Dingwell D B. Shear viscosities of CaO-Al$_2$O$_3$-SiO$_2$ and MgO-Al$_2$O$_3$-SiO$_2$ liquids: Implications for the structural role of aluminium and the degree of polymerisation of synthetic and natural aluminosilicate melts [J]. Geochimica et Cosmochimica Acta, 2004, 68(24):5169-5188.

[18] Segers L, Fontana A, Winand R. Electrical conductivity of molten slags of the system SiO$_2$-Al$_2$O$_3$-MnO-CaO-MgO [J]. Canadian Metallurgical Quarterly, 1983, 22(4):429-435.

[19] Winterhager H, Greiner L, Kammel R. Investigations of the Density and Electrical Conductivity of Melts in the System CaO-Al$_2$O$_3$-SiO$_2$ and CaO-MgO-Al$_2$O$_3$-SiO$_2$ [M]. Cologne: Westdeutscher Verlag, 1966.

[20] Nesterenko S, Khomenko V M. Influence of alkalis on the surface tension and electrical conductivity of slags in the system CaO-MgO-SiO$_2$ with 5% Al$_2$O$_3$[J]. Izvestiya Akademii Nauk SSSR, Metally, 1985(2):44-48.

[21] Eisenhuttenleute V D. Slag Atlas [M]. Dusseldorf: Verlag Sthaleisen GmbH, 1995.

[22] Sarkar S B. Electrical conductivity of molten high-alumina blast furnace slags [J]. ISIJ International, 1989, 29(4):348-351.

[23] Linert W, Jameson R F. The isokinetic relationship[J]. Chemical Society Reviews, 1989, 18:477-505.

[24] Bockris J O M, Kitchener J A, Ignatowicz S A. Electric conductance in liquid silicates[J]. Transactions of the Faraday Society, 1952, 48:75-91.

[25] Urbain G, Cambier F, Deletter M, et al. Viscosity of silicate melts[J]. Transactions and Journal of the British Ceramic Society, 1981, 80(4):139-141.

[26] Wu X P, Zheng Y F. The meyer-neldel compensation law for electrical conductivity in olivine [J]. Applied Physics Letters, 2005, 87(25):1-3.

[27] Segers L, Fontana A, Winand R. Viscosities of melts of silicates of the ternary system CaO-SiO$_2$-MnO [J]. Electrochimica Acta, 1979, 24(2):213-218.

[28] Gaye H, Welfringer J. Modelling of the thermodynamic properties of complex metallurgical slags [C]. Proceedings of the 2$^{nd}$ International Symposium on Metallurgical Slags and Fluxes, Warrendale, 1984, 357-375.

[29] Zhang L, Jahanshahi S. Review and modeling of viscosity of silicate melts: Part I. Viscosity of binary and ternary silicates containing CaO, MgO, and MnO[J]. Metallurgical and Materials Transactions B, 1998, 29(1):177-186.

[30] Shannon R D. Revised effective ionic radii and systematic studies of interatomic distances in halides and chalcogenides [J]. Acta Crystallographica, 1976, A32(5):751-767.

[31] Bockris J O M, Kitchener J A, Ignatowicz S A. The electrical conductivity of silicate melts: Systems containing Ca, Mn and Al[J]. Discussions of the Faraday Society, 1948, 4:265-281.

[32] Henderson J, Yang L, Derge G. Self-diffusion of aluminum in CaO-SiO$_2$-Al$_2$O$_3$ melts [J]. Trans-

actions of the Metallurgical Society of AIME,1961,221:56-60.

[33] Towers H, Chipman J. Diffusion of calcium and silicon in a lime-alumina-silica slag[J]. Journal of Metals,1957,209:769-773.

[34] Koros P,King T B. Kinetics of High Temperature Process[M]. New York: Technology Press and John Wiley and Sons,1959.

[35] Koros P J,King T B. The self-diffusion of oxygen in a lime-silica-alumina slag[J]. Transactions of the Metallurgical Society of AIME,1962,224:299-306.

[36] Goto K S,Sasabe M,Kawakami M. Relation between tracer diffusivity and electrical conductivity on multi-component oxide slags at 900℃ to 1600℃ [J]. Transactions of the Iron and Steel Institute of Japan,1977,17(4):212-214.

[37] Keller H,Schwerdtfeger K,Hennesen K. Tracer diffusivity of $Ca^{45}$ and electrical conductivity in $CaO$-$SiO_2$ melts [J]. Metallurgical Transactions B,1979,10(1):67-70.

[38] Haven Y,Verkerk B. Diffusion and electrical conductivity of sodium ions in sodium silicate glasses [J]. Physics and Chemistry of Glasses,1965,6(2):38-45.

# 8　熔渣电导率测量

<<<<<<<<<<<<<<<<<<<<<<<<<<<<<<<<<<<<<<<<<<<<<<<<<<<<<<<<<<<<<<<<<<<<<<<<<<

## 8.1　四电极法测电导率原理及测量装置

### 8.1.1　电导率原理

　　适用于熔渣电导率的测试方法有多种，比如中心电极法[1,2]、两电极法[3,4]、四电极法等。由于熔渣体系熔点往往很高，且腐蚀性较强，因此高温熔渣体系电导率测量十分困难。为了测量得到较为准确的电导率数值，需要从总电阻值里排除掉导线及电极的阻值。如果提供电流的电极同时用于提供电势，那么界面极化电阻的影响将会很大。在高温下应用四电极法测量熔渣电导率会避免界面极化的影响，本章采用四电极法测量电导率，下面首先介绍实验原理。

　　四电极法测电导率电路原理图如图 8-1 所示。由图可知，外侧两个电极为提供电流的电极，内侧两个电极为提供电势的电极，四个电极之间相互分离绝缘。当功率放大器提供交流电 $I_r$ 时，内部两电极的电势差 $E_x$ 可以被数字电压表测量得到。与此同时，当前的电流 $I_r$ 可以通过标准电阻 $R_s$ 与施加在其两端的电势 $E_s$ 计算得到。熔渣阻值的计算公式为：

$$R_x = R_s \frac{E_x}{E_s} \tag{8-1}$$

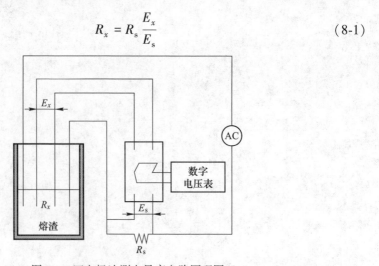

图 8-1　四电极法测电导率电路原理图

由于测量需要校准，实验的精确程度取决于电池常数 $C$ 和熔渣电阻 $R_x$ 的测量。电导率 $\sigma$、电池常数 $C$ 与熔渣电阻之间的关系为：

$$\sigma = \frac{C}{R_x} \tag{8-2}$$

有多种因素会影响到电池常数的测量，比如施加的频率、熔渣的体积、电极进入熔渣的深度、电极的位置和熔渣的温度等。在实验过程中，这些因素需要被精确地控制。实际上，电池常数 $C$ 值是利用测量已知电导率的标准溶液在电导池内的电导或电阻求得，所以测量电导率的方法实质上就是测量电导或电阻的方法。

除液体金属以及主要是电子导电的其他熔渣可以用直流电法测量电阻外，对于电解质水溶液和其他离子导电的冶金熔渣，都应采用交流电法测量。因为在直流电通过电解质溶液时：一方面电解质溶液要产生电解而使成分发生变化；另一方面电极上会产生极化现象，使测得的电阻值出现很大偏差。所以当测量电解质溶液的电导率时，一般都采用音频范围内的正弦波交流电作为电源，以尽可能减小极化作用。如果电源频率太高，将引起电桥各部件间，电桥各部件与大地间的杂散电容加大，以及由集肤效应等原因引起标准电器元件标准值的变化，导致电桥难以达到平衡和测量误差加大。

测量电阻常用的方法有电表法、交流电桥法、交流双电桥、感应比例臂电桥、旋转磁场法和阻抗谱法[5]。本章的研究所采用的是阻抗谱法。将现代电子技术中的锁相技术和相关技术（如频率响应分析仪、锁相放大器等）用于交流阻抗测试，再配合电子计算机在线测量，可以快速准确地应用扫频信号实现频域阻抗图（即阻抗谱）的自动测量，得到各种有用的电化学参数。阻抗谱法广泛地用于电极过程研究和固体电解质电学性质的测量，其中也包括对电解质溶液电阻的测量。

为了测定电导率，除了需要知道该物体的电阻外，还要知道该物体的几何尺寸，比如长度（$l$）和截面积（$A$）。

对于固体物质来说，很容易做到使整个试样的截面积均匀，其长度和截面积可精确地测量得到。所以一般只要测出它的电阻或电导，就可以求出电导率，其计算公式为：

$$\sigma = \frac{1}{R} \frac{l}{A} \tag{8-3}$$

但是对电解质水溶液或冶金熔渣的电导率的测定，除了无极测量方法（如旋转磁场法）外，都是在电导池中进行的。电导池除了容纳被测液体外，还包括导电用的电极。对于这样的电导池，要精确地测定 $l$ 和 $A$ 是较困难的。因此，不是直接测量电导池中的参加导电的液体的 $l$ 和 $A$，而是采用已知准确的电导率的物质来标定它们。因为对于一个固定的电导池来说，$l$ 和 $A$ 总是一定的，把 $l$ 和 $A$ 看作一个整体，令 $C = l/A$，$C$ 为电池常数，于是就得到式(8-2)。

这样就把对 $l$ 和 $A$ 的测量转化成对 $R$ 的测量。用一个已知其准确电导率的物质溶液放在电导池内，通过对它的电阻的测量，来求得电导池常数 $C$，这是比较容易做到的。以后当用这个电导池来测定未知液体的电导率时，就只要测量该液体的电阻，应用此电导池常数，依照式(8-2) 即可计算得到被测液体的电导率。

作为电导率测量的标准物质，应当具备以下几点：

(1) 容易获得；

(2) 容易制备成纯物质；

(3) 性质稳定；

(4) 电导率数值已精确测定过。

只要满足这些条件，利用上述方法才能达到可靠方便、精确和稳定的效果。KCl 是适宜于做这种标准物质的，目前世界上各著名实验室都是用 KCl 的水溶液来标定电导池常数的。不同浓度、不同温度下 KCl 水溶液的电导率均已被精确测定过。常用的是 1.0N、0.1N 和 0.01N 的 KCl 水溶液，几个常用温度下 1.0N、0.1N 和 0.01N 的 KCl 水溶液的电导率列于表 8-1 中。

**表 8-1　氯化钾水溶液的电导率**

| 温度/℃ | 电导率/$S \cdot cm^{-1}$ | | |
| --- | --- | --- | --- |
| | 1.0N | 0.1N | 0.01N |
| 15 | 0.08319 | 0.00933 | 0.001020 |
| 18 | 0.09822 | 0.01119 | 0.001225 |
| 20 | 0.10207 | 0.01167 | 0.001278 |
| 25 | 0.11180 | 0.01288 | 0.001413 |

测量电导池常数时要注意以下几点[6]：

(1) 制备标准溶液要用一级试剂，因为杂质的存在会影响溶液的电导率。配制前，KCl 需要充分烘干，在真空干燥箱内烘至恒重。

(2) 配制标准溶液的水要纯，带有杂质的水会使电导率增加。一般蒸馏水中常含有 $CO_2$、$NH_3$ 等杂质，特别是一般盛水的玻璃容器，由于玻璃的一些微溶解会污染蒸馏水，这种水的电导率在做精密测量时是不可忽略的，必须要用更纯的水。一般水的电导率在 25℃时为 $0.8 \times 10^{-6} \sim 1.0 \times 10^{-6} S \cdot cm$，这是由于与空气中的 $CO_2$ 平衡的水，这种水只要用普通蒸馏水加少量高锰酸钾，置于锡制蒸馏器或石英蒸馏器内蒸馏一次即可得到（或是其他更难溶的硬质玻璃蒸馏器）。蒸馏时，要弃去初蒸馏出的部分（约为总量的1/4），其余部分盛于难容的玻璃瓶中。在用于精密测量时，使用的蒸馏水都必须在配制前取其一部分测量其电导率，当达到要求时才可以用来配制标准液。

（3）测量电导池常数时，温度需要严格控制，恒温浴的温度应控制在±0.005℃范围内。

当仔细用不同标准液标定电导池常数时，会发现电导池常数并不相符。有人认为这是由于用同一个电导池测量不同浓度的标准液时，它们有着不同的电阻值。电阻值不同，极化带来的误差也会不同，所以电导池常数也就会不同。为了减小误差，实际测定时最好根据被测溶液电导率的大致数值，选用接近于被测液体的电导率的标准溶液来标定电导池常数，这样测量结果的误差比较小。

冶金熔渣电导率的测定都是在高温下进行，而电导池常数却是在室温下测定，由于电导池的热膨胀等因素的存在，显然用室温下的电导池常数代替高温下的电导池常数是不合适的。因此很多人建议用多种标准物质，比如用 $KNO_3$、$AgNO_3$ 等作为标准物质来标定不同温度下的电导池常数。但到目前为止，大都仍以室温下的电导池常数来代替高温下的电导池常数，再来测定冶金熔渣的电导率。

## 8.1.2　电导率测量装置

四电极测量装置为自行组装，其装置示意图如图 8-2 所示。实验所用高温炉发热体材料为 $MoSi_2$ 加热棒，炉管直径为 40mm，测温热电偶为双铂铑（Pt-Rh30），位于坩埚正下方。实验用电极材料为 Pt-Rh［含量（质量分数）为 30%］。每根电极由一段前端（长 25mm，直径 0.8mm）与一段引线（长 800mm，直径 0.3mm）

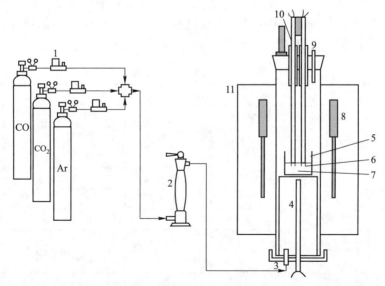

图 8-2　四电极法测电导率装置图

1—质量流量计；2—干燥塔；3—入气口；4—热电偶；5—铂金坩埚；6—铂铑电极；
7—熔渣；8—$MoSi_2$ 加热棒；9—出气口；10—千分尺；11—加热炉

焊接而成。电极被穿入两个双孔 99 瓷刚玉管里，且使电极前段 15mm 露在管外。这两个双孔刚玉管与同直径管固定在一起，可以穿过固定在炉口塞上的两个支撑管，这样可以使中间两个电极相隔 6mm，并且电极整体可以沿支撑管上下移动。为了精确测量电池常数，电极进入熔渣的深度要精确控制，为了达到这个目的，一竖直的千分尺用于测量电极下降深度。

## 8.2　CaO-SiO$_2$-Al$_2$O$_3$ 体系电导率

实验原料包括分析纯 SiO$_2$、CaCO$_3$、Al$_2$O$_3$ 粉末，使用前均在箱式马弗炉内 1273K 下保温处理 6h，以充分去除试剂中的水分和碳酸盐，并使得 CaCO$_3$ 分解获得 CaO。预处理后的原料按照表 8-2 中的成分进行配比，从表中可以看出，电导率测量实验分为两组。这两组实验中，CaO-SiO$_2$-Al$_2$O$_3$ 母渣中 SiO$_2$ 的摩尔分数分别固定为 0.55 和 0.65，而 CaO 含量逐渐减少，Al$_2$O$_3$ 含量则逐渐增加。

按表 8-2 中的成分称取的样品置于铂金坩埚（高 26mm，直径 26mm，壁厚 0.3mm）中，铂金坩埚外用 99 瓷刚玉坩埚作为保护坩埚，坩埚整体置于炉管中心位置。在加热过程中，电极置于试样上方约 2cm 处，当加热到目标温度时（1873K）继续保温 2h，进而使渣气达到平衡。待渣气达到平衡后，将电极缓慢下降直至接触到熔渣表面，在下降过程中，电极电阻被在线监测，当电极接触到熔渣表面时，在线监测的电阻会突然减小。以此为基准，电极继续下降 3mm。从 1873K 开始，温度每下降 25K 测量一次。在每次测量前，先在当前温度下保持 1~2h，以确保渣气平衡。电导率测量完毕后，升温到初始温度拨出电极，用盐酸浸泡，以待下次测量使用。整个实验过程中采用高纯 Ar 作为保护气。气体用质量流量计控制，总的气体流量为 200mL/min。

表 8-2　电导率测量的成分点

| 组别 | 摩尔分数 $x$ | | | | C/A |
| --- | --- | --- | --- | --- | --- |
| | FeO | SiO$_2$ | CaO | Al$_2$O$_3$ | |
| 第一组 | — | 0.55 | 0.40 | 0.05 | 0.8 |
| | | | 0.35 | 0.10 | 3.5 |
| | | | 0.30 | 0.15 | 2 |
| | | | 0.25 | 0.20 | 1.25 |
| | | | 0.20 | 0.25 | 0.8 |
| 第二组 | — | 0.65 | 0.30 | 0.05 | 6 |
| | | | 0.25 | 0.10 | 2.5 |
| | | | 0.20 | 0.15 | 4/3 |
| | | | 0.15 | 0.20 | 0.75 |

注：C/A 表示 CaO/Al$_2$O$_3$ 比。

### 8.2.1　温度的影响

　　图 8-3 和图 8-4 分别为 SiO$_2$ 摩尔分数为 0.55、0.65 时电导率与温度的关系。从图中可以看出，电导率与温度的关系满足 Arrhenius 公式，并且随着温度的增加，电导率增加。在高温下，离子的移动性将增强，有利于增强导电性，因此电导率增加。计算所得活化能见表 8-3。

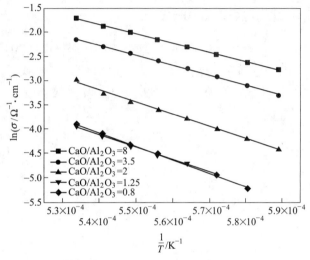

图 8-3　$x_{SiO_2}=0.55$ 时电导率与温度的关系

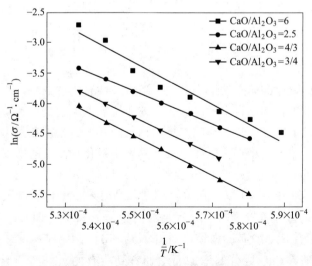

图 8-4　$x_{SiO_2}=0.65$ 时电导率与温度的关系

表 8-3　$x_{SiO_2} = 0.55$、0.65 时计算所得活化能

| $x_{SiO_2} = 0.55$ | C/A = 8 | C/A = 3.5 | C/A = 2 | C/A = 1.25 | C/A = 0.8 |
|---|---|---|---|---|---|
| | 161.04 | 170.71 | 207.70 | 209.85 | 230.25 |
| $x_{SiO_2} = 0.65$ | C/A = 6 | C/A = 2.5 | C/A = 4/3 | C/A = 0.75 | — |
| | 265.85 | 208.95 | 255.22 | 240.11 | — |

注：C/A 表示 $CaO/Al_2O_3$ 比。

## 8.2.2　$CaO/Al_2O_3$ 比对电导率的影响

在 1873K 下，$SiO_2$ 摩尔分数固定为 0.55、0.65 时，$CaO/Al_2O_3$ 比对电导率的影响如图 8-5 和图 8-6 所示。从图中可以看出，随着 $CaO/Al_2O_3$ 比的增加，电导率先降低后增加，并且在 $CaO/Al_2O_3$ 比为 1 附近呈现极小值。

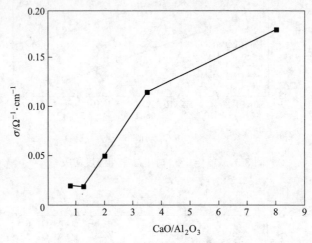

图 8-5　1873K 下，当 $x_{SiO_2} = 0.55$ 时电导率随 $CaO/Al_2O_3$ 比的变化

对于不含 $Al_2O_3$ 的硅酸盐熔渣来说，随着碱性氧化物的增加，越来越多的桥氧会被来自碱性氧化物的自由氧破坏而形成非桥氧。也就是说，熔渣将会改变原来包含短键和环形的二氧化硅空间网络结构。因此，由于扩散阻力的降低和承担电荷传导的离子浓度的增加，电导率会随着碱性氧化物浓度的增加而增加。

对于当前的 $CaO-Al_2O_3-SiO_2$ 体系来说，由于 $Al_2O_3$ 的两性行为情况变得更加复杂。$Al_2O_3$ 作为两性氧化物，在熔渣碱度较高时显示酸性，碱度较低时显示碱性。在碱性氧化物含量较高时，会有足够的金属氧离子（如 $Ca^{2+}$ 离子）参与电荷补偿，$Al^{3+}$ 会形成 $AlO_4^{5+}$ 四面体并且并入到 $SiO_4^{4+}$ 网络结构之中。因此，熔渣的聚合程度会随着 CaO 成分的增加而增加直到所有的 $Al^{3+}$ 离子形成 $AlO_4^{5+}$ 四面体。随后，新增加的 CaO 会使熔渣解聚。由以上解释可知，在硅铝酸盐熔渣中，

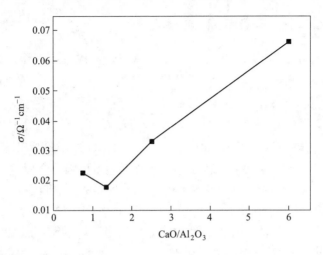

图 8-6　1873K 下，当 $x_{SiO_2} = 0.65$ 时电导率随 CaO/Al$_2$O$_3$ 比的变化

熔渣的聚合度会在 CaO/Al$_2$O$_3$ 比为 1 附近出现极大值。因此，黏度会在此处表现出极大值。

　　熔渣的电导率不仅受到熔渣聚合度的影响，同样受到金属阳离子浓度的影响。在 CaO-Al$_2$O$_3$-SiO$_2$ 体系中，存在两种类型的 Ca$^{2+}$ 离子，一种参与 Al$^{3+}$ 离子电荷补偿，另一种则形成非桥氧。图 8-7 给出两种 Ca$^{2+}$ 的示意图。形成非桥氧的 Ca$^{2+}$ 离子的传导能力要远远强于参与电荷补偿的类型。当 $x_{CaO} < x_{Al_2O_3}$ 时，随着 CaO 成分的增加，熔渣的聚合度增加，将会导致电导率降低，增加的金属阳离子对于电导率的影响很小是因为新增加的 Ca$^{2+}$ 离子参与了 Al$^{3+}$ 离子的电荷补偿所以移动能力很弱。当 $x_{CaO} > x_{Al_2O_3}$ 时，由于 1mol 的 CaO 可以参与 1mol 的 Al$_2$O$_3$ 的电荷补偿，此时熔渣中所有的 Al$_2$O$_3$ 已经得到了足够的 CaO 的电荷补偿，所以随着 CaO 成分的增加，熔渣的聚合度降低并且金属阳离子浓度增加，这两者都会导致电导率的增加。因此，在这种情况下，电导率会随着 CaO 的增加而增加。基于以上讨论，熔渣的电导率将会在 CaO/Al$_2$O$_3$ 比为 1 附近出现极小值，正如黏度在此处呈现极大值一样。从图 8-5 和图 8-6 可知，熔渣电导率确在 CaO/Al$_2$O$_3$ 比为 1 处表现出极小值，这与以上讨论相符。

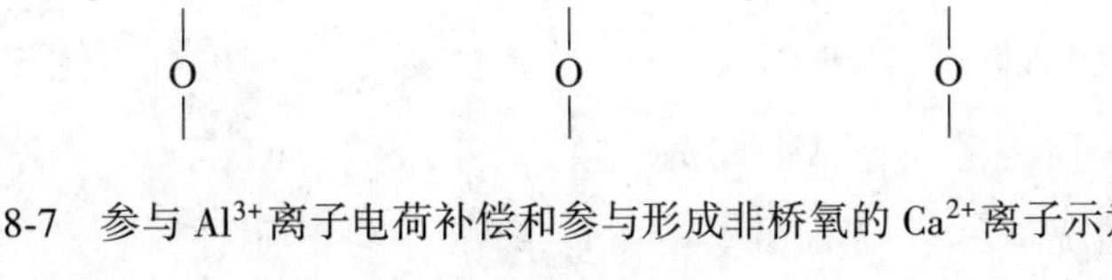

图 8-7　参与 Al$^{3+}$ 离子电荷补偿和参与形成非桥氧的 Ca$^{2+}$ 离子示意图

### 8.2.3 Al$_2$O$_3$/SiO$_2$ 比对电导率的影响

当 CaO 的摩尔分数为 0.20 时，SiO$_2$ 被 Al$_2$O$_3$ 替代对电导率的影响如图 8-8 所示。从图中可以看出，当用 Al$_2$O$_3$ 替代 SiO$_2$ 时，含有 $x_{Al_2O_3}$ = 0.25 成分的熔渣的电导率略大于含有 $x_{Al_2O_3}$ = 0.15 熔渣的电导率。图 8-9 则是当 $x_{CaO}$ = 0.25 时，SiO$_2$ 被 Al$_2$O$_3$ 替代对电导率的影响，从图中可以看出，含有 $x_{Al_2O_3}$ = 0.10 的熔渣的电导率明显大于含有 $x_{Al_2O_3}$ = 0.20 熔渣的电导率。此处需要给出总结性的话。

熔渣电导率由传导阻力和相比于阴离子移动能力更强的金属阳离子浓度所决定。至少以下三个方面会影响到熔渣传导能力，即熔渣聚合度、离子尺寸和移动阳离子的极化度。一般情况下，熔渣的聚合度越高，传导阻力越大。换句话说，拥有高聚合度的熔渣往往拥有低的电导率。当熔渣的碱度较高时，用 Al$_2$O$_3$ 替代 SiO$_2$ 将会降低非桥氧的数量，并且由于 CaO 参与 Al$^{3+}$ 离子电荷补偿会增加熔渣聚合程度。因此，在这种情况下，电导率将会随着 SiO$_2$ 被 Al$_2$O$_3$ 替代而降低，如图 8-9 所示。当熔渣的碱度不够高时，随着 SiO$_2$ 被 Al$_2$O$_3$ 替代，更强的 Si—O 键将会被较弱的 Al—O 键所代替，将会降低扩散阻力，这将导致电导率的增加，如图 8-8 所示。

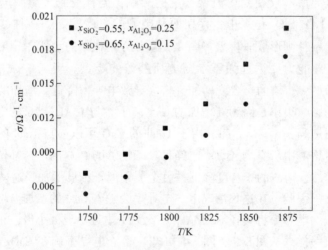

图 8-8　$x_{CaO}$ = 0.20 时电导率随不同含量 Al$_2$O$_3$ 和 SiO$_2$ 成分的变化

### 8.2.4 CaO/SiO$_2$ 比对电导率的影响

在固定 Al$_2$O$_3$ 时，CaO/SiO$_2$ 比对电导率的影响如图 8-10 ~ 图 8-12 所示。从这些图中可以看到，在固定 Al$_2$O$_3$ 时，随着 SiO$_2$ 被 CaO 替代，熔渣的电导率在增加。在当前情况下，已经有足够的 Ca$^{2+}$ 离子参与电荷补偿，新增加的 Ca$^{2+}$ 离

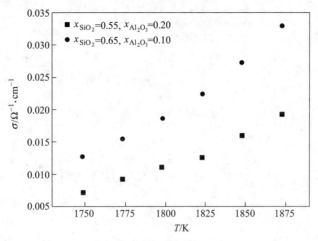

图 8-9  $x_{CaO}=0.25$ 时电导率随不同含量 Al$_2$O$_3$ 和 SiO$_2$ 成分的变化

子将会参与电荷传导，这将会导致电导率的增加。

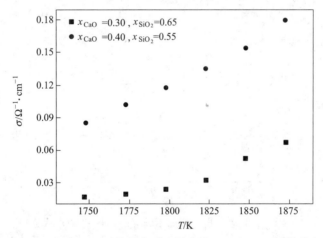

图 8-10  $x_{Al_2O_3}=0.05$ 时电导率随不同含量 CaO 和 SiO$_2$ 成分的变化

### 8.2.5  小结

利用四电极法实验研究了 CaO-SiO$_2$-Al$_2$O$_3$ 体系的电导率情况。研究不同温度和 CaO/Al$_2$O$_3$ 比等因素对电导率的影响，得到了以下结论：

（1）温度对 CaO-SiO$_2$-Al$_2$O$_3$ 体系电导率的影响符合 Arrhenius 公式，且温度越高，电导率越大。相应的活化能可从中计算得到。

（2）CaO-SiO$_2$-Al$_2$O$_3$ 体系的电导率随着 CaO/Al$_2$O$_3$ 比增加，先降低然后增加，且在 CaO/Al$_2$O$_3$ 比为 1 附近呈现出极小值，这是 Ca$^{2+}$ 对 Al$^{3+}$ 电荷补偿作用所

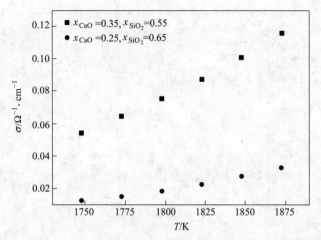

图 8-11  $x_{Al_2O_3} = 0.10$ 时电导率随不同含量 CaO 和 $SiO_2$ 成分的变化

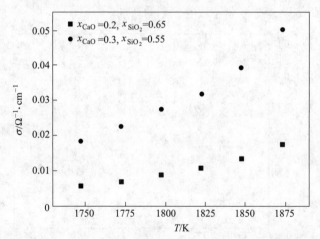

图 8-12  $x_{Al_2O_3} = 0.15$ 时电导率随不同含量 CaO 和 $SiO_2$ 成分的变化

引起的。

（3）随着 $SiO_2$ 逐渐被 $Al_2O_3$ 替代，平均键强度的降低会使得电导率增加，而聚合度的增加又会导致电导率的减小，这两种因素呈现相反的变化趋势。

（4）当 $Al_2O_3$ 成分的含量固定时，随着 $SiO_2$ 被 CaO 替代，$CaO$-$SiO_2$-$Al_2O_3$ 体系的电导率逐渐增加。这是因为已经有足够的 $Ca^{2+}$ 参与电荷补偿，新增加的 $Ca^{2+}$ 主要起到电荷传导的作用。

## 8.3  $Fe_xO$-$CaO$-$SiO_2$-$Al_2O_3$ 体系电导率

含铁氧化物熔渣可以被看作混合导体，这是因为含铁氧化物的总电导率

($\sigma_t$) 分为离子电导率 ($\sigma_i$) 和电子电导率 ($\sigma_e$) 两部分。为了量化不同带电粒子在整体电传导中的相互关系,不同载流子的迁移数被定义。对于一个混合导体来说,电子 ($t_e$) 和离子迁移数 ($t_i$) 可定义为:

$$t_e = \frac{i_e}{i_e + i_i} \qquad (8-4)$$

$$t_i = \frac{i_i}{i_e + i_i} \qquad (8-5)$$

式中 $i_e$, $i_i$——电子和离子所传导的电流。

当对一个离子电子混合导体施加一定电压时,离子和电子传导所传递的电流时有所区别的。电子迁移数可以通过离子电导率和电子电导率进行关联,即:

$$t_e = \frac{\sigma_e}{\sigma_t} \qquad (8-6)$$

$$t_i = \frac{\sigma_i}{\sigma_t} \qquad (8-7)$$

则总电导率为:

$$\sigma_t = \sigma_i + \sigma_e \qquad (8-8)$$

从而离子迁移数与电子迁移数的关系为:

$$t_e + t_i = 1 \qquad (8-9)$$

实验原料包括分析纯 $SiO_2$、$CaCO_3$、$Al_2O_3$、$Fe_2O_3$、Fe 粉末,使用前均在箱式马弗炉内 1273K 下保温处理 6h,以充分去除试剂中的水分和碳酸盐,并使得 $CaCO_3$ 分解获得 CaO。实验中所用 FeO 是将 Fe 和 $Fe_2O_3$ 混合均匀,在 40MPa 的压力下压制成块,块样在 $CO/CO_2 = 1$ 的气氛和温度为 1100℃下保温 24h 制得。所制得 FeO 的 XRD 分析如图 8-13 所示。

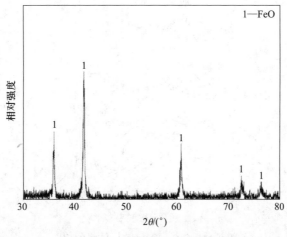

图 8-13 氧化亚铁 XRD 图像

　　熔渣的选择对于熔渣电解是至关重要的，合适的熔渣对于熔渣电解的电流效率和电解速率的提高都有重要的促进作用。用于熔渣电解的熔渣要具备合适的熔点、低的黏度和高的电导率等特点。图 8-14 为 FactSage 热力学计算软件计算出的 $CaO$-$SiO_2$-$Al_2O_3$ 体系的相图，由 $CaO$-$SiO_2$-$Al_2O_3$ 体系相图可知，在高硅和低硅区域有 A 区和 B 区两个低熔点区。从中各选出一个点作为母渣，分别为 $CaO$-$SiO_2$-$Al_2O_3$ = 40：40：20（摩尔比）和 $CaO$-$SiO_2$-$Al_2O_3$ = 60：10：30（摩尔比）。根据 Zhang[7] 的黏度模型和相图可计算出 $CaO$-$SiO_2$-$Al_2O_3$ = 40：40：20 和 $CaO$-$SiO_2$-$Al_2O_3$ = 60：10：30 体系的黏度值和熔点，见表 8-4。若以 $CaO$-$SiO_2$-$Al_2O_3$ = 40：40：20 和 $CaO$-$SiO_2$-$Al_2O_3$ = 60：10：30 体系作为熔渣电解的母渣，那么随着电解的进行，$Fe_xO$-$CaO$-$SiO_2$-$Al_2O_3$ 体系中铁氧化物的含量会一直减少，因此对于 $Fe_xO$-$CaO$-$SiO_2$-$Al_2O_3$ 体系，不同铁氧化物含量的电导率的测量是十分重要的。此外，$Fe_xO$-$CaO$-$SiO_2$-$Al_2O_3$ 体系电导率随 $CaO/Al_2O_3$ 比的变化同样是研究重点。对 $Fe_xO$-$CaO$-$SiO_2$-$Al_2O_3$ 体系不同铁氧化物含量和不同 $CaO/Al_2O_3$ 比的电导率进行测量，电导率测量的成分点见表 8-5 和表 8-6。铁氧化物是以 FeO 的形式加入，表 8-5 中电导率测量成分分为两组：第一组母渣为 $CaO$-$SiO_2$-$Al_2O_3$ = 40：40：20，FeO 摩尔分数为 0.30、0.20、0.10、0.05、0.025 和 0；第二组母渣为 $CaO$-$SiO_2$-$Al_2O_3$ = 60：10：30，FeO 摩尔分数为 0.30、0.20、0.10、0.05、0.025 和 0。表 8-5 中成分用于不同铁氧化物含量对 $Fe_xO$-$CaO$-$SiO_2$-$Al_2O_3$ 体系电导率的影响研究。表 8-6 中，$Fe_xO$-$CaO$-$SiO_2$-$Al_2O_3$ 母渣中，$x_{FeO} = 0.20$，$x_{SiO_2} = 0.44$，CaO 含量逐渐减少，$Al_2O_3$ 含量则逐渐增加。表 8-6 成分用于不同 $CaO/$

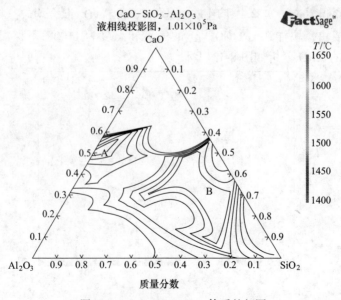

图 8-14　$CaO$-$SiO_2$-$Al_2O_3$ 体系的相图

Al$_2$O$_3$ 比对 Fe$_x$O-CaO-SiO$_2$-Al$_2$O$_3$ 体系电导率的影响研究。实验升温过程中，通入的是 CO$_2$ 气体，达到目标温度并保温 2h 后，通入的气体从 CO$_2$ 变换为 CO 与 CO$_2$ 的混合气体，用来控制炉管内的氧分压，气体用质量流量计控制，总的气体流量为 200mL/min。

表 8-4  不同渣系的黏度值和熔点

| 渣系（摩尔比） | 熔点/℃ | 黏度/dPa·s |
|---|---|---|
| CaO-SiO$_2$-Al$_2$O$_3$ = 40：40：20 | 1381 | 8.69 |
| CaO-SiO$_2$-Al$_2$O$_3$ = 60：10：30 | 1461 | 1.92 |

表 8-5  不同铁氧化物含量对 Fe$_x$O-CaO-SiO$_2$-Al$_2$O$_3$ 体系电导率的影响研究测量成分点

| 组别 | 摩尔分数 $x$ | | | | 修正光学碱度 |
|---|---|---|---|---|---|
| | FeO | CaO | SiO$_2$ | Al$_2$O$_3$ | |
| 第一组 | 0.30 | 0.28 | 0.28 | 0.14 | 0.59 |
| | 0.20 | 0.32 | 0.32 | 0.16 | 0.59 |
| | 0.10 | 0.36 | 0.36 | 0.18 | 0.59 |
| | 0.05 | 0.38 | 0.38 | 0.19 | 0.59 |
| | 0.025 | 0.39 | 0.39 | 0.195 | 0.59 |
| | 0 | 0.40 | 0.40 | 0.20 | 0.59 |
| 第二组 | 0.30 | 0.42 | 0.07 | 0.21 | 0.67 |
| | 0.20 | 0.48 | 0.08 | 0.24 | 0.67 |
| | 0.10 | 0.54 | 0.09 | 0.27 | 0.67 |
| | 0.05 | 0.57 | 0.095 | 0.285 | 0.67 |
| | 0.025 | 0.585 | 0.0975 | 0.2925 | 0.67 |
| | 0 | 0.60 | 0.10 | 0.30 | 0.67 |

表 8-6  不同 CaO/Al$_2$O$_3$ 比对 Fe$_x$O-CaO-SiO$_2$-Al$_2$O$_3$ 体系电导率的影响研究测量成分点

| 摩尔分数 $x$ | | | | C/A |
|---|---|---|---|---|
| FeO | SiO$_2$ | CaO | Al$_2$O$_3$ | |
| 0.20 | 0.44 | 0.24 | 0.12 | 2 |
| | | 0.20 | 0.16 | 1.25 |
| | | 0.16 | 0.20 | 0.8 |
| | | 0.12 | 0.24 | 0.5 |

注：C/A 表示 CaO/Al$_2$O$_3$ 比。

### 8.3.1　不同 CaO/Al$_2$O$_3$ 下 Fe$_x$O-CaO-SiO$_2$-Al$_2$O$_3$ 体系电导率

#### 8.3.1.1　温度、氧分压和 CaO/Al$_2$O$_3$ 比对总电导率的影响

在 CO/CO$_2$=0.2 时，温度对总电导率的影响如图 8-15 所示。由图 8-15 可知，总电导率随着温度的增加而增加，并且温度对电导率的影响符合 Arrhenius 公式，且计算所得活化能见表 8-7。

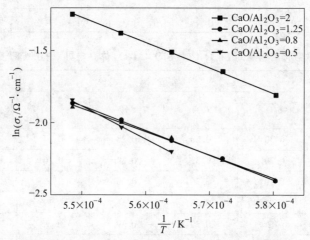

图 8-15　CO/CO$_2$=0.2 时，温度对总电导率的影响

表 8-7　CO/CO$_2$=0.2 时所得的活化能

| | C/A | 2 | 1.25 | 0.8 | 0.5 |
|---|---|---|---|---|---|
| 活化能 /kJ·mol$^{-1}$ | 总电导率活化能 | 133.2 | 141.2 | 144.8 | 175.3 |
| | 离子电导率活化能 | 135.5 | 141.7 | 146.5 | 176.7 |
| | 电子电导率活化能 | 132.6 | 141.8 | 143.8 | 170.8 |

注：C/A 表示 CaO/Al$_2$O$_3$ 比。

实验中氧分压是由 CO-CO$_2$ 混合气体控制，反应方程式为[8]：

$$CO(g) + \frac{1}{2}O_2(g) \Longrightarrow CO_2(g) \tag{8-10}$$

$$\Delta G^{\ominus} = -279710 + 84.08T = -RT\ln\left[\frac{P_{CO_2}}{P_{CO}}\left(\frac{P_{O_2}}{P^{\ominus}}\right)^{0.5}\right] \quad (J)$$

在 1823K 下，总电导率随氧分压（CO/CO$_2$ 比）的变化如图 8-16 所示。从图 8-16 可以看出，在当前实验条件下，总电导率随氧分压的变化不明显。

在 1823K 下，气氛为 CO/CO$_2$=0.2，固定 FeO 和 SiO$_2$ 成分时，总电导率、

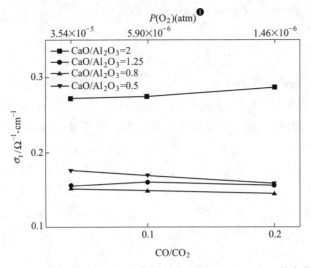

图 8-16  1823K 下，总电导率随氧分压（CO/CO$_2$ 比）的变化

离子电导率和电子电导率随 CaO/Al$_2$O$_3$ 比的变化如图 8-17 所示。由图 8-17 可以看到，随着 CaO/Al$_2$O$_3$ 比增加，总电导率和离子电导率开始减小随后增加，而电子电导率开始保持不变随后在 CaO/Al$_2$O$_3$ = 1 开始增加。总电导率和离子电导率的最小值出现在 CaO/Al$_2$O$_3$ = 1 处。

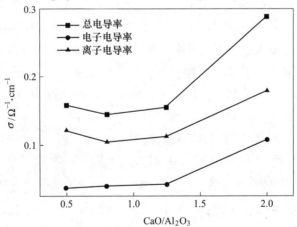

图 8-17  1823K 下，气氛为 CO/CO$_2$ = 0.2 时，总电导率、
离子电导率和电子电导率随 CaO/Al$_2$O$_3$ 比的变化

对于含有 Al$_2$O$_3$ 的熔渣来说，当存在几种不同的碱性氧化物时，不同的阳离

子之间有一个严格的顺序去参与 $Al^{3+}$ 离子的电荷补偿。在当前的 FeO-CaO-SiO$_2$-Al$_2$O$_3$ 体系下，存在两种碱性氧化物。优先参与 $Al^{3+}$ 离子的电荷补偿的顺序为 $Ca^{2+}$>$Fe^{2+}$ 离子[9]。换句话说，当有足够的 $Ca^{2+}$ 离子时，$Fe^{2+}$ 离子并不会参与 $Al^{3+}$ 离子的电荷补偿。实际上，$Ca^{2+}$ 离子主要影响离子电导率，而 $Fe^{2+}$/$Fe^{3+}$ 会影响到离子和电子电导率。在 FeO-CaO-Al$_2$O$_3$-SiO$_2$ 体系中，存在两种 $Ca^{2+}$：一种参与 $Al^{3+}$ 的电荷补偿；另一种形成非桥氧。参与形成非桥氧类型的 $Ca^{2+}$ 的移动能力要远远强于前者。在 $x_{CaO}<x_{Al_2O_3}$ 情况下，随着 CaO 成分的增加，熔渣的聚合度增加将会导致离子电导率降低。然而，此时金属阳离子浓度的增加对于离子和电子电导率的影响不大，主要是因为新增加的 $Ca^{2+}$ 用于参与 $Al^{3+}$ 的电荷补偿而移动能力很弱。当 $x_{CaO}>x_{Al_2O_3}$ 时，随着 CaO 成分的增加，熔渣的聚合度降低并且金属阳离子的浓度增大，都将会引起离子电导率的增加[10]。因此，离子电导率将会在 CaO/Al$_2$O$_3$ = 1 处出现极小值。

然而，电子电导率由 $Fe^{2+}$ 和 $Fe^{3+}$ 的浓度所决定，电子电导率将会随着 $Fe^{3+}$ 浓度的增加而增加。众所周知，$Fe^{3+}$ 占全铁的比例受到熔渣温度、氧分压和熔渣碱度的影响。当熔渣温度和氧分压保持不变时，$Fe^{3+}$ 浓度将会随着碱度的增加而增加，即：

$$4FeO_2^- \Longrightarrow 4Fe^{2+} + 6O^{2-} + O_2 \tag{8-11}$$

式(8-11) 中，$O^{2-}$ 表示自由氧。在 $x_{CaO}<x_{Al_2O_3}$ 情况下，几乎所有的 CaO 参与到 $Al^{3+}$ 的电荷补偿，自由氧的浓度并没有随着 CaO/Al$_2$O$_3$ 比的增加而增加。因此，$Fe^{3+}$ 浓度变化不大，电子电导率在此时变化不明显。然而当 $x_{CaO} > x_{Al_2O_3}$ 时，全部的 $Al^{3+}$ 得到了电荷补偿，所以自由氧的浓度会随着 CaO/Al$_2$O$_3$ 比的增加而增加。根据公式(8-11)，$Fe^{3+}$（往往高聚合的离子团如 $FeO_2^-$ 会代替 $Fe^{3+}$）的浓度会增加，从而引起电子电导率的增加。加入电子电导率的变化趋势。

根据以上分析可知，随着 CaO/Al$_2$O$_3$ 比的增加，离子电导率先减小后增加，而电子电导率先保持不变随后在 CaO/Al$_2$O$_3$ = 1 处开始增加。因此，总电导率会随着 CaO/Al$_2$O$_3$ 比的增加先减小而后增加，并在 CaO/Al$_2$O$_3$ = 1 处呈现极小值。

### 8.3.1.2　温度和氧分压对电子迁移数的影响

电子迁移数的测量方法为计时电流法。当使用计时电流法测量电子迁移数时，所施加的电压一定要小，从而避免氧化还原反应的发生，实验中所施加的电压为 0.1V。电子迁移数可以通过初始电流（$i_{t \to 0}$）和长时间电流（$i_{t \to \infty}$）计算得到：

$$t_e = \frac{i_{t \to \infty}}{i_{t \to 0}} \tag{8-12}$$

典型的测试图像如图 8-18 所示。在 1823K 时，CO/CO$_2$ 比对电子迁移数的影响如图 8-19 所示。从图 8-19 可以看出，在当前实验条件下，电子迁移数在 24% 与 46% 之间变化。对于实验所用渣系来说，电子迁移数随着氧分压的降低而减小。

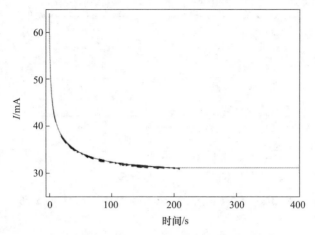

图 8-18　计时电流法典型电流衰减图像

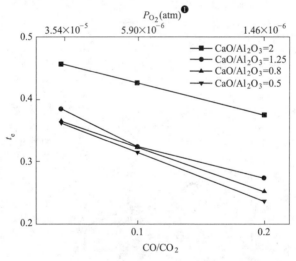

图 8-19　CO/CO$_2$ 比对电子迁移数的影响

　　温度对电子迁移数的影响如图 8-20 所示。从图 8-20 可知，在 CO/CO$_2$ = 0.2 时，电子迁移数随着 CaO/Al$_2$O$_3$ 比的增加而增加，特别是从 CaO/Al$_2$O$_3$ = 1.25 到 CaO/Al$_2$O$_3$ = 2。此外，在当前实验条件下，电子迁移数随温度的变化而几乎恒定不变。相似的实验现象被其他作者报道[11~13]。

---

❶　1atm = 1.01×10$^5$Pa。

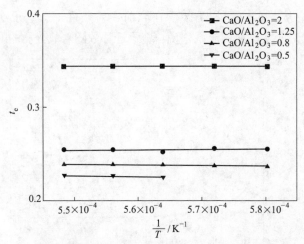

图 8-20  CO/CO₂ = 0.2 时，温度对电子迁移数的影响

### 8.3.1.3  温度和氧分压对离子电导率的影响

图 8-21 显示了在 $CO/CO_2 = 0.2$ 条件下，温度对离子电导率的影响。从图 8-21 可以看到，温度对离子电导率的影响符合 Arrhenius 公式，并且随着温度的升高，离子电导率增加。表 8-7 给出了相应的活化能。在温度升高时，熔渣的黏度越低且离子的移动能力越强，因此使得离子电导率增加。

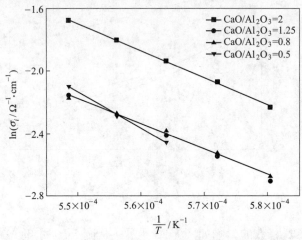

图 8-21  CO/CO₂ = 0.2 下，温度对离子电导率的影响

1823K 下，氧分压（CO/CO₂ 比）对离子电导率的影响如图 8-22 所示。从图 8-22 可以明显地看到，在当前实验条件下，离子电导率随着 CO/CO₂ 比的增加而增加。由式(8-11) 可知，随着 CO/CO₂ 比的降低（氧分压的升高），越来越多的 $Fe^{3+}$ 会替代 $Fe^{2+}$。根据 Fontana 等的结论可知，在含有铁氧化物的熔渣当中，亚

铁离子是唯一对离子电导率有贡献的铁离子。$Fe^{3+}$ 则会与氧离子共价结合成高共价的阴离子团（$FeO_2^-$、$FeO_4^{5-}$ 或 $Fe_2O_5^{4-}$），而不是简单的 $Fe^{3+}$ 形式，但是这些高共价阴离子团的移动能力远远弱于亚铁离子。因此离子电导率随着 $CO/CO_2$ 比的增加而增加。

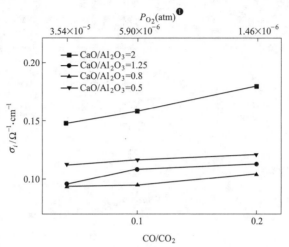

图 8-22  1823K 下，氧分压（$CO/CO_2$ 比）对离子电导率的影响

### 8.3.1.4  温度和氧分压对电子电导率的影响

$CO/CO_2 = 0.2$ 时，温度对电子电导率的影响如图 8-23 所示。如同总电导率和离子电导率，温度与电子电导率的关系符合 Arrhenius 公式，相应的活化能见表 8-7。

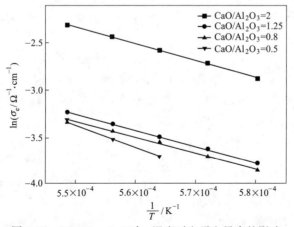

图 8-23  $CO/CO_2 = 0.2$ 时，温度对电子电导率的影响

❶  $1atm = 1.01 \times 10^5 Pa$。

图 8-24 为在 1823K 时，氧分压（$CO/CO_2$ 比）对电子电导率的影响。从图 8-24可以看出，电子电导率随着 $CO/CO_2$ 比的增加而减小。根据以上实验结果，离子电导率随着 $CO/CO_2$ 比的增加而增加，从而导致总电导率随着 $CO/CO_2$ 比的增加而变化不大，如图 8-16 所示。

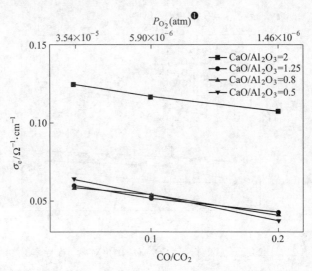

图 8-24　1823K 时，氧分压（$CO/CO_2$ 比）对电子电导率的影响

Barati 和 Coley 等[14] 提出的辅助扩散电荷转移模型可以用于解释当前的实验现象，这种模型已经成功解释了 $CaO-FeO-SiO_2$ 渣系的电导率实验现象。电荷转移可以看作二价和三价铁离子之间的双分子反应。第一步，离子需要移动至充分短的分隔距离去发生电子跳跃，第二步电子跳跃才能发生。换句话说，这种模型需要二价和三价铁离子相互接触而发生反应。当氧分压在一定范围内增加时，$Fe^{3+}$ 离子含量会增加，而 $Fe^{2+}$ 离子含量会减少。根据辅助扩散电荷转移模型可知，电子电导率正比于 $Fe^{3+}$ 和 $Fe^{2+}$ 离子浓度的乘积。在当前的实验条件下，随着氧分压的增加，$Fe^{3+}$ 的浓度增加，将导致电子电导率的增加。

辅助扩散电荷转移模型反应机理为：

$$\sigma_e = 4\pi N_a \frac{r^0(r)^3}{r^0 - r} \frac{D_{Fe^{2+}}}{RT} [\,Fe\,] 2y(1 - y) \tag{8-13}$$

式中　$N_a$——阿伏伽德罗常数；

　　　$r^0$——离子原始距离；

　　　$r$——离子合适的分隔距离；

❶　1atm = 1. 01×10^5 Pa。

$D_{Fe^{2+}}$——Fe$^{2+}$动力学因子;

$R$——气体常数;

$T$——绝对温度;

[Fe]——Fe 的总浓度;

$y$——铁离子占总铁比例。

当其他条件不变时,在 CaO/Al$_2$O$_3$ = 1 处附近,熔渣的黏度最大,聚合度最高,从而导致了 Fe$^{2+}$ 的动力学条件最差,$D_{Fe^{2+}}$ 值最小。因此,电子电导率在 CaO/Al$_2$O$_3$ = 1 处附近也是最小的,如图 8-17 所示。

## 8.3.2 不同铁氧化物含量 Fe$_x$O-CaO-SiO$_2$-Al$_2$O$_3$ 体系电导率

### 8.3.2.1 温度对电导率的影响

图 8-25~图 8-27 为母渣为 CaO-SiO$_2$-Al$_2$O$_3$ = 40 : 40 : 20 且 CO/CO$_2$ = 1 时,温度对总电导率、离子电导率和电子电导率的影响。图 8-28~图 8-30 为母渣为 CaO-SiO$_2$-Al$_2$O$_3$ = 60 : 10 : 30 且 CO/CO$_2$ = 1 时,温度对总电导率、离子电导率和电子电导率的影响。从图 8-25~图 8-30 可以看出,无论母渣为 CaO-SiO$_2$-Al$_2$O$_3$ = 40 : 40 : 20 还是 CaO-SiO$_2$-Al$_2$O$_3$ = 60 : 10 : 30 时,温度对总电导率、离子电导率和电子电导率的影响都符合 Arrhenius 公式,且温度越高总电导率、离子电导率和电子电导率都是越大。在温度较高时,熔渣黏度降低,对离子的阻力减小,离子移动能力增强,从而使得熔渣的电导率增加。

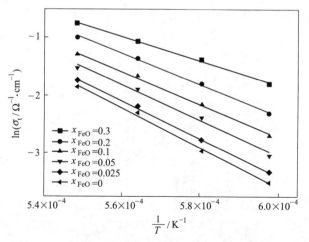

图 8-25  CaO-SiO$_2$-Al$_2$O$_3$ = 40 : 40 : 20, CO/CO$_2$ = 1 时,
温度对总电导率的影响

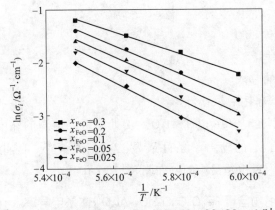

图 8-26　$CaO\text{-}SiO_2\text{-}Al_2O_3 = 40 : 40 : 20$，$CO/CO_2 = 1$ 时，
温度对离子电导率的影响

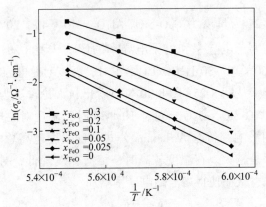

图 8-27　$CaO\text{-}SiO_2\text{-}Al_2O_3 = 40 : 40 : 20$，$CO/CO_2 = 1$ 时，
温度对电子电导率的影响

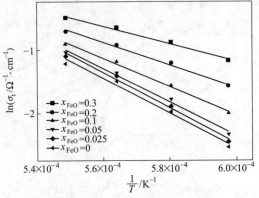

图 8-28　$CaO\text{-}SiO_2\text{-}Al_2O_3 = 60 : 10 : 30$，$CO/CO_2 = 1$ 时，
温度对总电导率的影响

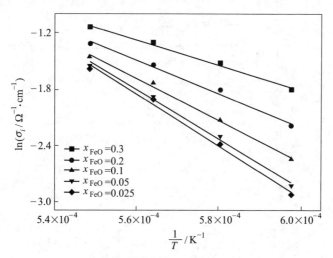

图 8-29 CaO-SiO$_2$-Al$_2$O$_3$=60：10：30，CO/CO$_2$=1 时，
温度对离子电导率的影响

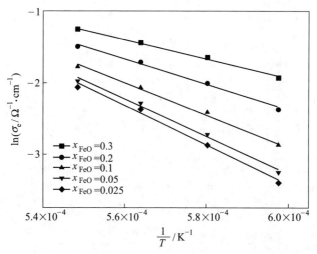

图 8-30 CaO-SiO$_2$-Al$_2$O$_3$=60：10：30，CO/CO$_2$=1 时，
温度对电子电导率的影响

图 8-31 和图 8-32 为 CO/CO$_2$=1 时，母渣分别为 CaO-SiO$_2$-Al$_2$O$_3$=40：40：20 和 CaO-SiO$_2$-Al$_2$O$_3$=60：10：30 时温度对电子迁移数的影响。与 8.3.1 节实验结果一样，温度变化时，电子迁移数几乎不变。此外，Fe$_x$O 含量越高，电子迁移数越大。

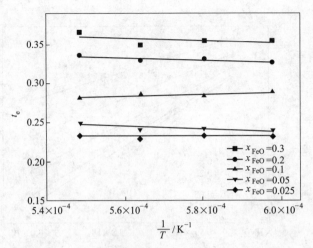

图 8-31　CaO-SiO$_2$-Al$_2$O$_3$ = 40 : 40 : 20，CO/CO$_2$ = 1 时，
温度对电子迁移数的影响

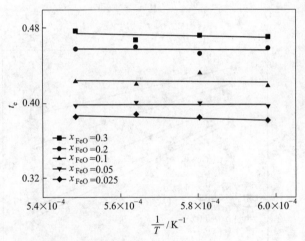

图 8-32　CaO-SiO$_2$-Al$_2$O$_3$ = 60 : 10 : 30，CO/CO$_2$ = 1 时，
温度对电子迁移数的影响

#### 8.3.2.2　氧分压对电导率的影响

在 1823K 下，氧分压（CO/CO$_2$ 比）对母渣为 CaO-SiO$_2$-Al$_2$O$_3$ = 40 : 40 : 20 和 CaO-SiO$_2$-Al$_2$O$_3$ = 60 : 10 : 30 熔渣的总电导率的影响如图 8-33 所示。由图 8-33 可以看出，当 Fe$_x$O 摩尔分数和熔渣修正光学碱度一定时，总电导率随着 CO/CO$_2$ 比的增加而减小。

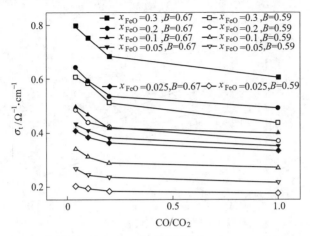

图 8-33　1823K 下，氧分压（$CO/CO_2$ 比）对母渣为 $CaO\text{-}SiO_2\text{-}Al_2O_3$＝40：40：20 和
$CaO\text{-}SiO_2\text{-}Al_2O_3$＝60：10：30 熔渣的总电导率的影响

图 8-34 为在 1823K 下，氧分压（$CO/CO_2$ 比）对母渣为 $CaO\text{-}SiO_2\text{-}Al_2O_3$＝40：40：20 熔渣的电子迁移数的影响。根据图 8-34 可知，在当前实验条件下，电子迁移数在 20% 与 65% 之间变化。此外，电子迁移数随着 $CO/CO_2$ 比的增加而减小，但随着 $Fe_xO$ 成分百分比的增加而增加。在 1823K 下，氧分压（$CO/CO_2$ 比）对母渣为 $CaO\text{-}SiO_2\text{-}Al_2O_3$＝60：10：30 熔渣的电子迁移数的影响如图 8-35 所示，从图中可以看到，电子迁移数在 37% 与 73% 之间变化，与图 8-34 相似，母渣为 $CaO\text{-}SiO_2\text{-}Al_2O_3$＝60：10：30 熔渣的电子迁移数同样随着 $CO/CO_2$ 比的增加而减小，随着 $Fe_xO$ 摩尔分数的增加而增加。

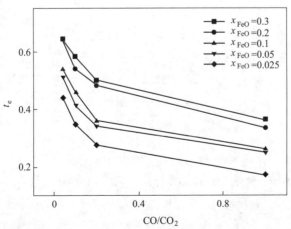

图 8-34　1823K 下，氧分压（$CO/CO_2$ 比）对母渣为 $CaO\text{-}SiO_2\text{-}Al_2O_3$＝40：40：20
熔渣的电子迁移数的影响

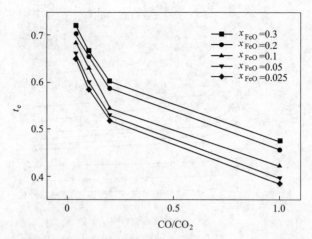

图 8-35　1823K 下，氧分压（CO/CO$_2$ 比）对母渣为 CaO-SiO$_2$-Al$_2$O$_3$ = 60∶10∶30
熔渣的电子迁移数的影响

　　1823K 下，氧分压（CO/CO$_2$ 比）对母渣为 CaO-SiO$_2$-Al$_2$O$_3$ = 40∶40∶20 和
CaO-SiO$_2$-Al$_2$O$_3$ = 60∶10∶30 熔渣的离子电导率的影响如图 8-36 所示。从图 8-36
可以看出，无论母渣为 CaO-SiO$_2$-Al$_2$O$_3$ = 40∶40∶20 还是 CaO-SiO$_2$-Al$_2$O$_3$ = 60∶
10∶30，熔渣的离子电导率都是随着 CO/CO$_2$ 比的增加而增加的，这是由于越来
越多的铁离子转化为亚铁离子，正如反应式(8-11) 所示。

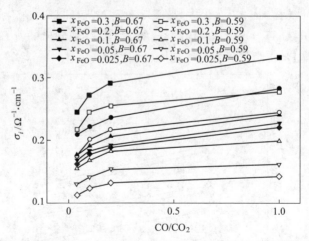

图 8-36　1823K 下，氧分压（CO/CO$_2$ 比）对母渣为 CaO-SiO$_2$-Al$_2$O$_3$ = 40∶40∶20 和
CaO-SiO$_2$-Al$_2$O$_3$ = 60∶10∶30 熔渣的离子电导率的影响

　　在当前的 Fe$_x$O-CaO-SiO$_2$-Al$_2$O$_3$ 渣系中，Fe$^{2+}$ 和 Ca$^{2+}$ 时最主要的电荷载体。
Fe$^{3+}$ 则会与氧共价结合成高共价离子（如 FeO$_2^-$ 和 Fe$_2$O$_5^{4-}$），而不是简单的 Fe$^{3+}$，

且这些高共价离子的移动能力相比于 $Fe^{2+}$ 较弱。随着 $CO/CO_2$ 比的增加，氧分压降低，式(8-11) 的平衡会向右移动，导致 $Fe^{2+}$ 增多，从而使得离子电导率增加。

1823K 下，氧分压（$CO/CO_2$ 比）对母渣为 CaO-$SiO_2$-$Al_2O_3$ = 40：40：20 和 CaO-$SiO_2$-$Al_2O_3$ = 60：10：30 熔渣的电子电导率的影响变化如图 8-37 所示。对于实验所选的所有渣系，图 8-37 显示电子电导率随着 $CO/CO_2$ 比的增加而减小。

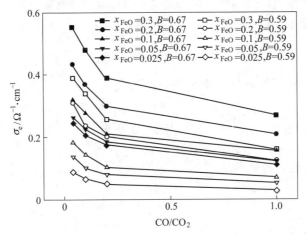

图 8-37　1823K 下，氧分压（$CO/CO_2$ 比）对母渣为 CaO-$SiO_2$-$Al_2O_3$ = 40：40：20 和
CaO-$SiO_2$-$Al_2O_3$ = 60：10：30 熔渣的电子电导率的影响

根据辅助扩散电荷转移模型，对于含铁氧化物的熔渣，电荷转移为二价铁与三价铁之间相互接触的双分子反应。Barati 和 Coley 的研究显示，当铁氧化物的成分一定时，电子电导率正比于 $y(1-y)$，$y$ 为亚铁离子与全铁之比。因此，由于亚铁离子的单调增加，电子电导率随着氧分压的降低（或 $CO/CO_2$ 比的增加）应该先增加后降低，并且会在 $Fe^{3+}/Fe^{2+} = 1$ 变现出极大值。研究结果发现，在当前实验条件下，电子电导率随着 $CO/CO_2$ 比的增加单调递减。在实验所用气氛下并没有出现极大值的原因是氧分压还不够高，即使在实验中所使用的最低 $CO/CO_2$ 比，$y$ 仍然高于 0.5。如果 $y$ 在 0.5 与 1 之间递增，电子电导率将会单调减小。Barati 和 Coley 的研究中[14]，$Fe_xO$-CaO-$SiO_2$ 三元系的二元碱度 CaO/$SiO_2$（质量比）分别为 0.5、1 和 2。在这些成分中，当碱度为 0.5 时，$y$ 在 0.54 与 0.96 之间变化；当碱度为 1 时，$y$ 在 0.22 与 0.87 之间变化；当碱度为 2 时，$y$ 在 0.17 与 0.73 之间变化。因此，在 Barati 和 Coley 的研究中，当碱度为 1 和 2 时，电子电导率出现了极大值；当碱度为 0.5 时，电子电导率没有出现极大值。在实验中，$Fe_xO$-CaO-$SiO_2$-$Al_2O_3$ 四元系的二元碱度（摩尔比）为 1。与 Barati 和 Coley 的研究所用渣系的最大不同在于多了 $Al_2O_3$ 组元，这也许是导致 $y$ 值较大的原因。换句话说，$Al_2O_3$ 有利于亚铁离子浓度的增加，而对三价铁离子浓度的

增加不利。这一点可以从反应式(8-11) 得到解释, 从反应式(8-11) 看出, 自由氧离子浓度的增加有利于高价铁离子的增多。然而, $Al_2O_3$ 的存在会由于参与 $Al^{3+}$ 电荷补偿而消耗碱性氧化物如 CaO 而导致自由氧的降低。因此, $Al_2O_3$ 成分的增加将会使得反应式(8-11) 的平衡向亚铁离子增加的方向移动。由以上可以得出, 在目前的氧分压和成分区间内, 亚铁与全铁之比 $y$ 高于 0.5, 这使得电子电导率没有出现极大值。当然, 如果减少 $Al_2O_3$ 成分的含量, 或是进一步增加氧分压 (或是降低 $CO/CO_2$ 比), 电子电导率或许会出现极大值。

### 8.3.2.3　$Fe_xO$ 成分含量对电导率的影响

由图 8-25~图 8-30 可以看出, 当温度一定时, 熔渣中 $Fe_xO$ 成分含量越高, 总电导率、离子电导率和电子电导率越高。图 8-33、图 8-36 和图 8-37 显示, 当氧分压一定时, 熔渣中 $Fe_xO$ 成分含量越高, 总电导率、离子电导率和电子电导率同样越高。由图 8-22 可知, 相比于高价铁离子, 亚铁离子作为载荷子更能起到电荷传导的作用, 随着熔渣中 $Fe_xO$ 成分含量的增加, $Fe^{2+}$ 在熔渣中的含量会增加, 从而离子电导率会增加。电子电导率正比于二价与三价铁浓度之积, 随着熔渣中 $Fe_xO$ 成分含量的增加, 虽然二价铁与三价铁在熔渣中浓度比例变化不大, 但在熔渣中的溶度都会增大。这样一来, 二价铁与三价铁电子之间的传递几率也会大大提高, 所以电子电导率增加。总电导率为离子电导率与电子电导率之和, 因此离子电导率和电子电导率增加, 必然导致总电导率的增加。

### 8.3.2.4　修正光学碱度对电导率的影响

由图 8-33、图 8-36 和图 8-37 可以看出, 当 $Fe_xO$ 含量一定时, 熔渣的修正光学碱度越高, 熔渣的总电导率、离子电导率和电子电导率都是增加的。当熔渣的修正光学碱度越高时, 说明熔渣中 CaO 含量越多, 将会有更多的 $Ca^{2+}$ 参与到电荷传导, 因此修正光学碱度越高的熔渣的离子电导率越大。反应式(8-11) 中, $O^{2-}$ 表示自由氧。在目前的 $Fe_xO$-$CaO$-$SiO_2$-$Al_2O_3$ 四元系熔渣中, CaO 摩尔分数都大于 $Al_2O_3$ 摩尔分数, 也就是说所有的 $Al^{3+}$ 已经得到了电荷补偿, 因此高修正光学碱度的熔渣中含有更多的自由氧。由电子电导率的实验结果可知, 在目前的实验条件下, 随着 $CO/CO_2$ 比的增加, 二价铁与三价铁浓度之积降低, 导致了电子电导率的减小。然而, 从反应式(8-11) 可以看到, 自由氧的增加会降低二价铁的含量而增加三价铁的含量, 这将会使得二价铁与三价铁浓度之积增加, 因此修正光学碱度更高的熔渣的电子电导率越高。由以上分析可到的结论, 总电导率会随着修正光学碱度的升高而增加, 正如图 8-32 所示。

## 8.3.3　小结

对 $Fe_xO$-$CaO$-$SiO_2$-$Al_2O_3$ 体系不同铁氧化含量和不同 $CaO/Al_2O_3$ 比的电导率

进行了测量。对 $CaO/Al_2O_3$ 比、温度、氧分压、铁氧化物含量和修正光学碱度对电导率的影响进行了讨论。

对于 $Fe_xO$-$CaO$-$SiO_2$-$Al_2O_3$ 体系不同 $CaO/Al_2O_3$ 比的电导率,得到了以下结论:

(1) 温度对 $Fe_xO$-$CaO$-$SiO_2$-$Al_2O_3$ 体系离子、电子和总电导率的影响同样符合 Arrhenius 公式,温度越高,电导率越大。

(2) 利用计时电流法计算出了电子迁移数,电子迁移数受氧分压影响严重,而温度对其影响不大。

(3) 随着 $CO/CO_2$ 比的增加,总电导率变化不大。由于 $Fe^{2+}$ 的增加,离子电导率增加,而电子电导率单调地减小。

(4) 在 1823K 下,气氛为 $CO/CO_2 = 0.2$,固定 FeO 和 $SiO_2$ 成分时,随着 $CaO/Al_2O_3$ 比增加,总电导率和离子电导率开始减小随后增加,而电子电导率开始保持不变随后在 $CaO/Al_2O_3 = 1$ 开始增加。总电导率和离子电导率的最小值出现在 $CaO/Al_2O_3 = 1$ 处,这是 $Ca^{2+}$ 对 $Al^{3+}$ 电荷补偿作用所导致的。

对于 $Fe_xO$-$CaO$-$SiO_2$-$Al_2O_3$ 体系不同铁氧化含量的电导率,得到了以下结论:

(1) 温度对总电导率、离子电导率和电子电导率的影响都符合 Arrhenius 公式,且温度越高总电导率、离子电导率和电子电导率都是越大。

(2) 在 1823K 下,对于母渣为 $CaO$-$SiO_2$-$Al_2O_3$ = 40 : 40 : 20 和 $CaO$-$SiO_2$-$Al_2O_3$ = 60 : 10 : 30 熔渣,当 $Fe_xO$ 摩尔分数和熔渣修正光学碱度一定时,随着 $CO/CO_2$ 比的增加,总电导率和电子电导率单调递减,而离子电导率单调递增。

(3) 当温度和氧分压一定时,熔渣中 $Fe_xO$ 成分含量越高,总电导率、离子电导率和电子电导率越高。

(4) 当 $Fe_xO$ 摩尔分数一定时,熔渣的修正光学碱度越高,熔渣的总电导率、离子电导率和电子电导率都是增加的。

## 8.4　CaO-SiO₂-(Al₂O₃)-R₂O 体系电导率

$CaO$-$SiO_2$-($Al_2O_3$)-$R_2O$ 体系样品配比从表 8-8 中可以看出,所加入的成分均是摩尔分数的配比。其中样品中 $CaO/SiO_2 = 1.1$,代表所测量熔渣中体系的碱度为 $R = 1.1$。将这些样品分成五个不同的组分。在 A 组、B 组和 C 组中,均不添加氧化铝。在 A 组和 B 组中 $Na_2O$ 和 $K_2O$ 含量逐渐升高。针对 C 组主要是改变 $Na_2O$ 和 $K_2O$ 的含量,组合成为混合碱。从 A3、C1、C2 和 B3 四组中可以看出,主要是用 $K_2O$ 取代 $Na_2O$。D 组为低氧化铝和 E 组为高氧化铝并且两组分均保持氧化铝含量不变,仅仅改变 $Na_2O$ 和 $K_2O$ 的含量。从 D0~D3、E0~E3 均是以 2% 的摩尔梯度增加 $K_2O$,降低 $Na_2O$ 的含量。

表 8-8  测量熔渣电导率摩尔成分配比

| 组分 | 摩尔分数/% | | | | | |
|------|-----|--------|-----------|------------|------------|-----------|
|      | CaO | $SiO_2$ | $Al_2O_3$ | $Na_2CO_3$ | $K_2CO_3$ | $CaO/SiO_2$ |
| A0 | 52.4 | 47.6 | 0 | 0 | 0 | 1.1 |
| A1 | 51.3 | 46.7 | 0 | 2.0 | 0 | 1.1 |
| A2 | 50.3 | 45.7 | 0 | 4.0 | 0 | 1.1 |
| A3 | 49.2 | 44.8 | 0 | 6.0 | 0 | 1.1 |
| B1 | 51.3 | 46.7 | 0 | 0 | 2.0 | 1.1 |
| B2 | 50.3 | 45.7 | 0 | 0 | 4.0 | 1.1 |
| B3 | 49.2 | 44.8 | 0 | 0 | 6.0 | 1.1 |
| C1 | 49.2 | 44.8 | 0 | 2.0 | 4.0 | 1.1 |
| C2 | 49.2 | 44.8 | 0 | 4.0 | 2.0 | 1.1 |
| D0 | 47.8 | 43.4 | 2.8 | 6.0 | 0 | 1.1 |
| D1 | 47.8 | 43.4 | 2.8 | 2.0 | 4.0 | 1.1 |
| D2 | 47.8 | 43.4 | 2.8 | 4.0 | 2.0 | 1.1 |
| D3 | 47.8 | 43.4 | 2.8 | 0 | 6.0 | 1.1 |
| E0 | 45.2 | 41.0 | 7.8 | 6.0 | 0 | 1.1 |
| E1 | 45.2 | 41.0 | 7.8 | 2.0 | 4.0 | 1.1 |
| E2 | 45.2 | 41.0 | 7.8 | 4.0 | 2.0 | 1.1 |
| E3 | 45.2 | 41.0 | 7.8 | 0 | 6.0 | 1.1 |

## 8.4.1  温度对 $CaO$-$SiO_2$-($Al_2O_3$)-$R_2O$ 体系电导率的影响

将实验渣系测量的电导率数据绘制在表 8-9 中。将表 8-9 中 A、B、C、D 和 E 组的电导率数值取对数与温度倒数分别绘制成图 8-38~图 8-42。从这些图中可以得出结论，电导率的对数和温度的倒数之间存在线性关系，服从 Arrhenius 公式。

**表 8-9 不同温度下不同成分电导率的测量值**

| 组分 | 电导率/Ω$^{-1}$ · cm$^{-1}$ | | | | |
|------|------|------|------|------|------|
| | 1873K (1600℃) | 1823K (1550℃) | 1773K (1500℃) | 1723K (1450℃) | 1673K (1400℃) |
| A0 | 0.392 | 0.319 | 0.251 | 0.195 | 0.146 |
| A1 | 0.491 | 0.408 | 0.325 | 0.257 | 0.195 |
| A2 | 0.529 | 0.430 | 0.355 | 0.287 | 0.227 |
| A3 | 0.589 | 0.509 | 0.432 | 0.365 | 0.299 |
| B1 | 0.427 | 0.356 | 0.282 | 0.226 | 0.175 |
| B2 | 0.502 | 0.421 | 0.335 | 0.268 | 0.209 |
| B3 | 0.556 | 0.488 | 0.416 | 0.344 | 0.268 |
| C1 | 0.517 | 0.427 | 0.353 | 0.288 | 0.229 |
| C2 | 0.545 | 0.452 | 0.371 | 0.303 | 0.241 |
| D0 | 0.418 | 0.309 | 0.242 | 0.194 | 0.149 |
| D1 | 0.228 | 0.196 | 0.158 | 0.127 | 0.096 |
| D2 | 0.200 | 0.170 | 0.138 | 0.107 | 0.085 |
| D3 | 0.245 | 0.209 | 0.168 | 0.134 | 0.100 |
| E0 | 0.259 | 0.217 | 0.191 | 0.159 | 0.139 |
| E1 | 0.193 | 0.171 | 0.144 | 0.119 | 0.093 |
| E2 | 0.166 | 0.146 | 0.126 | 0.106 | 0.085 |
| E3 | 0.212 | 0.188 | 0.161 | 0.136 | 0.109 |

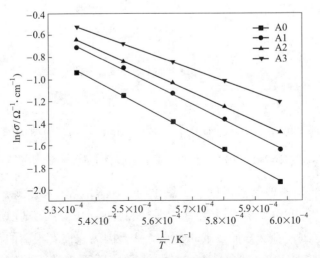

图 8-38 A 组电导率与温度关系图

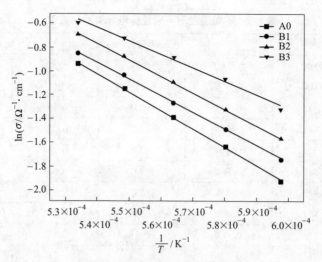

图 8-39　B 组电导率与温度关系图

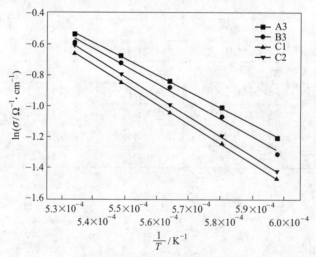

图 8-40　C 组电导率与温度关系图

随着温度的增大，熔渣电导率也会相应地增大。在高温下，离子的移动性将增强，自由移动离子的速度增大，有利于增强导电性，进而使熔渣内电导率增加。

### 8.4.2　添加 $R_2O$（R=Na，K）对 $CaO$-$SiO_2$-$R_2O$ 体系电导率的影响

由于所研究渣系没有过渡族金属氧化物，电子电导可以忽略，因此在 $CaO$-$SiO_2$-$R_2O$ 体系中，熔渣的电荷传输主要是由自由移动的离子来完成。一般来说，$Si^{4+}$ 和 $Al^{3+}$ 离子对电荷传导的贡献非常小，这是因为它们有很高的价态具有较大的带电荷量和较大的离子半径[15]。这就导致他们容易和附近的离子发生静电作

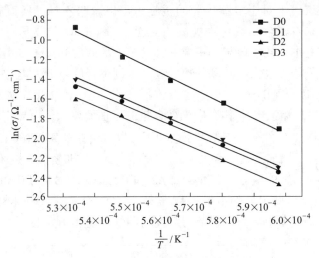

图 8-41  D 组电导率与温度关系图

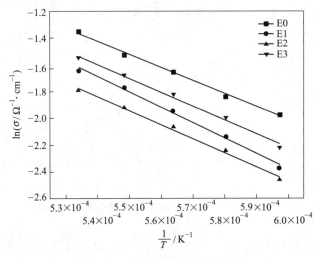

图 8-42  E 组电导率与温度关系图

用，同时在熔渣网络结构中移动时也容易被复杂的空间网络结构的小空隙所阻碍。按照 Fincham 和 Richardson[16] 对氧化物熔渣氧离子的分类，可分为桥氧、非桥氧和自由氧。桥氧与来自酸性氧化物的两种阳离子结合；非桥氧与一个来自酸性氧化物的阳离子和一个来自碱性氧化物的阳离子相结合；自由氧与两个来自碱性氧化物的阳离子结合。桥氧或非桥氧的移动能力非常弱小，主要原因是由于它们与 Si$^{4+}$离子或 Al$^{3+}$结合并形成以共价键为主导的化学键。而自由氧离子的移动能力较大，因为它主要与来自碱性氧化物的金属阳离子形成了以离子键为主的化学键。但是，从表 8-8 中的配比可以看出，熔渣碱度较低，所以自由氧离子含量很少。因此，氧离子对于电荷传导的贡献也可以忽略不计。所以在目前的研究中，主要考虑来自碱金属氧化物提供的 $Ca^{2+}$、$Na^+$ 和 $K^+$ 阳离子对于电导率的贡献。氧化物熔渣中的离子电导率主要受移动离子的浓度和离子自由移动能力的影响。移动的离子浓度越大，移动的离子越多，则聚合度越低，电导率就越大[17]。针对 $CaO$-$SiO_2$-$R_2O$（R=Na、K）熔渣体系，比如组 A 和组 B 所示，可以从图 8-38和图 8-39看出熔渣电导率随着 $R_2O$ 含量的增加而增大。电导率增加的原因是随着碱性氧化物 $R_2O$ 的加入，相当于增加了可以自由移动离子（$Ca^{2+}$ 和 $R^+$）的浓度。此外，也由于增加了碱性氧化物 $R_2O$ 而形成更多的非桥氧键破坏了熔渣网络。

　　表 8-8 所示的熔渣组分 A1 和 B1，A2 和 B2，A3 和 B3，D0 和 D3，以及 E0 和 E3，通过测量这些组分的电导率数据来研究 $Na_2O$ 和 $K_2O$ 不同含量对电导率的影响。将这些组分电导率的对数与温度的倒数绘制成图 8-43。

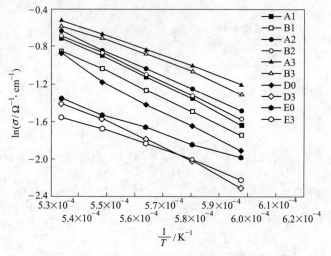

图 8-43　比较 $Na_2O$ 和 $K_2O$ 对熔渣电导率的影响

　　从图 8-43 中可以看出，针对添加 $Na_2O$ 体系的电导率数值总是高于添加 $K_2O$ 的熔渣。该原因分析如下：由于 $Na_2O$ 和 $K_2O$ 的摩尔含量相同，自由移动的离子（如 $Ca^{2+}$、$Na^+$ 和 $K^+$）浓度大致相同，因此主要根据 $Na_2O$ 和 $K_2O$ 的加入对熔渣结构的变化来讨论。目前已经被证实当在含有 $Al_2O_3$ 的熔渣中加入几种不同碱性氧化物时，有一个严格的电荷补偿顺序，电荷补偿顺序为 $K^+$>$Na^+$>$Ca^{2+}$[9,18,19]。严格意义上来说，即使有足够的碱性氧化物，也不是所有的 $Al^{3+}$ 离子都以 [$AlO_4$] 的形式而存在于熔渣结构中，仍然会有一些 $Al^{3+}$ 离子会存在于高氧配位中，比如 [$AlO_5$] 或 [$AlO_6$]。此外，$R^+$ 离子的补偿能力越强，高氧配位 [$AlO_5$] 和 [$AlO_6$] 浓度将会越低，这将导致熔渣的聚合度更高。$K_2O$ 与 $Na_2O$ 相比，$K_2O$ 会使得熔体中 [$AlO_5$] 或 [$AlO_6$][20]的浓度更低，导致溶体的聚合程度更高。在相同情况下，含 K$_2$O 的熔渣比含有 Na$_2$O 熔渣具有更大的聚合度。除了自由移动流动离子的浓度可以影响熔渣内部聚合程度，离子的半径大小也会影响电导率的大小。通常来说，对于具有相同价态的阳离子，离子的半径越小，其自由移动的能力就越大。然而当阳离子具有高价态时，阳离子的极化能力也应该考虑。较小的阳离子具有较大的极化能力，这导致与附近的阴离子有更强的相互作用。对于极化的碱金属离子，由于其带电荷量小，极化能力通常较弱，因此离子半径小的阳离子运输更容易。Suginohara 等[21] 发现碱氧化物添加到 PbO-SiO$_2$ 熔渣中，通过测量其电导率，发现电导率随着阳离子的离子半径增加而减小。因此在本节中，由于 K$^+$ 与比 Na$^+$ 离子具有更大的离子半径（K$^+$ 离子为 1.33Å、Na$^+$ 离子为 0.97Å）[22]，从而 K$^+$ 离子可导致较小的电导率。根据以上分析，可以得出的结论添加 K$_2$O 的熔渣其电导率低于添加 Na$_2$O 熔渣的电导率。

### 8.4.3 混合碱（Na$_2$O、K$_2$O）效应的影响

从图 8-40～图 8-42 三幅图中可以看出，随着用 K$_2$O 逐渐取代 Na$_2$O，同时保持其他组分不变，很明显可以看出熔渣体系的电导率首先下降，然后再增加，存在最小值。为了清楚地看到这种趋势，对于 C、D 和 E 组，将电导率随 K$_2$O/R$_2$O 的变化绘制在图 8-44 中。

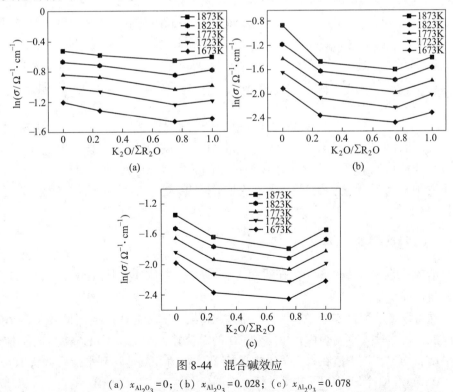

图 8-44　混合碱效应

（a）$x_{Al_2O_3}$ = 0；（b）$x_{Al_2O_3}$ = 0.028；（c）$x_{Al_2O_3}$ = 0.078

从图 8-44 可以明显看出，随着 $K_2O/\sum R_2O$ 比值的变化，熔渣体系电导率存在一个最小值。学者们称这种背离线性关系的现象为"混合碱"效应，这种现象常见于玻璃相中。Swenson 等[23]所述，在熔渣成分发生变化时碱金属离子更倾向于保护其所在的结构环境，在外界的周围环境变化时，其更倾向于保持配位状态不变。$Na^+$ 和 $K^+$ 在熔渣结构中的分布是随机的，$Na^+$ 和 $K^+$ 的局部电位之间的不匹配，可能导致 $Na^+$ 和 $K^+$ 进入其他网络结构中需要更高的高活化能。也就是极配现象的出现，导致熔渣结构更加的复杂，$Na^+$ 和 $K^+$ 更不容易在熔体中自由移动，从而测量混合碱的熔渣体系电导率存在一个最小值[24]。此外，通过比较图 8-44 中的（a）~（c），可以看出熔渣体系内的混合碱离子效应在 $Al_2O_3$ 含量更大的熔渣中更为明显。造成这样的复杂原因是 $Al_2O_3$ 使熔渣的内在结构发生了更加复杂的变化，熔渣体系内的聚合度更大。从而使得混合碱效应的效果更加明显。

### 8.4.4　小结

采用四电极法测量 $CaO\text{-}SiO_2\text{-}(Al_2O_3)\text{-}R_2O(R= Na、K)$ 体系分别在温度不同、是否添加 $Al_2O_3$ 以及添加 $Al_2O_3$ 含量的高低不同，$Na_2O$ 或 $K_2O$ 的单独添加与 $Na_2O$ 和 $K_2O$ 的双重添加条件下，熔渣电导率的变化。并得到以下结论：

（1）$CaO\text{-}SiO_2\text{-}(Al_2O_3)\text{-}R_2O(R = Na、K)$ 熔渣体系电导率和温度满足 Arrhenius 公式，温度越高，熔渣的电导率越大，相反温度越低，熔渣电导率越低。

（2）在不含有 $Al_2O_3$ 情况下，$Na_2O$、$K_2O$ 对 $CaO\text{-}SiO_2\text{-}R_2O$ 体系电导率均具有促进作用。随着 $Na_2O$、$K_2O$ 加入量的增加，熔渣电导率也在逐渐增加。

（3）当 $Na_2O$ 和 $K_2O$ 同时加入 $CaO\text{-}SiO_2\text{-}(Al_2O_3)\text{-}R_2O$ 体系中，随着 $K_2O$ 取代 $Na_2O$，熔渣的电导率先降低后增大，出现混合碱效应，通过对比未加入 $Al_2O_3$，加入低含量 $Al_2O_3$ 和加入高含量 $Al_2O_3$ 三种情况，混合碱效应在 $Al_2O_3$ 含量更大的情况下更为明显。造成该现象的原因是 $Al_2O_3$ 使熔渣的内在结构发生了更加复杂的变化，熔渣体系内的聚合度更大，从而使得混合碱效应更加明显。

## 8.5　$CaO\text{-}SiO_2\text{-}TiO_2$ 体系电导率

渣样品的成分见表 8-10。在每组中，$CaO/SiO_2$ 的质量比保持恒定，但 $TiO_2$ 的含量逐渐增加。

在电导率的测量实验中，为了控制氧分压，选取纯 $CO_2$ 或不同比例的 CO/$CO_2$ 混合气体输入高温炉内。$CO_2$ 和 CO 的总流速固定为 200mL/min。为了使炉渣平衡和均匀，将炉渣在每个气氛中保持 2h。炉渣和气体达到平衡后，从 1843K（1570℃）开始冷却，每隔 30K 进行一次测量。

表 8-10　不同 Ti 含量渣样品成分

| 成分（摩尔分数）/% | | | C/A |
|---|---|---|---|
| TiO$_2$ | CaO | SiO$_2$ | |
| 51.1 | 24.5 | 24.5 | 1 |
| 22 | 39 | 39 | 1 |
| 14.2 | 42.9 | 42.9 | 1 |
| 7.5 | 46 | 46 | 1 |

注：C/A 表示 CaO/Al$_2$O$_3$ 比。

### 8.5.1　总电导率

#### 8.5.1.1　氧势对总电导率的影响

图 8-45 为不同成分含钛渣在 1843K（1570℃）下的总电导率随 CO/CO$_2$ 的变化。从图 8-45 中可以看出，对于所有不同 TiO$_2$ 含量的渣，总电导率随着 CO/CO$_2$ 的增加而增加。相同 CO/CO$_2$ 比值下，TiO$_2$ 含量越高，总电导率越高。

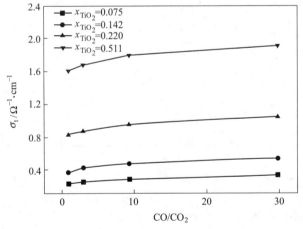

图 8-45　1843K（1570℃）下，不同 Ti 含量渣的总电导率与 CO/CO$_2$ 关系

#### 8.5.1.2　温度对总电导率的影响

图 8-46 显示了在 CO/CO$_2$ = 30 时，不同渣的总电导率随温度的变化。从图 8-46 可以看出，电导率随温度的升高而增加，此外，电导率与温度的拟合结果很好地符合了 Arrhenius 定律，其活化能见表 8-11。在较高温度下，离子迁移率会更强，从而导致电导率增加。另外，温度会影响 Ti$^{3+}$/Ti$^{4+}$ 的比例，这也会影响炉渣的电导率。

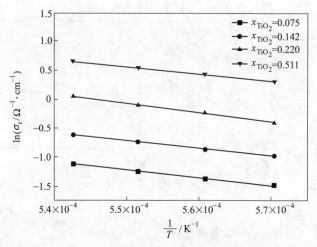

图 8-46　$CO/CO_2 = 30$ 下，不同 Ti 含量渣的总电导率与温度的关系

**表 8-11　不同 Ti 含量渣的各电导率活化能**

| TiO₂ 摩尔分数/% | | 7.5 | 14.2 | 22 | 51.1 |
|---|---|---|---|---|---|
| 活化能 /kJ · mol⁻¹ | 总电导率 活化能 | 173.3 | 172.6 | 162.1 | 158.3 |
| | 离子电导率 活化能 | 172.5 | 170.8 | 163.7 | 158.5 |
| | 电子电导率 活化能 | 174.7 | 171.6 | 157.8 | 157.6 |

## 8.5.2　电子迁移数

### 8.5.2.1　平衡氧势对电子迁移数的影响

图 8-47 为在 1843K（1570℃）下电子迁移数与 $CO/CO_2$ 之间的关系。从图 8-47 可以看出，在实验条件下，电子迁移数从 42%～52%变化，电子迁移数总是随着 $CO/CO_2$ 的增加而增加。

### 8.5.2.2　温度对电子转移数的影响

温度对电子迁移数的影响如图 8-48 所示。从图 8-48 可以看出，在 $CO/CO_2 = 30$ 时，电子迁移数随 TiO₂ 含量的增加而增加。显然，在当前实验条件下，电子传递数基本上是独立的。类似的现象在其他文献中也有报道[12,13]。

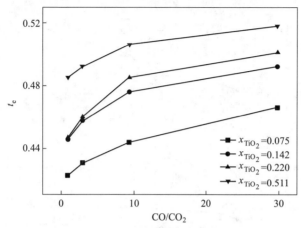

图 8-47 1843K(1570℃) 下，不同 Ti 含量渣的电子迁移数与 CO/CO$_2$ 的关系

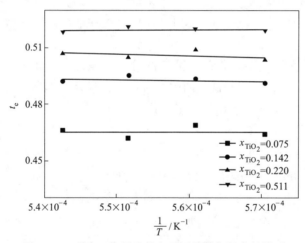

图 8-48 不同 Ti 含量渣的电子迁移数与温度的关系

### 8.5.3 离子电导率

#### 8.5.3.1 氧势对离子电导率的影响

图 8-49 显示了 1843K(1570℃) 下的离子电导率随 CO/CO$_2$ 比的变化。从图 8-49 可以明显看出，所有渣的离子电导率均随 CO/CO$_2$ 比的增加而增加。Tranell 等[25]研究了 CaO-SiO$_2$-TiO$_x$ 系统中的 Ti$^{4+}$-Ti$^{3+}$平衡。通过改进的间接电位氧化还原滴定法，确定了炉渣中还原钛（Ti$^{3+}$ 和 Ti$^{2+}$）的总量[26]。该方法是在氩气气氛下将炉渣溶解在具有过量的 Fe$^{3+}$ 的 HF-HCl-H$_2$O 溶液中。低价的钛通过以下反

应被铁离子氧化：

$$x\,Ti^{3+} + y\,Ti^{2+} + (x + 2y)\,Fe^{3+} \Longrightarrow (x + y)\,Ti^{4+} + (x + 2y)\,Fe^{2+} \qquad (8\text{-}14)$$

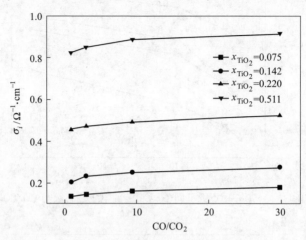

图 8-49　1843K（1570℃）下，不同 Ti 含量渣的离子电导率与 $CO/CO_2$ 的关系

计算 $Ti^{4+}$ 的含量，作为总钛含量与低价钛含量之差。由于在当前实验条件下，$Ti^{2+}$ 的浓度与 $Ti^{3+}$ 相比较低，因此所有还原的钛均可被视为 $Ti^{3+}$。$Ti^{4+}$、$Ti^{3+}$ 和气体之间的反应为：

$$Ti^{3+} + CO_2 \Longrightarrow Ti^{4+} + O^{2-} + CO \qquad (8\text{-}15)$$

从反应式（8-15）可知，随着 $CO/CO_2$ 比的增加，越来越多的 $Ti^{3+}$ 将替代 $Ti^{4+}$。$Ti^{4+}$ 与氧共价结合的趋势足以促进高共价阴离子（$TiO_4^{4-}$）的形成，这将导致迁移率大大降低。因此，所有炉渣的离子电导率随 $CO/CO_2$ 比例的增加而增加。图 8-50 显示了离子电导率随 $Ti^{3+}/Ti^{4+}$ 的变化曲线，数据自 Tranell 等的工

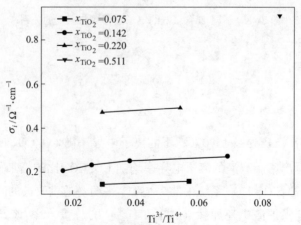

图 8-50　不同 Ti 含量渣的离子电导率与 $Ti^{3+}/Ti^{4+}$ 的关系

作[25]，以及表 8-12 列出的图 8-50 的数据，可以看出，$Ti^{3+}$ 的增加使所有炉渣的离子电导率略有增加。这种结果的原因是，$Ti^{4+}$ 离子相对于 $Ti^{3+}$ 离子移动能力更弱，$Ti^{4+}$ 有更强的静电场。

表 8-12　不同 Ti 含量渣的离子电导率与 $Ti^{3+}/Ti^{4+}$ 的关系

| $Ti^{3+}/Ti^{4+}$ | $\sigma_i/\Omega^{-1}\cdot cm^{-1}$ | | | |
|---|---|---|---|---|
| | $x_{TiO_2}=0.075$ | $x_{TiO_2}=0.140$ | $x_{TiO_2}=0.220$ | $x_{TiO_2}=0.511$ |
| 0.017 | — | 0.2039 | — | — |
| 0.026 | — | 0.2321 | — | — |
| 0.029 | 0.1453 | — | 0.4722 | — |
| 0.038 | — | 0.2497 | — | — |
| 0.054 | — | — | 0.4915 | — |
| 0.057 | 0.1606 | — | — | — |
| 0.069 | — | 0.2732 | — | — |
| 0.081 | — | — | — | 0.8868 |

### 8.5.3.2　温度对离子电导率的影响

图 8-51 为温度对离子电导率的影响，从图中可以看出，温度对离子电导率的影响始终遵守 Arrhenius 定律，并且随着温度的升高，由于黏度的降低和离子迁移率的提高，离子电导率也随之提高。另外，根据 Tranell 等[25]的研究，温度升高导致较低价态的钛趋于稳定化（$Ti^{3+}$ 比 $Ti^{4+}$ 稳定），这将导致离子电导率的增加。

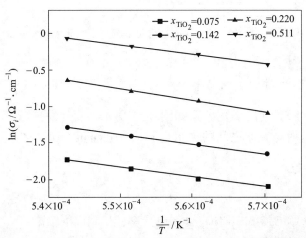

图 8-51　$CO/CO_2=30$，不同 Ti 含量渣的离子电导率与温度的关系

### 8.5.4　电子电导率

#### 8.5.4.1　氧势对电子电导率的影响

图 8-52 显示了 $CO/CO_2$ 对 1843K（1570℃）下电子电导率的影响，从图中可以看出，电子电导率随 $CO/CO_2$ 的增加而增加。Barati 和 Coley[27] 提出了一种扩散辅助的电荷转移模型，以成功地解释 $CaO-FeO-SiO_2$ 系统的电导率变化。基于此模型，电荷转移可以视为 $Ti^{3+}$ 和 $Ti^{4+}$ 离子之间的双分子反应。首先，两离子运动至足够短的间隔距离以实现电子跳跃，这样离子之间才可以发生电子跳跃。换句话说，该模型需要相邻的 $Ti^{3+}$ 和 $Ti^{4+}$ 离子相互作用。随着在一定范围内增加 $CO/CO_2$ 的比例，$Ti^{3+}$ 离子的百分比将增加，而 $Ti^{4+}$ 离子的百分比将减少。根据扩散辅助电荷转移模型，电子电导率与 $Ti^{3+}$ 和 $Ti^{4+}$ 离子浓度的乘积成正比。因此，电导率将在一定程度上随着 $CO/CO_2$ 比的增加而增加。

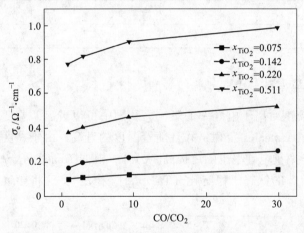

图 8-52　1843K（1570℃）下，不同 Ti 含量渣的电子电导率与 $CO/CO_2$ 的关系

#### 8.5.4.2　温度对电子电导率的影响

电子电导率随温度的变化关系如图 8-53 所示。就像总电导率和离子电导率一样，电子电导率与温度之间的关系也服从 Arrhenius 定律。相应的电子电导活化能见表 8-11。

### 8.5.5　小结

本节主要介绍 $CaO-SiO_2-TiO_2$ 体系电导率，得到以下结论：

（1）通过测量 $TiO_2-SiO_2-CaO$ 渣的电导率，结果表明，离子、电子和总电导

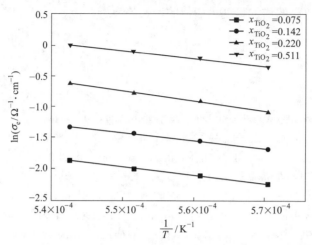

图 8-53　1843K（1570℃）$CO/CO_2 = 30$ 下，不同 Ti 含量渣的电子电导率与温度的关系

率的温度依赖性均符合 Arrhenius 定律。

（2）使用 SPC 测量了电子转移数，电子转移数对氧势的依赖性强，而与温度无关。

（3）总电导率、电子电导率和离子电导率都是随着 $Ti^{3+}$ 或 $CO/CO_2$ 的增加呈现出相似的增长趋势。

## 本章小结

本章主要对铝硅酸盐体系的电导率进行分析和概述，得到以下结论：

（1）$CaO-SiO_2-Al_2O_3$ 体系的电导率随着 $CaO/Al_2O_3$ 比增加先降低然后增加，且在 $CaO/Al_2O_3$ 比为 1 附近呈现出极小值。

（2）当 $Al_2O_3$ 成分的含量固定时，随着 $SiO_2$ 被 CaO 替代，$CaO-SiO_2-Al_2O_3$ 体系的电导率逐渐增加，新增加的 $Ca^{2+}$ 主要起到电荷传导的作用。

（3）对于 $Fe_xO-CaO-SiO_2-Al_2O_3$ 体系，当温度和氧分压一定时，熔渣中 $Fe_xO$ 含量越高，总电导率、离子电导率和电子电导率越高。

（4）对于 $CaO-SiO_2-(Al_2O_3)-R_2O$（R = Na、K）体系，当 $Na_2O$ 和 $K_2O$ 同时加入 $CaO-SiO_2-(Al_2O_3)-R_2O$ 体系中，随着 $K_2O$ 取代 $Na_2O$，熔渣的电导率先降低后增大，出现混合碱效应，通过对比未加入 $Al_2O_3$、加入低含量 $Al_2O_3$ 和加入高含量 $Al_2O_3$ 三种情况，混合碱效应在 $Al_2O_3$ 含量更大的情况下更为明显。造成该现象的原因是 $Al_2O_3$ 使熔渣的内在结构发生了更加复杂的变化，熔渣体系内的聚合度更大，从而使得混合碱效应更加明显。

（5）对于 $TiO_2-SiO_2-CaO$ 体系，总电导率、电子电导率和离子电导率都是随

着 $Ti^{3+}$ 或 $CO/CO_2$ 的增加呈现出相似的增长趋势。

---

## 参 考 文 献

[1] Evseev P P, Fillipov A F. Physico-chemical properties of slag systems CaO-Al$_2$O$_3$-Me$_x$A$_y$-Surface tension and density of slags[J].Izv VUZ Chem Met,1967,10:55-59.

[2] Bacon G, Mitchell A, Nishizaki R M. Electroslag remelting with all-fluoride low conductivity slags [J]. Metallurgical Transactions,1972,3(3):631-635.

[3] Lopaev B E, Plyshevskiy A A, Stepanov V V. Electrical conductivity of molten fluxes for electroslag remelting and preheating [J]. Avtomat Svarka,1966(1):27-29.

[4] Povolotskii D Y, Mishchenko V Y, Vyatkin G P, et al. Physico-chemical properties of melts of the system CaO-Al$_2$O$_3$-CaF$_2$[J]. Izv Vyssh Uchebn Zaved Chern Met,1970,13:8-12.

[5] 王常珍. 冶金物理化学研究方法[M].北京:冶金工业出版社,1992.

[6] 刘文通. 电导率测定中几个问题的探讨[J].四川电力技术,1995,18(5):41-48.

[7] Zhang G H, Chou K C, Mills K. Modelling viscosities of CaO-MgO-Al$_2$O$_3$-SiO$_2$ molten slags [J]. ISIJ International,2012,52(3):355-362.

[8] Knacke O O K, Hesselmann K. Thermochemical properties of inorganli' substances[J]. Springer-Verlag,1991,309.

[9] Zhang G H, Chou K C, Mills K. A structurally based viscosity model for oxide melts[J].Metallurgical and Materials Transactions B,2014,45(2):698-706.

[10] Zhang G H, Chou K C. Correlation between viscosity and electrical conductivity of aluminosilicate melts[J]. Metallurgical and Materials Transactions B,2012,43(4):849-855.

[11] Barati M, Coley K S. Electrical and electronic conductivity of CaO-SiO$_2$-FeO$_x$ slags at various oxygen potentials: Part Ⅰ. Experimental results[J]. Metallurgical and Materials Transactions B, 2006,37(1):41-49.

[12] Dickson W R, Dismukes E B. Electrolysis of FeO-CaO-SiO$_2$ melts[J]. Transactions of the Metallurgical Society of AIME,1962,224(3):505.

[13] Dancy E A, Dergen G J. Electrical conductivity of FeO$_x$-CaO slags [J]. Transactions of the Metallurgical Society of AIME,1966,236(12):1642.

[14] Barati M, Coley K S. Electrical and electronic conductivity of CaO-SiO$_2$-FeO$_x$ slags at various oxygen potentials: Part Ⅱ. Mechanism and a model of electronic conduction [J]. Metallurgical and Materials Transactions B,2006,37(1):51-60.

[15] Zhang G H, Chou K C. Estimation of sulfide capacities of multicomponent slags using optical basicity [J]. ISIJ International,2013,53:761-767.

[16] Fincham C J B, Richardson F D. The behaviour of sulphur in silicate and aluminate melts [J]. Proceedings of the Royal Society A,1954,223:40-62.

[17] Zhang G H, Yan B J, Chou K C, et al. Relation between viscosity and electrical conductivity of

silicate melts [J]. Metallurgical and Materials Transactions B,2011,42(2):261-264.

[18] Navrotsky A,Mcmillan P. A thermochemical study of glasses and crystals along the joins silica-calcium aluminate and silica-sodium aluminate [J]. Geochimica Et Cosmochimica Acta,1982, 46:2039-2047.

[19] Domine F,Piriou B. Raman spectroscopic study of the $SiO_2$-$Al_2O_3$-$K_2O$ vitreous system: Distribution of silicon second neighbors[J]. American Mineralogist,1986,71:38-50.

[20] Stebbins J F,Zhi X. NMR evidence for excess non-bridging oxygen in an aluminosilicate glass [J]. Nature,1997,390:60-62.

[21] Minoru M. CiNii Articles——$Al_2O_3$ additive [J]. Cement Science and Concrete Technology, 1996, 290: 33-35.

[22] Shannon R D. Crystal physics, diffraction, theoretical and general [J]. Acta Crystallographica, 1981,160:23-24.

[23] Swenson J,Matic A,Karlsson C, et al. Random ion distribution model: A structural approach to the mixed-alkali effect in glasses [J]. Physical Review B,2001,63:53.

[24] Cmilla P. Structural studies of silicate glasses and melts-applications and limitations of Raman spectroscopy[J]. American Mineralogist,1984,69:622-644.

[25] Tranell G,Ostrovski O,Jahanshahi S. The equilibrium partitioning of titanium between $Ti^{3+}$ and $Ti^{4+}$ valency states in $CaO$-$SiO_2$-$TiO_x$ slags [J]. Metallurgical and Materials Transactions B, 2002,33(1):61-67.

[26] Close W P. Chemical analysis of some elements in oxidation-reduction equilibria in silicate glasses [J]. Glass Technology,1969,10(5):134-146.

[27] Coley K S. Electrical and electronic conductivity of $CaO$-$SiO_2$-$FeO_x$ slags at various oxygen potentials: Part Ⅱ. Mechanism and a model of electronic conduction [J]. Metallurgical & Materials Transactions B,2006,37(1):51-60.

# 9　电导率和黏度的关系

电导率和黏度是硅铝酸盐熔渣两个重要的传输性质，无论是对于实际生产过程还是熔渣结构的理论研究，对其数据的准确掌握都具有很重要的意义。一般来说，仅仅通过实验测量远远不能满足实际的需要，通过模型的方法利用已知的数据拟合出性质与成分和温度的关系，从而对其他成分点的性质进行预测显得越来越重要。但是由于拟合参数需要大量比较准确的实验数据，这种方法对于一些缺乏实验数据的多元系来说行不通。如果能够在电导率和黏度之间建立一个定量的关系，便可以根据一个性质计算另外一个性质，如此可以极大地丰富数据来源，尤其是可以利用丰富的黏度数据计算电导率。然而，目前文献中关于硅铝酸盐熔渣电导率和黏度关系的研究几乎为空白。本章所提出的黏度模型在对硅铝酸盐熔渣的黏度预测上具有一定的准确性，因此本章拟采用第 4 章发展的黏度模型计算的黏度值和实验测量的电导率值对电导率和黏度的关系进行详细的研究。

## 9.1　理论分析

### 9.1.1　成分对电导率和黏度的影响

硅铝酸盐熔渣的电导率主要由参与电荷传导的离子浓度和离子迁移阻力两个因素影响。一般情况下，参与电荷传导的离子的浓度越高，熔渣的电导率越大。而对于某个特定的成分，迁移阻力主要由两方面因素构成：一方面来自环境的影响，即熔渣的聚合度，聚合度越高，离子迁移的阻力越大。熔渣的聚合度主要受到碱性氧化物含量和碱性氧化物金属离子 $M^{z+}$ 与氧离子 $O^{2-}$ 之间的交互作用的影响[1]。碱性氧化物的含量越低，熔渣的聚合度越高。交互作用越大的碱性氧化物越不容易释放出氧离子参与形成非桥氧，从而有较高的聚合度。影响离子迁移阻力的另一因素来自电荷传导离子本身，即离子的电荷数和半径。离子的电荷数越高，与周围离子之间的交互作用也就越大（包括静电作用以及通过共价键形成大的离子团），运动的阻力也就越大。根据第 7 章的讨论可知，半径对电导率有相反的两个方面的影响：首先，电荷传导离子与其他离子之间的作用力与半径成反比，也就是说半径越小的离子越容易受其他离子的影响，使其迁移速率降低；其次，由于电导率是一种传输性质，在离子迁移过程中必不可少的会受到其尺寸因素的影响，这种作用与力的大小无关，尺寸越小的离子越容易穿过其他离子之间的空隙完成迁移过程。所以，半径较小的离子一方面通过增加交互作用力使得迁移能力降低，另一方面通过尺寸因素使得迁移能力增强，这两个矛盾的因素对熔渣电导率的影响同时存在，只不过在不同情况下由不同的因素占主导地位。一般来说，在离子的电荷数较大时，力的因素占主导地位，这时候尺寸越小，交互作用力越大，在电场下的迁移能力也就越低，熔渣的电导率也就越小，比如 $Si^{4+}$ 和 $Al^{3+}$；当离子的电荷数较小时，静电作用较弱，尺寸因素占主导地位，尺寸越小的离子越容易穿过周围离子之间的空隙完成迁移，从而电导率越大。

传统的看法认为，黏度主要受熔渣的聚合度影响，并以非桥氧的数量来衡量熔渣的聚合度，认为熔渣的聚合度越大，黏度也就越大，这种看法有失偏颇。举例来说，对于一个 $M_xO\text{-}SiO_2$ 二元系，在碱性氧化物含量很低的情况下，熔渣中几乎所有的碱性氧化物都参与形成非桥氧，熔渣中不存在自由氧，Zhang[1] 根据 Gaye 的单胞模型[2] 的计算结果也证明了这点。影响熔渣黏度的不止聚合度一个因素，对于不同的碱性氧化物 $(M_xO)_i$ 和 $(M_xO)_j$，当其含量相同时，所形成的二元系的聚合度相同，但是黏度却有很大的差别。与电导率影响因素的讨论相同，熔渣的黏度主要受到聚合度和碱性氧化物金属离子本身的性质影响。聚合度由碱性氧化物含量和 M—O 键的键强决定，碱性氧化物含量越高，键强越弱，聚合度越低。同时，黏度也属于传输性质，与电导率一样属于熔渣在外力作用下的表现形式，故而其不可避免的也要受到离子本身性质的影响。电荷数越大，半径越小的离子与其他离子的交互作用越大，在外力作用下表现出较小的可移动性，故而具有较大的黏度。但是，在电荷数比较小的时候，静电力的作用比较弱，尺寸因素占主导作用，这时候半径较小的离子更容易移动，从而表现出较低的黏度。

当然，上述分析的电导率和黏度的各种影响因素之间也不是截然分开的，也存在交叉，如离子的半径和电荷数可以决定 M—O 键键强的大小，从而可以对聚合度产生影响。采用聚合度这个概念只是为了涉及熔渣结构时方便讨论。

根据上面的分析，熔渣聚合度的增大使黏度增加，电导率减少；在离子电荷数较高时，离子间交互作用（包括离子键之间的静电作用以及形成共价键的相互作用）的增强使得金属阳离子的尺寸越小，电导率越小，黏度越大；在离子电荷数较低时，离子半径表现出来的尺寸因素使得金属阳离子的尺寸越小，电导率越大，黏度越小。故熔渣的聚合度、金属阳离子本身的性质等对电导率和黏度的影响都是相反的，因此电导率和黏度应该满足一定的减函数关系。

## 9.1.2 温度对电导率和黏度的影响

根据第 4 章和第 7 章对电导率和黏度的建模可知，电导率和黏度与温度的关系都可以用 Arrhenius 公式描述，不过随着温度的增加，电导率增加而黏度减少，表现出相反的趋势。对一个特定的体系来说，在某一温度下，黏度和电导率的计算公式为：

$$\ln\eta = \ln A_\eta + \frac{E_\eta}{RT} \tag{9-1}$$

$$\ln\sigma = \ln A_\sigma - \frac{E_\sigma}{RT} \tag{9-2}$$

整理式（9-1）和式（9-2）得：

$$\ln\eta + a\ln\sigma = \ln A_\eta + a\ln A_\sigma + \frac{E_\eta - aE_\sigma}{RT} \tag{9-3}$$

对一特定的成分点，其活化能和指前因子为定值，如果存在常数 $a$ 使 $E_\eta - aE_\sigma = 0$，则黏度的对数和电导率的对数满足线性关系并且与温度无关。

综上所述，从成分对电导率和黏度的影响来看，两者存在相反的变化趋势。从温度的角度考虑，存在一定可能性，使二者的对数满足与温度无关的线性关系。下面结合具体的硅铝酸盐体系定量地研究电导率和黏度的关系。

## 9.2　电导率和黏度关系的建立及应用

### 9.2.1　电导率和黏度关系的建立

在不含 $Al_2O_3$ 的硅酸盐熔渣中，随着碱性氧化物含量的增加，参与电荷传导的金属离子的浓度增加，同时熔渣的聚合度下降也导致了离子传输阻力的降低，这两个因素都使熔渣的电导率增加。而对于含特定碱性氧化物的硅酸盐熔渣，熔渣的黏度主要由熔渣的聚合度决定，聚合度随碱性氧化物含量的增加而降低。故随着碱性氧化物含量增加，熔渣电导率增加，黏度减少。定量地研究电导率和黏度的关系需要同时具有某个成分点的电导率和黏度数据，但是文献中一般只有某成分的黏度值（或电导率值），为了定量研究二者的关系，必须要得到该成分点的另外一个值。下面将结合第 4 章发展的黏度模型计算的黏度值和实验测量的电导率值，定量地研究黏度和电导率的关系。对于二元硅酸盐体系，这里采用 Bockris[3,4] 测量的 $M_xO\text{-}SiO_2$（M = Mg，Ca，Sr，Ba，Mn，Li，Na，K）体系的电导率数据，以及 Keller[5] 测量的 $CaO\text{-}SiO_2$ 体系的电导率数据。至于 $FeO\text{-}SiO_2$ 体系的电导率数据，本模型采用 Inouye[6] 的测量结果，该结果与 Mills 所给出的推荐值最为接近[7]。但由于纯的 FeO 为半导体[6]，存在电子电导，在 $SiO_2$ 含量较少的时候电子电导占主导地位，而电子电导存在时电导率和黏度之间并不存在必然的联系，因此舍弃 $SiO_2$ 含量比较低的数据点。

利用第 4 章给出的黏度模型计算相应成分点的黏度值，黏度的对数和电导率的对数如图 9-1 所示。

由图 9-1 可以看出，对于碱性氧化物金属离子价态相同的二元系 $M_xO\text{-}SiO_2$，

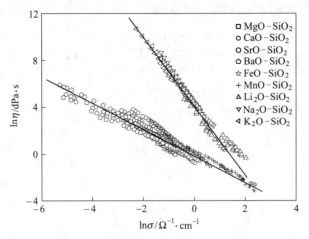

图 9-1 二元硅酸盐体系电导率与黏度关系图

其电导率和黏度近似满足相同的关系，描述如下。

（1）MO-SiO$_2$ 体系，其满足：

$$\ln\eta = 0.15 - 1.10\ln\sigma \qquad (9-4)$$

或

$$\eta\sigma^{1.10} = 1.16 \qquad (9-5)$$

（2）M$_2$O-SiO$_2$ 体系，其满足：

$$\ln\eta = 4.02 - 2.87\ln\sigma \qquad (9-6)$$

或

$$\eta\sigma^{2.87} = 55.70 \qquad (9-7)$$

从图 9-1 可知，对于纯液态渣来说，硅铝酸盐熔渣黏度和电导率的关系主要由碱性氧化物金属离子的价态决定。

### 9.2.2 电导率和黏度关系的应用

如果硅酸盐熔渣中的主要电荷载体是二价金属离子，则该体系电导率和黏度应该满足式(9-4)；如果主要电荷载体是一价金属离子，则应该满足式(9-6)。下面利用文献中其他研究者给出的电导率数据，以及用第 4 章给出的黏度模型计算的黏度来验证以上电导率和黏度的关系。

#### 9.2.2.1 碱性氧化物金属离子价态相同的熔渣体系

A Na$_2$O-K$_2$O-SiO$_2$ 体系

Tickle[8] 测量了 Na$_2$O-K$_2$O-SiO$_2$ 体系八个成分点在不同温度下的电导率，不过其测量的有些温度点低于液相线温度，故而舍弃这些温度点的数据。各成分点在不同温度下的黏度值使用黏度模型计算，测量的电导率值的对数和模型计算黏度值的对数的关系如图 9-2 所示。由于该体系承担电荷传导任务的离子主要是 $Na^+$ 和 $K^+$，故理论上电导率和黏度的关系应该满足式(9-6)，图 9-2 也证明了这点。利用式(9-6) 和模型计算的黏度值计算该体系的电导率，计算电导率与实测电导率的平均偏差为 27.9%，误差可能来自电导率测量的实验误差以及计算黏度时黏度模型所带来的误差。

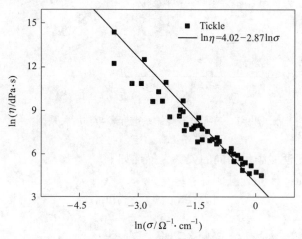

图 9-2　$Na_2O-K_2O-SiO_2$ 体系电导率和黏度的关系

**B　$Li_2O-Na_2O-SiO_2$ 体系**

$Li_2O-Na_2O-SiO_2$ 体系的电导率数据取自于 Tickle[8] 的工作，该体系所有的金属离子都是一价，其电导率和黏度应该满足式(9-6)。电导率和模型计算黏度的关系如图 9-3 所示，由图可知，电导率和黏度的关系和理论曲线符合得很好。利用式(9-6) 和模型计算的黏度值计算相应的电导率，计算电导率与实测电导率的平均偏差为 17.5%。

**C　$CaO-MgO-SiO_2$ 体系**

本体系的电导率数据取自 Kawahara[9] 的测量工作。该体系的碱性氧化物都是碱土金属氧化物，故而理论上其电导率和黏度应该满足式(9-4)。由图 9-4 可以看出，二者的关系与式(9-4) 符合得较好。利用式(9-4) 和模型计算的黏度值计算各成分点的电导率，计算电导率与实验测量电导率的平均偏差为 19.0%。

**D　$MgO-FeO-SiO_2$ 体系**

$MgO-FeO-SiO_2$ 三元系的电导率数据取自 Victorovichi[10] 的测量工作。由于该体系的碱性氧化物均为二价金属氧化物，故理论上其电导率和黏度的关系应该满足式(9-4)。电导率和黏度的关系如图 9-5 所示，与理论方程式(9-4) 符合得较好。利用式(9-4) 和模型计算黏度值计算相应的电导率，计算电导率与实验测量

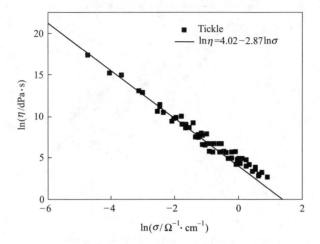

图 9-3　$Li_2O$-$Na_2O$-$SiO_2$ 体系电导率和黏度的关系

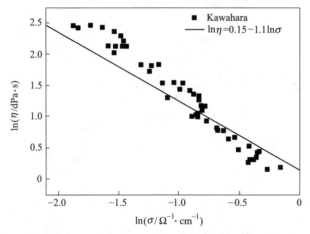

图 9-4　CaO-MgO-$SiO_2$ 体系电导率和黏度的关系

电导率的平均偏差为 13.7%。

E　CaO-MgO-MnO-$SiO_2$ 体系

Segers[11]测定了高 MnO 渣在 1773K 时的电导率。该体系的三个碱性氧化物均属二价金属氧化物，故其电导率和黏度应该符合式(9-4)。实测电导率和模型计算黏度的关系如图 9-6 所示，理论方程能够很好地反映二者的内在联系。利用式(9-4) 和模型计算黏度计算相应的电导率，计算电导率与实验测量电导率的平均偏差为 17.5%。图 9-5 和图 9-6 较大的离散性可能由含 FeO 以及 MnO 的渣系中存在少量的 $Fe^{3+}$ 以及 $Mn^{3+}$ 所导致，从而使熔渣具有一定的电子导电性，导致规律性变差。

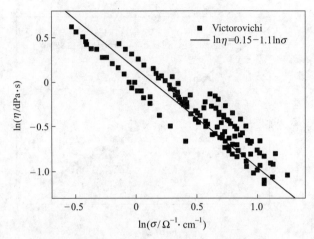

图 9-5　MgO-FeO-SiO$_2$ 体系电导率和黏度的关系

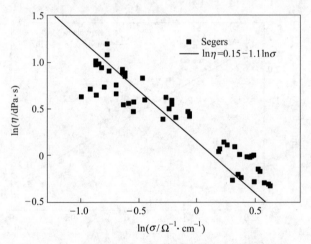

图 9-6　CaO-MgO-MnO-SiO$_2$ 体系电导率和黏度的关系

综上所述，基于 Bockris[3,4]、Keller[5] 和 Inouye[6] 等少数人测量的电导率数据和模型计算的黏度数据得到二者之间的关系，可以很好地应用于其他研究者的测量结果。对于不含 Al$_2$O$_3$ 的多元系，如果所有的碱性氧化物金属离子的电荷数相等，则该体系电导率和黏度的关系满足式(9-4) 或式(9-6)。

### 9.2.2.2　碱性氧化物金属离子价态不同的熔渣体系

对于同时含有一价和二价金属离子氧化物的渣系，假设其黏度的对数和电导率的对数仍然满足线性关系，相应的系数 [式(9-4) 和式(9-6) 中的系数] 按碱性氧化物 $\sum_i (MO)_i$ 和 $\sum_j (M_2O)_j$ 重新归一化后的摩尔分数进行加权。以

$\sum_i (\mathrm{MO})_i - \sum_j (\mathrm{M_2O})_j - (\mathrm{Al_2O_3})\text{-}\mathrm{SiO_2}$ 体系为例，其电导率和黏度满足：

$$\ln\eta = a + b\ln\sigma \tag{9-8}$$

$$a = \frac{4.02\sum_i x_{(\mathrm{M_2O})_i} + 0.15\sum_j x_{(\mathrm{MO})_j}}{\sum_i x_{(\mathrm{M_2O})_i} + \sum_j x_{(\mathrm{MO})_j}} \tag{9-9}$$

$$b = \frac{2.87\sum_i x_{(\mathrm{M_2O})_i} + 1.10\sum_j x_{(\mathrm{MO})_j}}{\sum_i x_{(\mathrm{M_2O})_i} + \sum_j x_{(\mathrm{MO})_j}} \tag{9-10}$$

根据式(9-8)~式(9-10)可以计算任意渣系电导率和黏度的关系。下面对该关系式进行验证。

### 9.2.2.3 CaO-Na$_2$O-SiO$_2$ 体系

Wakabayashi[12]测量了该体系成分点 CaO-Na$_2$O-SiO$_2$（$w_{\mathrm{CaO}} = 12\%$，$w_{\mathrm{Na_2O}} = 16\%$，$w_{\mathrm{SiO_2}} = 72\%$）在不同温度下的电导率，利用黏度模型计算各温度下的黏度值。电导率和黏度的关系如图 9-7 所示，图中的直线是按照式（9-8）~式（9-10）计算的理论线。由图 9-7 可知，实验点与理论曲线符合得很好。利用模型计算的黏度值以及电导率和黏度的关系式 $\ln\eta = 2.27 - 2.07\ln\sigma$ 计算相应温度下的电导率，计算电导率和实验测量电导率的平均偏差为 17.3%，计算值与实验测量值符合得很好。

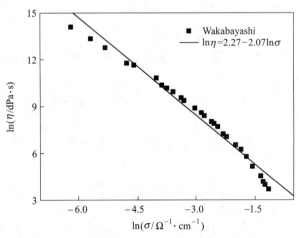

图 9-7 CaO-Na$_2$O-SiO$_2$ 体系电导率和黏度的关系

本节所给出的含不同组元的电导率和黏度关系的规律还适用于部分熔盐体系。Harrap[13]同时测量了 AgCl 和 AgBr 以及三个成分点 60AgCl-40AgBr（$x_{\mathrm{AgCl}} =$

0.60，$x_{AgBr} = 0.40$）、40AgCl-60AgBr（$x_{AgCl} = 0.40$，$x_{AgBr} = 0.60$）和 20AgCl-80AgBr（$x_{AgCl} = 0.20$，$x_{AgBr} = 0.80$）的电导率和黏度值，三个成分点分别标识为 I 、II 、III。把各个成分点的电导率和黏度的对数作图，如图 9-8 所示。

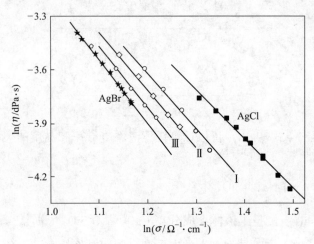

图 9-8　AgCl-AgBr 体系电导率和黏度的关系

　　对图 9-8 中纯 AgCl 和纯 AgBr 的电导率和黏度的对数进行线性拟合，二者关系可表示如下：

AgCl

$$\ln\eta = -0.10 - 2.78\ln\sigma \tag{9-11}$$

AgBr

$$\ln\eta = 0.40 - 3.58\ln\sigma \tag{9-12}$$

　　成分点 I 、II 和III，其电导率和黏度的关系可仿照式(9-8)～式(9-10)进行加权计算，即：

$$\ln\eta = \frac{-0.10x_{AgCl} + 0.40x_{AgBr}}{x_{AgCl} + x_{AgBr}} - \frac{2.78x_{AgCl} + 3.58x_{AgBr}}{x_{AgCl} + x_{AgBr}}\ln\sigma \tag{9-13}$$

根据式(9-13)计算三个成分点电导率和黏度的关系如下：

成分点 I

$$\ln\eta = 0.10 - 3.10\ln\sigma \tag{9-14}$$

成分点 II

$$\ln\eta = 0.20 - 3.26\ln\sigma \tag{9-15}$$

成分点 III

$$\ln\eta = 0.30 - 3.42\ln\sigma \tag{9-16}$$

　　式(9-14)～式(9-16)的理论直线也在图 9-8 中给出，由图可知，实验数据严格符合理论方程式(9-14)～式(9-16)。

### 9.2.2.4 含 $Al_2O_3$ 的熔渣体系

本节讨论 $\sum_i (M_xO)_i$ -$Al_2O_3$- $SiO_2$ 体系电导率和黏度的关系。前面曾指出 $Al_2O_3$ 是两性氧化物，$Al^{3+}$ 有很强的形成铝氧四面体 $AlO_4^{5-}$ 的倾向，在有足够的金属阳离子参与电荷补偿时可以取代 $Si^{4+}$ 的位置而融入网络结构，使得熔渣聚合度增加。对于具有一定电荷补偿能力的碱性氧化物 $M_xO$，随着其含量的增加，越来越多的 $Al^{3+}$ 离子得到电荷补偿后以 $AlO_4^{5-}$ 的结构存在，熔渣的聚合度持续增加，直到 $\sum_i (M_xO)_i / Al_2O_3 = 1$ 附近，所有的 $Al^{3+}$ 基本都以 $AlO_4^{5-}$ 形式存在。继续增加碱性氧化物的含量，新增加的碱性氧化物将起到网络破坏者的作用，使熔渣聚合度下降。因此，熔渣的聚合度随着碱性氧化物含量的增加有最大值出现。对于特定的体系来说，熔渣的黏度主要由聚合度决定，故而黏度随碱性氧化物含量也应有最大值出现，实验研究发现，$CaO$-$Al_2O_3$-$SiO_2$[14] 和 $Na_2O$-$Al_2O_3$-$SiO_2$[15] 熔渣的黏度在 $M_xO / Al_2O_3 = 1$ 附近出现最大值。

对于某特定体系的电导率，除了受熔渣聚合度影响的迁移阻力外，可迁移离子的浓度也是很重要的影响因素。但是与聚合度随碱性氧化物含量增加存在最大值不同，离子浓度随碱性氧化物浓度增加单调增加。因此，在 $\sum_i (M_xO)_i / Al_2O_3 > 1$ 时，随碱性氧化物含量增加，熔渣聚合度下降，离子浓度增加，这两个因素都使得熔渣的电导率增加；在 $\sum_i (M_xO)_i / Al_2O_3 < 1$ 时，随碱性氧化物含量增加，熔渣聚合度下降，离子浓度增加，这两个因素对电导率起相反的作用。但是根据 8.2 节的结论，参与 $Al^{3+}$ 电荷补偿的金属离子 $M^{z+}$ 的迁移能力很低。而在 $\sum_i (M_xO)_i / Al_2O_3 < 1$ 时，由于大部分的 $M^{z+}$ 都处于电荷补偿的位置，对电导率的贡献很低，此浓度范围内电导率主要受聚合度影响，所以随 $M_xO$ 含量的增加，电导率下降。综上所述，电导率随成分的变化，在 $\sum_i (M_xO)_i / Al_2O_3 = 1$ 附近出现极小值，恰好与黏度的变化趋势相反。下面根据黏度模型计算的黏度值和实验测量的电导率值对含 $Al_2O_3$ 体系的电导率和黏度的关系进行研究。

#### A  $CaO$-$Al_2O_3$-$SiO_2$ 体系

Winterhager[16] 对该体系的电导率进行了广泛的研究，在 $1623 \sim 1823K$ 测量了 44 个成分点的电导率，利用第 4 章给出的黏度模型计算各个成分点在不同温度下的黏度，电导率和黏度的关系如图 9-9 所示。由图 9-9 可知，二者的关系符合理论方程式(9-4)。利用式(9-4) 和模型计算的黏度值计算相应的电导率，计算电导率与实验测量电导率的平均偏差为 24.5%。

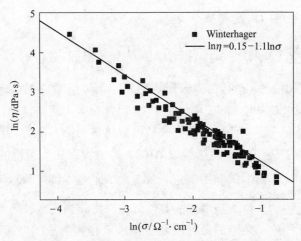

图 9-9　CaO-Al$_2$O$_3$-SiO$_2$ 体系电导率和黏度的关系

B　CaO-MgO-Al$_2$O$_3$-SiO$_2$ 体系

CaO-MgO-Al$_2$O$_3$-SiO$_2$ 体系电导率的数据取自 Winterhager[16] 和 Sarkar[7,17] 的测量工作。利用黏度模型计算相应成分点的黏度值，黏度的对数和电导率的对数作图，如图 9-10 所示。由图 9-10 可知，CaO-MgO-Al$_2$O$_3$-SiO$_2$ 体系电导率和黏度的关系满足理论关系式(9-4)，Sarkar 的数据与理论曲线更接近。利用式(9-4) 和黏度模型计算的黏度计算各个成分点的电导率，计算电导率与实验测量电导率的平均偏差为 21.8%，其中 Winterhager 数据的平均偏差为 30.7%，Sarkar 数据的平均偏差为 6.3%。故根据不含 Al$_2$O$_3$ 体系得出的电导率和黏度的关系式能很好地描述含 Al$_2$O$_3$ 体系中二者的关系，也就是说 Al$_2$O$_3$ 基本不影响电导率和黏度的关系。

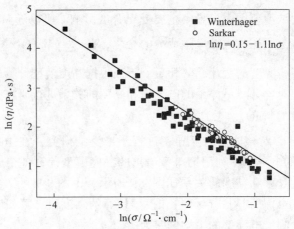

图 9-10　CaO-MgO-Al$_2$O$_3$-SiO$_2$ 体系电导率和黏度的关系

C 讨论

（1）为了更直观地观察黏度随电导率的变化关系，把图 9-1 中的数据重新整理，如图 9-11 所示。由图 9-11 可知，随着电导率的增加，相对于高电导率范围，在低电导率范围内黏度减少得更快。在碱度很低的时候，熔渣的电导率随碱性氧化物含量的增加线性变化[18]，故黏度随电导率的变化趋势与黏度随碱性氧化物含量的变化趋势类似。随着碱性氧化物含量的增加，熔渣的三维网状结构受到剧烈破坏，熔渣聚合度迅速下降，导致黏度也急剧降低，所以此时表现为黏度随电导率的增加而迅速下降。当碱性氧化物含量到达一定程度以后，熔渣主要由一些链长较短的链状、枝状或环状的硅氧阴离子组成，碱性氧化物含量的继续增加使得熔渣的结构变化缓慢，故黏度的下降趋势也就变得缓慢。而此时电荷传导离子的浓度依然是随碱性氧化物含量的增加而增加，同时熔渣的聚合度也在下降，两方面因素都使电导率比低碱度的时候有更大程度的增加。因此，在高电导率范围内（也对应高碱性氧化物含量），随电导率的增加，黏度下降要缓慢得多。

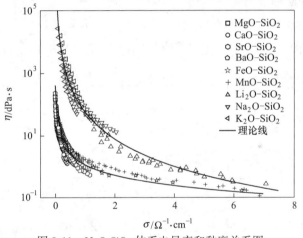

图 9-11　$M_xO\text{-}SiO_2$ 体系电导率和黏度关系图

（2）对于 $M_2O\text{-}SiO_2$ 和 $MO\text{-}SiO_2$ 体系，本章给出了不同的电导率和黏度的关系。把图 9-1 中的两条直线外推到纯的 $SiO_2$（此时电导率几乎为零），如果两个规律对于 $SiO_2$ 都适用，两条曲线应该交为一点，但这是不可能的，故而得出的规律并不适用于纯 $SiO_2$。

（3）根据二元 $M_xO\text{-}SiO_2$ 体系得出的电导率和黏度的关系对于含 $Al_2O_3$ 的体系同样适用。这是因为 $Al^{3+}$ 电荷数较大（+3），离子半径较小（0.51Å❶），与其他离子的静电交互作用很大，在外电场下迁移的能力很低，故而担任电荷传导任

---

❶ 1Å $= 10 \times 10^{-10}$m。

务的主要还是碱性氧化物金属离子，所以根据不含 $Al_2O_3$ 体系得出的电导率和黏度的关系对于含 $Al_2O_3$ 体系仍然适用。

## 本章小结

本章讨论了影响电导率和黏度的各个因素，定性地分析了电导率和黏度之间的减函数关系。同时结合文献中的实验测量电导率以及第 4 章发展的黏度模型计算的黏度值，定量地研究了硅铝酸盐熔渣电导率和黏度的关系。得到以下结论：

（1）$MO-SiO_2$（$M=Mg$，$Ca$，$Sr$，$Ba$，$Fe$，$Mn$）体系电导率和黏度的关系满足 $\ln\eta = 0.15 - 1.1\ln\sigma$；$M_2O-SiO_2$（$M=Li$，$Na$，$K$）体系电导率和黏度的关系满足 $\ln\eta = 4.02 - 2.87\ln\sigma$。

（2）对于含相同价态金属离子的多元渣系 $\sum\limits_i (MO)_i-SiO_2$ ［或 $\sum\limits_i (M_2O)_i-SiO_2$］，其电导率和黏度的关系满足 $\ln\eta = 0.15 - 1.1\ln\sigma$（或 $\ln\eta = 4.02 - 2.87\ln\sigma$），对于包含 $Al_2O_3$ 的体系该关系依然成立。

（3）对于含不同价态金属离子的多元渣系 $\sum\limits_i (M_2O)_i-\sum\limits_j (MO)_j-SiO_2$，根据 $\sum\limits_i (M_2O)_i$ 和 $\sum\limits_j (MO)_j$ 的含量对线性关系的系数进行加权，计算其电导率和黏度的关系，该方式对于某些熔盐体系同样适用：

$$\ln\eta = a - b\ln\sigma$$

$$a = \frac{4.02 \sum\limits_i x_{(M_2O)_i} + 0.15 \sum\limits_j x_{(MO)_j}}{\sum\limits_i x_{(M_2O)_i} + \sum\limits_j x_{(MO)_j}}$$

$$b = \frac{2.87 \sum\limits_i x_{(M_2O)_i} + 1.10 \sum\limits_j x_{(MO)_j}}{\sum\limits_i x_{(M_2O)_i} + \sum\limits_j x_{(MO)_j}}$$

（4）对于含 $Al_2O_3$ 的熔渣体系，其电导率和黏度的关系遵循不含 $Al_2O_3$ 的熔渣体系的规律。

---

## 参 考 文 献

[1] Zhang L, Jahanshahi S. Review and modeling of viscosity of silicate melts: Part Ⅰ. Viscosity of binary and ternary silicates containing CaO, MgO, and MnO[J]. Metallurgical and Materials Transactions B, 1998, 29(1): 177-186.

[2] Gaye H, Welfringer J. Modelling of the thermodynamic properties of complex metallurgical slags [C]. Proceedings of the 2$^{nd}$ International Symposium on Metallurgical Slags and Fluxes, Warrendale, 1984:357-375.

[3] Bockris J O M, Kitchener J A, Ignatowicz S A. The electrical conductivity of silicate melts: Systems containing Ca, Mn and Al[J]. Discussions of the Faraday Society, 1948, 4:265-281.

[4] Bockris J O M, Kitchener J A, Ignatowicz S A. Electric conductance in liquid silicates[J]. Transactions of the Faraday Society, 1952, 48:75-91.

[5] Keller H, Schwerdtfeger K, Hennesen K. Tracer diffusivity of Ca$^{45}$ and electrical conductivity in CaO-SiO$_2$ melts[J]. Metallurgical Transactions B, 1979, 10(1):67-70.

[6] Inouye H, Tomlinson J W, Chipman J. The electrical conductivity of wustite melts [J]. Transactions of the Faraday Society, 1953, 49: 796-801.

[7] Eisenhuttenleute V D. Slag Atlas[M]. Dusseldorf: Verlag Sthaleisen GmbH, 1995.

[8] Tickle R E. The electrical conductance of molten alkali silicate. Part I. Experiments and results [J]. Physics and Chemistry of Glasses, 1967, 8(3):101-112.

[9] Kawahara M, Suginohara Y, Yanagase T. The electrical conductivity of Na$_2$O-SiO$_2$-MgO and CaO-SiO$_2$-MgO melts[J]. Nippon Kinzoku Gakkaishi, 1978, 42(6):618-623.

[10] Victorovichi G S, Diaz C, Vallbacka D K. Electrical conductivity of ferromagnesian silicates[C]. Proceedings of the 2$^{nd}$ International Symposium on Metallurgical Slags and Fluxes, Warrendale, 1984:907-925.

[11] Segers L, Fontana A, Winand R. Electrical conductivity of molten slags of the system SiO$_2$-Al$_2$O$_3$-MnO-CaO-MgO[J]. Canadian Metallurgical Quarterly, 1983, 22(4):429-435.

[12] Wakabayashi H, Terai R. Measurement of electrical conductivity for molten glass[J]. YogyoKyokaishi, 1983, 91(7):335-338.

[13] Harrap B S, Heymann E. The constitution of ionic liquids. Part I. The electric conductivity and viscosity of the molten salt systems, AgCl+AgBr, PbCl$_2$+PbBr$_2$, AgCl+PbCl$_2$, AgCl+KCl, AgBr+KBr[J]. Transactions of the Faraday Society, 1955, 51:259-267.

[14] Toplis M J, Dingwell D B. Shear viscosities of CaO-Al$_2$O$_3$-SiO$_2$ and MgO-Al$_2$O$_3$-SiO$_2$ liquids: Implications for the structural role of aluminium and the degree of polymerisation of synthetic and natural aluminosilicate melts[J]. Geochimica et Cosmochimica Acta, 2004, 68(24):5169-5188.

[15] Toplis M J, Dingwell D B, Lenci T. Peraluminous viscosity maxima in Na$_2$O-Al$_2$O$_3$-SiO$_2$ liquids: The role of triclusters in tectosilicate melts[J]. Geochimica et Cosmochimica Acta, 1997, 61(13):2605-2612.

[16] Winterhager H, Greiner L, Kammel R. Investigations of the density and electrical conductivity of melts in the system CaO-Al$_2$O$_3$-SiO$_2$ and CaO-MgO-Al$_2$O$_3$-SiO$_2$[M]. Cologne: Westdeutscher Verlag, 1966.

[17] Sarkar S B. Electrical conductivity of molten high-alumina blast furnace slags[J]. ISIJ International, 1989, 29(4):348-351.

[18] Jiao Q, Themelis N J. Correlations of electrical conductivity to slag composition and temperature [J]. Metallurgical Transactions B, 1988, 19(1):133-140.

# 10　含铁渣氧化还原关系

<<<<<<<<<<<<<<<<<<<<<<<<<<<<<<<<<<<<<<<<<<<<<<<<<<

## 10.1　MgO-CaO-Al$_2$O$_3$-SiO$_2$-'Fe$_x$O'熔渣

### 10.1.1　研究意义

CaO-MgO-Al$_2$O$_3$-SiO$_2$-'Fe$_x$O'熔渣中氧化还原平衡对于冶金过程具有重要的意义，因此被广泛研究。过去的研究显示 CaO-MgO-Al$_2$O$_3$-SiO$_2$-'Fe$_x$O'熔渣中 Fe$^{3+}$/Fe$^{2+}$比主要受到氧分压、温度和熔渣碱度的影响。熔渣中 Fe$^{3+}$/Fe$^{2+}$比的有关规律对于含铁氧化物熔渣物理化学特性的理解有着重要作用。例如，在恒定氧分压的条件下，Fe$^{3+}$/Fe$^{2+}$比会随着碱度的增加或是温度的降低而增加[1,2]，因此在恒定氧分压下测量黏度时，熔渣成分的平衡会随着温度的改变而改变。Fe$^{3+}$/Fe$^{2+}$比对含铁氧化物熔渣黏度的影响被很多学者研究[3]，除此之外，含铁熔渣可以被看作混合导体，因为含铁熔渣存在着离子电导和电子电导。亚铁离子对于含铁熔渣的离子电导具有显著的贡献，而 Fe$^{3+}$/Fe$^{2+}$比对于电子电导来说又是主要的影响因素。因此，对含铁氧化物熔渣中 Fe$^{3+}$/Fe$^{2+}$比的研究是十分必要的。

尽管含铁氧化物熔渣中 Fe$^{3+}$/Fe$^{2+}$比的数据十分重要，但由于实验难度和工作量较大，所以相关数据还是十分缺乏。Mysen[1]曾提出计算含铁氧化物熔渣中 Fe$^{3+}$/Fe$^{2+}$比的模型，但方程比较复杂且涉及超越方程计算，所以使用起来不方便。Yang[2]也提出了在 $P_{CO_2}/P_{CO}$ = 0.01 直至空气的气氛条件下和温度范围为 1573~1773K 时的 CaO-Al$_2$O$_3$-SiO$_2$ 和 CaO-MgO-Al$_2$O$_3$-SiO$_2$ 熔渣中的 Fe$^{3+}$/Fe$^{2+}$比模型，但模型仅适用于特定的 CaO/SiO$_2$ 比条件。所以一种简单而准确的关于熔渣中 Fe$^{3+}$/Fe$^{2+}$比模型是迫切需要的。本章主要建立了一种关于 MgO-CaO-Al$_2$O$_3$-SiO$_2$-'Fe$_x$O'熔渣中 Fe$^{3+}$/Fe$^{2+}$比与氧分压、温度和熔渣成分的简单模型，并进行了讨论。

### 10.1.2　模型推导

在含铁氧化物的熔渣中，三价铁离子的存在形式往往是与氧结合成高的共价阴离子团，而不是简单孤立的 Fe$^{3+}$离子[1]。在恒定氧活度和温度的情况下，在硅酸盐[4]和硅铝酸盐[5]中发现 Fe$^{3+}$/Fe$^{2+}$比随着压力的升高而减小，这表明三价铁离子拥有高的偏摩尔体积。这与 Fe$^{3+}$ 并入一个更大的结构实体一致，即一种阴离子形式。Mysen 等[6]发现，含铁且包含碱金属和碱土金属的硅铝酸盐的穆斯堡尔谱中观察到，Fe$^{3+}$存在于四面体配位结构中，Fe$^{3+}$/Fe$^{2+}$比与四面体协调比例增加。四面体配位结构与含 Fe$^{3+}$ 的共价结合阴离子团是一致的。因此，三价铁离子、亚铁离子和气体之间的反应为[7]：

$$4FeO_2^- \rightleftharpoons 4Fe^{2+} + 6O^{2-} + O_2 \tag{10-1}$$

式(10-1)的平衡常数 $K$ 可以表示成：

$$K = \frac{(\gamma_{Fe^{2+}}x_{Fe^{2+}})^4 \cdot (a_{O^{2-}})^6 \cdot \dfrac{P_{O_2}}{P^{\ominus}}}{(\gamma_{FeO_2^-}x_{FeO_2^-})^4} x \tag{10-2}$$

或

$$\lg\left(\frac{x_{FeO_2^-}}{x_{Fe^{2+}}}\right) = 1.5\lg(a_{O^{2-}}) + 0.25\lg\left(\frac{P_{O_2}}{P^{\ominus}}\right) - 0.25\lg(K) + \lg\left(\frac{\gamma_{Fe^{2+}}}{\gamma_{FeO_2^-}}\right) \tag{10-3}$$

式中　$\gamma_{Fe^{2+}}$，$\gamma_{FeO_2^-}$——Fe$^{2+}$ 和 FeO$_2^-$ 的活度系数；

　　　$x_{Fe^{2+}}$，$x_{FeO_2^-}$——Fe$^{2+}$ 和 FeO$_2^-$ 的摩尔分数；

　　　$a_{O^{2-}}$——氧离子与来自碱性氧化物结合的自由氧的活度；

　　　$P_{O_2}$，$P^{\ominus}$——O$_2$ 的分压和标准压强。

式(10-1)的标准吉布斯自由能可以表示为：

$$\Delta G^{\ominus} = -RT\ln K = aT + b \tag{10-4}$$

如此，式(10-3)变形为：

$$\lg\left(\frac{x_{FeO_2^-}}{x_{Fe^{2+}}}\right) = 1.5\lg(a_{O^{2-}}) + 0.25\lg\left(\frac{P_{O_2}}{P^{\ominus}}\right) + \frac{0.013\Delta G^{\ominus}}{T} + \lg\left(\frac{\gamma_{Fe^{2+}}}{\gamma_{FeO_2^-}}\right) \tag{10-5}$$

或

$$\lg\left(\frac{x_{FeO_2^-}}{x_{Fe^{2+}}}\right) = 1.5\lg(a_{O^{2-}}) + 0.25\lg\left(\frac{P_{O_2}}{P^{\ominus}}\right) + \frac{0.013b}{T} + 0.013a + \lg\left(\frac{\gamma_{Fe^{2+}}}{\gamma_{FeO_2^-}}\right) \tag{10-6}$$

实验数据[8]表明，FeO$_2^-$ 离子与 Fe$^{2+}$ 离子的摩尔分数之比的对数与温度的倒数呈线性关系，因此式(10-6)中第五项是与温度无关的项。然而，通常认为活度和活度系数与温度有关，这里矛盾的原因也许是 FeO$_2^-$ 和 Fe$^{2+}$ 离子的温度系数彼此相似，从而导致它们的比例与温度无关，或是 FeO$_2^-$ 和 Fe$^{2+}$ 离子的活度系数之比的对数是与温度倒数线性相关的。为方便起见，假定第五项与温度独立。因此，如果令 $0.013a + \lg\left(\dfrac{\gamma_{Fe^{2+}}}{\gamma_{FeO_2^-}}\right) = C$ 和 $0.013b = D$，式(10-6)可以表示为：

$$\lg\left(\frac{x_{\mathrm{FeO_2^-}}}{x_{\mathrm{Fe^{2+}}}}\right) = 1.5\lg(a_{\mathrm{O^{2-}}}) + 0.25\lg\left(\frac{P_{\mathrm{O_2}}}{P^{\ominus}}\right) + \frac{D}{T} + C \tag{10-7}$$

从式(10-7)可以看出，含铁氧化物熔渣的 $x_{\mathrm{FeO_2^-}}/x_{\mathrm{Fe^{2+}}}$ 将会受到温度、氧分压和熔渣中自由氧的影响。自由氧的总量将由熔渣成分所决定。一些研究[9,10]使用除铁氧化物以外的其他熔渣成分的碱度或光学碱度去替代 $\lg(a_{\mathrm{O^{2-}}})$。然而如果这样做，当改变熔渣中总铁含量时，所计算出来的碱度或光学碱度将不会改变，但是由于其他成分的绝对量的改变，自由氧浓度将会改变，因此这样处理是不合理的。因此，使用碱度或光学碱度来替代 $\lg(a_{\mathrm{O^{2-}}})$ 在某些情况下是不合适的。在这里，模型中假定 $1.5\lg(a_{\mathrm{O^{2-}}})$ 与熔渣中不同成分的摩尔分数呈线性函数，即 $k_1 x_{\mathrm{CaO}} + k_2 x_{\mathrm{MgO}} + k_3 x_{\mathrm{Al_2O_3}} + k_4 x_{\mathrm{SiO_2}} + k_5 x_{\mathrm{FeO}} + k_6$。因此，式(10-7)变成：

$$\lg\left(\frac{x_{\mathrm{FeO_2^-}}}{x_{\mathrm{Fe^{2+}}}}\right) = k_1 x_{\mathrm{CaO}} + k_2 x_{\mathrm{MgO}} + k_3 x_{\mathrm{Al_2O_3}} + k_4 x_{\mathrm{SiO_2}} + k_5 x_{\mathrm{FeO}} + k_6 + 0.25\lg\left(\frac{P_{\mathrm{O_2}}}{P^{\ominus}}\right) + \frac{D}{T} + C$$

$$\tag{10-8}$$

因为式(10-8)中 $k_6$ 与 $C$ 都是常数，$k_6 + C$ 可以定义为 $F$，所以式(10-8)最终变形为：

$$\lg\left(\frac{x_{\mathrm{FeO_2^-}}}{x_{\mathrm{Fe^{2+}}}}\right) = k_1 x_{\mathrm{CaO}} + k_2 x_{\mathrm{MgO}} + k_3 x_{\mathrm{Al_2O_3}} + k_4 x_{\mathrm{SiO_2}} + k_5 x_{\mathrm{FeO}} + 0.25\lg\left(\frac{P_{\mathrm{O_2}}}{P^{\ominus}}\right) + \frac{D}{T} + F$$

$$\tag{10-9}$$

## 10.2　讨论

### 10.2.1　氧分压的影响

从式(10-1)可以看出，高的氧分压将会使式(10-1)向左移动，也就是说更有利于系统中 $\mathrm{FeO_2^-}$ 的存在。$x_{\mathrm{FeO_2^-}}/x_{\mathrm{Fe^{2+}}}$ 比与氧分压之间的关系如图10-1所示。从图10-1可以看出，$x_{\mathrm{FeO_2^-}}/x_{\mathrm{Fe^{2+}}}$ 随着氧分压的增加而线性增加，图10-1中所得直线的斜率为0.254，与式(10-9)中关于氧分压对数值的系数0.25相接近，显示出了很好的一致性。

### 10.2.2　温度的影响

在不同氧分压和不同熔渣成分条件下，$\lg(x_{\mathrm{FeO_2^-}}/x_{\mathrm{Fe^{2+}}})$ 与温度的关系如图10-2所示。可以发现，$x_{\mathrm{FeO_2^-}}/x_{\mathrm{Fe^{2+}}}$ 比随着温度的减小而增加，并且图中直线的斜率相接近。换句话说，当其他条件不变时，低温有利于 $\mathrm{FeO_2^-}$ 的形成。

### 10.2.3　不同拟合结果比较

根据收集的实验数据[2,3,10-15]结果，$x_{\mathrm{FeO_2^-}}/x_{\mathrm{Fe^{2+}}}$ 比与三因素（温度、氧分压和

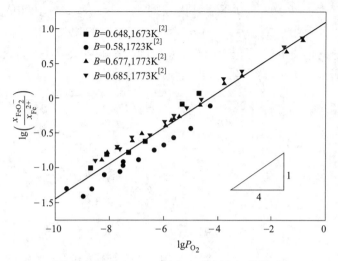

图 10-1　$x_{\mathrm{FeO_2^-}}/x_{\mathrm{Fe^{2+}}}$ 比与氧分压之间的关系

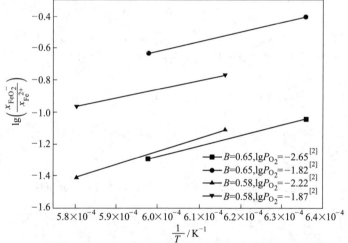

图 10-2　不同氧分压和不同熔渣成分条件下，$\lg\left(\dfrac{x_{\mathrm{FeO_2^-}}}{x_{\mathrm{Fe^{2+}}}}\right)$ 与温度的关系

熔渣成分）之间的相互关系被拟合确定。相关方程为：

$$\lg\left(\frac{x_{\mathrm{FeO_2^-}}}{x_{\mathrm{Fe^{2+}}}}\right) = 1.2x_{\mathrm{CaO}} + 0.67x_{\mathrm{MgO}} - 0.96x_{\mathrm{Al_2O_3}} - 1.24x_{\mathrm{SiO_2}} + 0.009x_{\mathrm{FeO}} +$$

$$0.25\lg\left(\frac{P_{\mathrm{O_2}}}{P^\ominus}\right) + \frac{7181}{T} - 2.94 \tag{10-10}$$

图 10-3 为实验数据与使用式（10-9）拟合时的结果比较图，从图中结果可以

得出，相关系数 $R=0.93$，拟合结果比较理想。然而从式（10-10）可以看出，$x_{FeO}$ 的系数很小，说明 $x_{FeO_2^-}/x_{Fe^{2+}}$ 比与 FeO 浓度之间的相关性很弱。尤其是在低铁氧化物成分的熔渣的情况下，$0.009x_{FeO}$ 组项的影响将会更小。因此，FeO 成分对自由氧的影响基本可以忽略，这也对模型的简化有利。

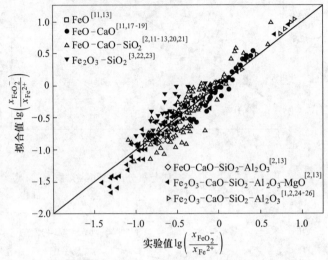

图 10-3   实验数据[2,3,10-15] 与使用式(10-9) 拟合时的结果比较图

在忽略 FeO 的影响之后，式(10-9) 变形为：

$$\lg\left(\frac{x_{FeO_2^-}}{x_{Fe^{2+}}}\right) = k_1 x_{CaO} + k_2 x_{MgO} + k_3 x_{Al_2O_3} + k_4 x_{SiO_2} + 0.25\lg\left(\frac{P_{O_2}}{P^{\ominus}}\right) + \frac{D}{T} + F$$

（10-11）

利用数据（见表 9-1 和表 9-2）重新拟合后，相关方程成为：

$$\lg\left(\frac{x_{FeO_2^-}}{x_{Fe^{2+}}}\right) = 1.2 x_{CaO} + 0.66 x_{MgO} - 0.99 x_{Al_2O_3} - 1.28 x_{SiO_2} + 0.25\lg\left(\frac{P_{O_2}}{P^{\ominus}}\right) + \frac{7334}{T} - 3.02$$

（10-12）

实验数据与使用式(10-11) 拟合时的结果比较如图 10-4 所示，相关系数 $R=0.936$。相关系数甚至比考虑 FeO 影响时得到的相关系数还要大，证明拟合效果更好。根据式(10-12)，$x_{FeO_2^-}/x_{Fe^{2+}}$ 比可以通过氧分压、实际温度和熔渣成分等进行预测。这在实际过程控制中是十分有用的。

### 10.2.4  熔渣成分的影响

在不同氧分压和温度下，熔渣成分对 $x_{FeO_2^-}/x_{Fe^{2+}}$ 的影响如图 10-5 所示。根据图 10-5 可以看到，$x_{FeO_2^-}/x_{Fe^{2+}}$ 比随着 $1.2 x_{CaO} + 0.66 x_{MgO} - 0.99 x_{Al_2O_3} - 1.28 x_{SiO_2}$ 的

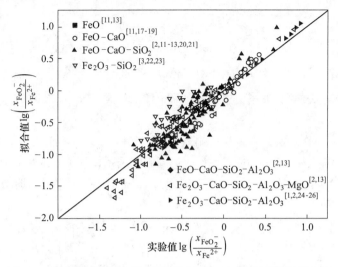

图 10-4 实验数据[2,3,10-15]与使用式(10-11)拟合时的结果比较

增加而增加。从式(10-12)可以看到，$x_{CaO}$ 和 $x_{MgO}$ 的系数为正，而 $x_{Al_2O_3}$ 和 $x_{SiO_2}$ 的系数为负，这表明 CaO 和 MgO 的增多对熔渣自由氧的形成具有促进作用，而 $Al_2O_3$ 和 $SiO_2$ 的增多则对熔渣自由氧的形成具有抑制作用。除此之外，从不同成分系数的大小关系可以看出，CaO 对熔渣自由氧形成的促进作用强于 MgO，$SiO_2$ 对熔渣自由氧形成的抑制作用要强于 $Al_2O_3$，这与不同成分的碱度值的比较关系相一致。也就是说，CaO 和 MgO 的添加有利于 $x_{FeO_2^-}/x_{Fe^{2+}}$ 比的增加，而 $Al_2O_3$ 和 $SiO_2$ 的增多将会起到相反的作用。

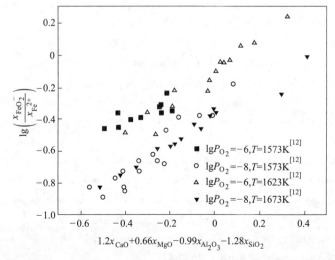

图 10-5 在不同氧分压和温度下，熔渣成分对 $x_{FeO_2^-}/x_{Fe^{2+}}$ 的影响

$$\boxed{\text{本章小结}}$$

本章拟合了 $MgO\text{-}CaO\text{-}Al_2O_3\text{-}SiO_2\text{-}'Fe_xO'$ 渣系的 $x_{FeO_2^-}/x_{Fe^{2+}}$ 与氧分压、实际温度和熔渣成分等因素的关系，并讨论了各因素与 $x_{FeO_2^-}/x_{Fe^{2+}}$ 之间的联系，可得到如下结论：

(1) 根据收集的实验数据拟合出氧分压、实际温度和熔渣成分等因素对 $MgO\text{-}CaO\text{-}Al_2O_3\text{-}SiO_2\text{-}'Fe_xO'$ 渣系的 $x_{FeO_2^-}/x_{Fe^{2+}}$ 的影响关系，其关系式见式 (10-12)。

根据式(10-12)，$x_{FeO_2^-}/x_{Fe^{2+}}$ 比可以通过氧分压、实际温度和熔渣成分等进行预测。

(2) 随着氧分压、自由氧浓度的增加，或温度的减小，熔渣中 $x_{FeO_2^-}/x_{Fe^{2+}}$ 比将会升高。

(3) CaO 和 MgO 对熔渣自由氧的形成具有促进作用，而 $Al_2O_3$ 和 $SiO_2$ 则对熔渣自由氧的形成具有抑制作用。换句话说，熔渣中 CaO 和 MgO 的增多将会有利于 $x_{FeO_2^-}/x_{Fe^{2+}}$ 比的增加，而 $Al_2O_3$ 和 $SiO_2$ 的增多将会降低 $x_{FeO_2^-}/x_{Fe^{2+}}$ 比。

## 参 考 文 献

[1] Hildbrand J H. The calculation of excess Gibbs energy[J]. Journal of America Chemical Society, 1929,51(1):66-70.

[2] Wang X D,Li W C. Models to estimate viscosities of ternary metallic melts and their comparisons [J]. Science in China (Chemistry),2003,46(3):280-289.

[3] Zhong X M,Liu Y H,Chou K C,et al. Estimating ternary viscosity using the thermodynamic geometric model [J]. Jounal of Phase Equilibria,2003,24(1):7-11.

[4] Wang L J,Chou K C,Seetharaman S. A comparison of traditional geometrical models and mass triangle model in calculating the surface tensions of ternary sulphide melts [J]. Calphad,2008,32 (1):49-55.

[5] Wang L J,Chou K C,Seetharaman S. A new method for evaluating some thermophysical properties for ternary system [J]. High Temperature Materials and Processes,2008,27(2):119-126.

[6] Zhang G H,Chou K C. Estimating the excess molar volume using the new generation geometric model [J]. Fluid Phase Equilibria,2009,286(1):28-32.

[7] Hillert M. Empirical methods of predicting and representing thermodynamic properties of ternary solution phases [J]. Calphad,1980,4(1):1-12.

[8] Kohler F. Estimation of the thermodynamic data for a ternary system from the corresponding binary

systems [J]. Monatsheftefuer Chemie,1960,91(5):738-741.

[9] Chou K C. The application of $R$ function to predicting ternary thermodynamic properties [J]. Calphad,1987,11(2):143-148.

[10] Muggianu Y M,Gambino M,Bros J P. Enthalpies of formation of liquid bismuth-gallium-tin alloys at 723K. Choice of an analytical representation of integral and partial thermodynamic functions of mixing [J]. Journal de Chimie Physique et de Physico-Chimie Biologique,1975,72(1):83-88.

[11] Toop G W. Predicting ternary activities using binary data[J]. Transactions of the Metallurgical Society of AIME,1965,233:850-855.

[12] Redlich O,Kister O T. Algebraic representation of thermodynamic properties and the classification of solutions[J]. Industrial & Engineering Chemistry,1948,40(2):348.

[13] Chou K C. A general solution model for predicting ternary thermodynamic properties [J]. Calphad, 1995, 19 (3): 315-325.

[14] Chou K C. New generation solution geometrical model and its further development [J]. Acta Metallurgica Sinica,1997,33(2):126-132.

[15] Chou K C,Li W C,Li F S,et al. Formalism of new ternary model expressed in terms of binary regular-solution type parameters [J]. Calphad,1996,20(4):395-406.

[16] Chou K C,Wei S K. New generation solution model for predicting thermodynamic properties of a multicomponent system from binaries [J]. Metallurgical and Materials Transactions B,1997,28 (3):439-445.

[17] Prasad L C,Mikula A. Surface segregation and surface tension in Al-Sn-Zn liquid alloys [J]. Physica B,2006,373(1):142-149.

[18] Jin X J,Dunne D,Allen S M,et al. Thermodynamic consideration of the effect of alloying elements on martensitic transformation in Fe-Mn-Si based alloys [J]. Journal de Physique IV, 2003,112(1):369-372.

[19] Trumic B,Zivkovic D,Zivkovic Z,et al. Comparative thermodynamic analysis of the $PbAu_{0.7}Sn_{0.3}$ section in the Pb-Au-Sn ternary system [J]. Thermochimica Acta,2005,435(1):113-117.

[20] Katayama I,Fukuda Y,Hattori Y. Measurement of activity of gallium in liquid Ga-Sb-Ge alloys by EMF method with zirconia as solid electrolyte [J]. Berichte der Bunsengesellschaft für physikalische Chemie,1998,102(9):1235-1239.

[21] Zivkovic D,Zivkovic Z,Vucinic B. Comparative thermodynamic analysis of the $Bi-Ga_{0.1}Sb_{0.9}$ section in the Bi-Ga-Sb system [J]. Journal of Thermal Analysis and Calorimetry,2000,61(1): 263-271.

[22] Yan L J,Cao Z M,Xie Y,et al. Surface tension calculation of the $Ni_3S_2$-FeS-$Cu_2S$ mattes [J]. Calphad,2000,24(4):449-463.

[23] Chou K C,Zhong X M,Xu K D. Calculation of physicochemical properties in a ternary system with miscibility gap [J]. Metallurgical and Materials Transactions B,2004,35(4):715-720.

[24] Caner E,Pedrosa G C,Katz M. Excess molar volumes, excess viscosities and refractive indices of a quaternary liquid mixture at 298.15K [J]. Journal of Molecular Liquids, 1996, 68 (2,3): 107-125.